RÉPUBLIQUE FRANÇAISE

MINISTÈRE DE L'INTÉRIEUR

DIRECTION DE L'ASSISTANCE ET DE L'HYGIÈNE PUBLIQUES
(5e BUREAU)

# STATISTIQUE SANITAIRE DES VILLES DE FRANCE

## RÉCAPITULATIONS QUINQUENNALES

## — III —

*RELEVÉS DE LA PÉRIODE 1901-1905*

et résultats comparatifs

DES QUATRE PÉRIODES 1886-1890, 1891-1895, 1896-1900, 1901-1905

**DÉCES SUIVANT L'AGE ET LA CAUSE**

**NAISSANCES ET MORT-NÉS**

par MM. Paul ROUX et Henri REYNIER

MELUN
IMPRIMERIE ADMINISTRATIVE
191[illegible]

RÉPUBLIQUE FRANÇAISE

MINISTÈRE DE L'INTÉRIEUR

DIRECTION DE L'ASSISTANCE ET DE L'HYGIÈNE PUBLIQUES
(5e BUREAU)



# STATISTIQUE SANITAIRE DES VILLES DE FRANCE

## RÉCAPITULATIONS QUINQUENNALES

## — III —

*RELEVÉS DE LA PÉRIODE 1901-1905*

et résultats comparatifs

DES QUATRE PÉRIODES 1886-1890, 1891-1895, 1896-1900, 1901-1905

## DÉCÈS SUIVANT L'AGE ET LA CAUSE

**NAISSANCES ET MORT-NÉS**

par MM. Paul ROUX et Henri REYNIER

MELUN
IMPRIMERIE ADMINISTRATIVE

1911

# RELEVÉS NUMÉRIQUES DE STATISTIQUE SANITAIRE



## SOMMAIRE


| | Pages des chapitres. | DÉTAIL DES RÉPARTITIONS: Par groupes de villes | Par groupes d'âges | Par mois | Par villes | Résumé | Récapitulation annexes |
|---|---|---|---|---|---|---|---|
| I. — Population | 1 | 2 | 2 | » | 3 | » | 86 |
| II. Naissances | 5 | 6-7 | » | » | 8 | 10-12 | » |
| II. Mort-nés | 5 | 6-7 | » | » | 9 | 11-12 | » |
| III. — Décès (nombre total) | 13 | 14-15 | 14-15 | 16 | 17 | 12-18 | 87 |
| IV. — Décès par fièvre typhoïde | 19 | 20-21 | 20-21 | 22 | 23 | 24 | 88 |
| V. — Décès par diphtérie | 25 | 26-27 | 26-27 | 28 | 29 | 30 | 89 |
| VI. — Décès par rougeole | 31 | 32 | 32 | » | 33 | 34 | 90 |
| VII. Décès par variole | 35 | 36 | 36 | » | 37 | 38 | 91 |
| III. — Décès par scarlatine | 39 | 40 | 40 | » | 41 | 42 | 92 |
| IX. — Décès par coqueluche | 43 | 44 | 44 | » | 45 | 46 | 93 |
| X. — Décès par maladies épidémiques (ensemble des causes IV à IX) | 47 | 48 | 48 | » | 49 | 50 | 94 |
| XI. — Décès par phtisie pulmonaire (tuberculose des poumons) | 51 | 52-53 | 52-53 | 54 | 55 | 56 | 95 |
| XII. — Décès par tuberculose des organes autres que les poumons | 57 | 58 | 58 | » | 59 | 60 | |
| III. — Décès par bronchite chronique | 61 | 62 | 62 | » | 63 | 64 | 96 |
| IV. — Décès par bronchite aiguë | 65 | 66 | 66 | » | 67 | 68 | |
| XV. — Décès par pneumonie, broncho-pneumonie et autres affections de l'appareil respiratoire | 69 | 70 | 70 | » | 71 | 72 | 97 |
| VI. — Décès par cancer et autres tumeurs malignes | 73 | 74 | 74 | » | 75 | 76 | 98 |
| VII. — Décès par maladies organiques du cœur | 77 | 78 | 78 | » | 79 | 80 | 99 |
| III. — Décès de 0 a 1 an : total des décès et décès par diarrhée, gastro-entérite | 81 | » | » | 82 | » | 83 | 100 |
| Tableaux récapitulatifs annexes | 85 | | | | | | |

# OBSERVATIONS GÉNÉRALES

Les tableaux relatifs aux deux premières périodes quinquennales (**1886-1890** et **1891-1895**) ont été publiés en **1900**, à l'occasion de l'Exposition universelle.

La 3e période (**1896** à **1900**) a fait l'objet d'une brochure parue en **1908**.

La nomenclature des villes composant les divers groupes et les chiffres de population, recensés ou calculés, devant leur être attribués d'après les dénombrements quinquennaux figurent en tête des relevés annuels.

# I

# POPULATION

## D'APRÈS LES RECENSEMENTS DE 1901 ET 1906

***Villes de plus de 5.000 habitants.***

I. — RÉPARTITION GÉNÉRALE PAR GROUPES DE VILLES

***Villes de plus de 30.000 habitants.***

II. — RÉPARTITION PAR GROUPES D'AGES

III. — RÉPARTITION PAR VILLES

## D'APRÈS LES RECENSEMENTS DE 1901 ET 1906

### I. — RÉPARTITION GÉNÉRALE PAR GROUPES DE VILLES DE PLUS DE 5.000 HABITANTS

| GROUPES de villes | RECENSEMENT 1901 | POPULATION CALCULÉE 1902 | 1903 | 1904 | 1905 | RECENSEMENT 1906 |
|---|---|---|---|---|---|---|
| I. Paris | 2.660.559 | 2.672.098 | 2.685.428 | 2.697.862 | 2.710.297 | 2.721.7[illegible] |
| II. Villes de 100.001 à 518.000 hab. | 2.636.033 | 2.650.271 | 2.664.509 | 2.678.748 | 2.692.986 | 2.707.[illegible] |
| III. Villes de 30.001 à 100.000 hab. | 2.718.901 | 2.734.543 | 2.750.185 | 2.765.827 | 2.781.469 | 2.830.[illegible] |
| IV. Villes de 20.001 à 30.000 hab. | 1.297.058 | 1.307.115 | 1.317.173 | 1.327.231 | 1.337.289 | 1.413.[illegible] |
| V. Villes de 10.001 à 20.000 hab. | 2.000.358 | 2.016.300 | 2.032.242 | 2.048.184 | 2.064.126 | 2.126.[illegible] |
| VI. Villes de 5.001 à 10.000 hab. | 2.405.023 | 2.417.381 | 2.429.740 | 2.442.098 | 2.454.457 | 2.468.[illegible] |
| Totaux. Villes de plus de 30.000 hab. | 8.015.492 | 8.057.807 | 8.100.122 | 8.142.437 | 8.184.752 | 8.269.[illegible] |
| Totaux. Villes de 10.001 à 30.000 hab. / Villes de 5.001 à 10.000 hab. | 5.702.439 | 5.740.796 | 5.779.155 | 5.817.513 | 5.855.872 | 6.008.[illegible] |
| Ensemble | 13.717.931 | 13.798.603 | 13.879.277 | 13.959.950 | 14.040.624 | 14.277.[illegible] |

### II. — RÉPARTITION PAR GROUPES D'AGES DANS LES VILLES DE PLUS DE 30.000 HABITANTS

| GROUPES de villes | d'âge | 1901 | 1902 | 1903 | 1904 | 1905 | 1906 |
|---|---|---|---|---|---|---|---|
| I. Paris | de 0 à 1 an | 34.731 | 36.482 | 38.232 | 39.983 | 41.734 | 43.4[illegible] |
| | de 1 à 19 ans | 682.434 | 681.346 | 680.258 | 679.170 | 678.083 | 676.9[illegible] |
| | de 20 à 39 ans | 1.081.238 | 1.086.658 | 1.092.079 | 1.097.499 | 1.102.920 | 1.108.3[illegible] |
| | de 40 à 59 ans | 637.200 | 642.447 | 647.694 | 652.941 | 658.188 | 663.4[illegible] |
| | de 60 ans et plus | 211.456 | 213.456 | 215.457 | 217.457 | 219.458 | 221.4[illegible] |
| II. Villes de 100.001 à 518.000 hab. | de 0 à 1 an | 44.219 | 46.820 | 49.421 | 52.022 | 54.622 | 57.2[illegible] |
| | de 1 à 19 ans | 792.574 | 793.249 | 793.925 | 794.600 | 795.275 | 795.9[illegible] |
| | de 20 à 39 ans | 966.355 | 970.685 | 975.016 | 979.346 | 983.676 | 988.0[illegible] |
| | de 40 à 59 ans | 594.671 | 599.297 | 603.922 | 608.548 | 613.174 | 617.8[illegible] |
| | de 60 ans et plus | 238.213 | 240.058 | 241.902 | 243.747 | 245.591 | 247.4[illegible] |
| III. Villes de 30.001 à 100.000 hab. | de 0 à 1 an | 45.436 | 46.793 | 48.151 | 49.508 | 50.866 | 53.5[illegible] |
| | de 1 à 19 ans | 841.373 | 842.033 | 842.694 | 843.354 | 844.015 | 844.7[illegible] |
| | de 20 à 39 ans | 991.300 | 994.484 | 997.667 | 1.000.851 | 1.004.035 | 1.020.3[illegible] |
| | de 40 à 59 ans | 582.463 | 589.905 | 597.348 | 604.790 | 612.233 | 622.9[illegible] |
| | de 60 ans et plus | 258.329 | 260.887 | 263.446 | 266.004 | 268.563 | 275.5[illegible] |

| | Années | 0 à 1 an | 1 à 19 ans | 20 à 39 ans | 40 à 59 ans | 60 ans et au-dessus |
|---|---|---|---|---|---|---|
| Récapitulation par périodes | 1901 | 124.386 | 2.316.381 | 3.038.893 | 1.814.334 | 707.9[illegible] |
| | 1902 | 130.095 | 2.316.628 | 3.051.827 | 1.831.649 | 714.4[illegible] |
| | 1903 | 135.804 | 2.316.877 | 3.064.762 | 1.848.964 | 720.8[illegible] |
| | 1904 | 141.513 | 2.317.124 | 3.077.696 | 1.866.279 | 727.2[illegible] |
| | 1905 | 147.222 | 2.317.373 | 3.090.631 | 1.883.595 | 735.6[illegible] |
| Moyennes annuelles | | 135.804 | 2.316.877 | 3.064.762 | 1.848.964 | 720.8[illegible] |



### III. — RÉPARTITION DANS LES VILLES DE PLUS DE 30.000 HABITANTS

| Numéros d'ordre | Départements par groupement géographique du nord au sud | Noms des villes | Recensement de 1901 | Moyenne annuelle de la période 1901-1905 | Recensement de 1906 | Moyenne annuelle de la période précédente (1896-1900) |
|---|---|---|---|---|---|---|
| 1 | Nord | Dunkerque | 38.925 | 38.606 | 38.287 | 39.01[illegible] |
| 2 | | Tourcoing | 79.243 | 80.457 | 81.671 | 76.31[illegible] |
| 3 | | Roubaix | 124.365 | 122.691 | 121.017 | 124.40[illegible] |
| 4 | | Lille | 210.696 | 208.149 | 205.602 | 218.123 |
| 5 | | Valenciennes | 30.946 | 31.352 | 31.759 | 30.268 |
| 6 | | Douai | 33.649 | 33.448 | 33.247 | 32.780 |
| 7 | Pas-de-Calais | Calais | 59.743 | 63.185 | 66.627 | 58.012 |
| 8 | | Boulogne-sur-Mer | 49.940 | 50.570 | 51.201 | 48.19[illegible] |
| 9 | Somme | Amiens | 90.758 | 90.839 | 90.920 | 89.57[illegible] |
| 10 | Aisne | Saint-Quentin | 50.278 | 51.523 | 52.768 | 49.68[illegible] |
| 11 | Seine-Inférieure | Le Havre | 130.196 | 131.313 | 132.430 | 124.33[illegible] |
| 12 | | Rouen | 116.316 | 117.387 | 118.459 | 110.48[illegible] |
| 13 | Calvados | Caen | 44.794 | 44.618 | 44.442 | 45.08[illegible] |
| 14 | Manche | Cherbourg | 42.938 | 43.387 | 43.837 | 41.951 |
| 15 | Ille-et-Vilaine | Rennes | 74.676 | 75.158 | 75.640 | 71.845 |
| 16 | Finistère | Brest | 84.284 | 84.789 | 85.294 | 78.354 |
| 17 | Morbihan | Lorient | 44.640 | 45.671 | 46.703 | 42.980 |
| 18 | Loire-Inférieure | Saint-Nazaire | 35.813 | 35.787 | 35.762 | 33.117 |
| 19 | | Nantes | 132.990 | 133.118 | 133.247 | 128.020 |
| 20 | Maine-et-Loire | Angers | 82.398 | 82.666 | 82.935 | 79.236 |
| 21 | Mayenne | Laval | 30.356 | 30.053 | 29.751 | 29.980 |
| 22 | Sarthe | Le Mans | 63.272 | 64.369 | 65.467 | 61.548 |
| 23 | Indre-et-Loire | Tours | 64.695 | 66.148 | 67.601 | 64.116 |
| 24 | Loiret | Orléans | 67.311 | 67.962 | 68.614 | 66.768 |
| 25 | Seine-et-Oise | Versailles | 54.982 | 54.604 | 54.226 | 54.378 |
| 26 | Seine | Boulogne-sur-Seine | 44.416 | 47.071 | 49.727 | 40.762 |
| 27 | | Paris | 2.660.559 | 2.691.645 | 2.722.731 | 2.586.096 |
| 28 | | Neuilly-sur-Seine | 37.493 | 38.653 | 39.812 | 34.758 |
| 29 | | Asnières | 31.336 | 33.415 | 35.495 | 27.670 |
| 30 | | Levallois-Perret | 58.073 | 59.595 | 61.118 | 53.307 |
| 31 | | Clichy | 39.521 | 40.298 | 41.076 | 36.485 |
| 32 | | Saint-Ouen | 35.430 | 36.366 | 37.303 | 32.970 |
| 33 | | Saint-Denis | 60.808 | 62.376 | 63.944 | 57.481 |
| 34 | | Aubervilliers | 31.215 | 32.026 | 32.837 | 29.249 |
| 35 | | Vincennes | 31.405 | 32.230 | 33.055 | 29.263 |
| 36 | | Montreuil-sous-Bois | 31.773 | 33.644 | 35.516 | 29.147 |
| 37 | Aube | Troyes | 53.146 | 53.296 | 53.447 | 52.888 |
| 38 | Marne | Reims | 108.385 | 109.122 | 109.859 | 108.047 |
| 39 | Meurthe-et-Moselle | Nancy | 102.559 | 106.564 | 110.570 | 99.353 |
| 40 | Haut-Rhin | Belfort | 32.567 | 33.608 | 34.649 | 30.660 |
| 41 | Doubs | Besançon | 55.362 | 55.993 | 56.624 | 56.686 |
| 42 | Côte-d'Or | Dijon | 71.326 | 72.719 | 74.113 | 69.238 |
| 43 | Cher | Bourges | 46.551 | 45.342 | 44.133 | 45.109 |
| 44 | Vienne | Poitiers | 39.886 | 39.594 | 39.302 | 39.233 |
| 45 | Charente-Inférieure | Rochefort | 36.458 | 36.576 | 36.694 | 35.236 |
| 46 | | La Rochelle | 31.559 | 32.708 | 33.858 | 30.019 |
| 47 | Gironde | Bordeaux | 256.638 | 254.292 | 251.947 | 256.772 |
| 48 | Dordogne | Périgueux | 31.976 | 31.668 | 31.361 | 31.531 |
| 49 | Charente | Angoulême | 37.650 | 37.578 | 37.507 | 37.776 |
| 50 | Haute-Vienne | Limoges | 84.121 | 86.359 | 88.597 | 80.918 |
| 51 | Puy-de-Dôme | Clermont-Ferrand | 52.933 | 55.648 | 58.363 | 51.542 |
| 52 | Allier | Montluçon | 35.062 | 35.606 | 36.151 | 33.364 |
| 53 | Saône-et-Loire | Le Creusot | 30.584 | 32.010 | 33.437 | 31.170 |
| 54 | Loire | Roanne | 34.901 | 35.208 | 35.516 | 34.299 |
| 55 | | Saint-Étienne | 146.559 | 146.673 | 146.788 | 141.171 |
| 56 | Rhône | Lyon | 459.099 | 465.606 | 472.114 | 462.983 |
| 57 | Isère | Grenoble | 68.615 | 70.818 | 73.022 | 66.210 |
| 58 | Alpes-maritimes | Nice | 105.109 | 119.670 | 134.232 | 105.921 |
| 59 | | Cannes | 30.420 | 29.892 | 29.365 | 29.721 |
| 60 | Var | Toulon | 102.118 | 103.071 | 104.024 | 98.659 |
| 61 | Vaucluse | Avignon | 46.896 | 47.604 | 48.312 | 45.742 |
| 62 | Gard | Nîmes | 80.605 | 80.394 | 80.184 | 77.457 |
| 63 | Bouches-du-Rhône | Marseille | 491.161 | 504.329 | 517.498 | 469.252 |
| 64 | Hérault | Montpellier | 75.950 | 76.532 | 77.114 | 74.803 |
| 65 | | Cette | 33.246 | 33.569 | 33.892 | 32.849 |
| 66 | | Béziers | 52.310 | 52.289 | 52.268 | 50.006 |
| 67 | Pyrénées-orientales | Perpignan | 36.157 | 37.527 | 38.898 | 35.430 |
| 68 | Aude | Carcassonne | 30.720 | 30.848 | 30.976 | 29.873 |
| 69 | Haute-Garonne | Toulouse | 149.841 | 149.639 | 149.438 | 149.028 |
| 70 | Tarn-et-Garonne | Montauban | 30.506 | 29.597 | 28.688 | 30.051 |
| 71 | Basses-Pyrénées | Pau | 34.268 | 34.656 | 35.044 | 33.649 |

STATISTIQUE SANITAIRE DES VILLES DE FRANCE

# II

# NAISSANCES ET MORT-NÉS

## DE 1901 A 1905

et comparaison avec les trois périodes précédentes.

### NOMBRES ABSOLUS ET PROPORTIONNELS

***Villes de plus de 5.000 habitants.***

I. — RÉPARTITION GÉNÉRALE ANNUELLE PAR GROUPES DE VILLES

***Villes de plus de 30.000 habitants.***

II. — RÉPARTITION PAR VILLES

III. — RÉSULTATS GÉNÉRAUX ET RÉCAPITULATIFS

2

# NAISSANCES ET MORT-NÉS DE 1901 À 1905



## I. — RÉPARTITION GÉNÉRALE PAR GROUPES DE VILLES DE PLUS DE 5.000 HABITANTS

| GROUPEMENT des VILLES | 1901 | | 1902 | | 1903 | | 1904 | | 1905 | |
|---|---|---|---|---|---|---|---|---|---|---|
| | Nombre absolu. | Proportion. | Nombre absolu. | Proportion. | Nombre absolu. | Proportion. | Nombre absolu. | Proportion. | Nombre absolu. | Proportion. |
| **NAISSANCES** — PROPORTIONS POUR 1.000 HABITANTS | | | | | | | | | | |
| I. Paris | 56.569 | *21,26* | 55.305 | *20,[illegible]* | 54.171 | *20,17* | 53.690 | *19,90* | 51.096 | *18,85* |
| II. Villes de 100.001 à 518.000 habitants | 60.779 | *23,05* | 60.317 | *22,[illegible]* | 58.090 | *21,80* | 56.996 | *21,27* | 55.803 | *20,72* |
| III. Villes de 30.001 à 100.000 habitants | 58.577 | *21,54* | 58.269 | *21,[illegible]* | 56.784 | *20,62* | 56.492 | *20,42* | 55.198 | *19,84* |
| IV. Villes de 20.001 à 30.000 habitants | 28.334 | *21,84* | 27.950 | *21,[illegible]* | 27.215 | *20,66* | 27.177 | *20,47* | 26.561 | *19,86* |
| V. Villes de 10.001 à 20.000 habitants | 44.301 | *22,14* | 43.742 | *21,[illegible]* | 43.243 | *21,28* | 42.981 | *20,98* | 41.904 | *20,30* |
| VI. Villes de 5.001 à 10.000 habitants | 56.825 | *23,63* | 55.880 | *23,[illegible]* | 54.974 | *22,62* | 54.383 | *22,27* | 53.862 | *21,94* |
| TOTAUX GÉNÉRAUX — Villes de plus de 10.000 habitants | 248.560 | *21,97* | 245.652 | *21,[illegible]* | 239.443 | *20,91* | 237.336 | *20,60* | 230.562 | *19,90* |
| TOTAUX GÉNÉRAUX — Villes de plus de 5.000 habitants | 305.385 | *22,26* | 301.532 | *21,[illegible]* | 294.417 | *21,21* | 291.710 | *20,89* | 284.424 | *20,25* |
| **MORT-NÉS** — PROPORTIONS POUR 1.000 HABITANTS | | | | | | | | | | |
| I. Paris | 5.008 | *1,91* | 5.113 | *1,[illegible]* | 4.988 | *1,85* | 4.750 | *1,76* | 4.692 | *1,73* |
| II. Villes de 100.001 à 518.000 habitants | 4.088 | *1,55* | 4.214 | *1,[illegible]* | 4.152 | *1,56* | 3.924 | *1,46* | 3.859 | *1,43* |
| III. Villes de 30.001 à 100.000 habitants | 3.615 | *1,33* | 3.688 | *1,[illegible]* | 3.431 | *1,25* | 3.408 | *1,23* | 3.443 | *1,24* |
| IV. Villes de 20.001 à 30.000 habitants | 1.611 | *1,24* | 1.610 | *1,[illegible]* | 1.525 | *1,16* | 1.434 | *1,08* | 1.447 | *1,08* |
| V. Villes de 10.001 à 20.000 habitants | 2.320 | *1,16* | 2.415 | *1,[illegible]* | 2.270 | *1,12* | 2.325 | *1,13* | 2.283 | *1,11* |
| VI. Villes de 5.001 à 10.000 habitants | 2.847 | *1,18* | 2.676 | *1,[illegible]* | 2.766 | *1,14* | 2.703 | *1,14* | 2.686 | *1,09* |
| TOTAUX GÉNÉRAUX — Villes de plus de 10.000 habitants | 16.732 | *1,48* | 17.040 | *1,[illegible]* | 16.375 | *1,43* | 15.841 | *1,36* | 15.724 | *1,36* |
| TOTAUX GÉNÉRAUX — Villes de plus de 5.000 habitants | 19.579 | *1,43* | 19.716 | *1,[illegible]* | 19.141 | *1,38* | 18.034 | *1,33* | 18.410 | *1,31* |

## II. — RÉPARTITION DANS LES VILLES DE PLUS DE 30.000 HABITANTS

PROPORTIONS POUR 1.000 HABITANTS PAR COMPARAISON AVEC LES TROIS PÉRIODES PRÉCÉDENTES

| NUMÉROS D'ORDRE | DÉPARTEMENTS par GROUPEMENT GÉOGRAPHIQUE du nord au sud | NOMS DES VILLES | NOMBRES ABSOLUS | | | | | | | PROPORTION | | | |
|---|---|---|---|---|---|---|---|---|---|---|---|---|---|
| | | | 1891 | 1892 | 1903 | 1904 | 1905 | TOTAL | MOYENNE annuelle | 1887-90 | 1891-95 | 1896-1900 | 1901-05 |
| 1 | Nord | Dunkerque | 1.162 | 1.139 | 1.130 | 1.136 | 1.064 | 5.631 | 1.126 | 34,2 | 32,2 | 31,2 | 29,2 |
| 2 | | Tourcoing | 2.210 | 2.160 | 1.966 | 1.869 | 1.790 | 9.995 | 1.999 | 34,7 | 32,1 | 30,3 | 24,8 |
| 3 | | Roubaix | 3.294 | 3.210 | 3.023 | 2.820 | 2.713 | 15.060 | 3.012 | 34,6 | 30,9 | 29,9 | 24,5 |
| 4 | | Lille | 6.301 | 5.906 | 5.777 | 5.447 | 5.448 | 28.879 | 5.776 | 30,9 | 29,6 | 29,6 | 27,7 |
| 5 | | Valenciennes | 767 | 820 | 733 | 720 | 709 | 3.749 | 750 | 22,5 | 23,1 | 24,1 | 23,9 |
| 6 | | Douai | 794 | 775 | 772 | 706 | 732 | 3.779 | 756 | 22,0 | 23,2 | 22,7 | 22,6 |
| 7 | Pas-de-Calais | Calais | 1.736 | 1.867 | 1.800 | 1.910 | 1.853 | 9.166 | 1.833 | 34,4 | 32,5 | 30,8 | 29,0 |
| 8 | | Boulogne-sur-mer | 1.356 | 1.361 | 1.455 | 1.423 | 1.373 | 6.968 | 1.394 | 29,4 | 28,9 | 28,2 | 27,6 |
| 9 | Somme | Amiens | 1.919 | 1.825 | 1.888 | 1.677 | 1.734 | 9.043 | 1.809 | 23,2 | 22,5 | 21,7 | 19,9 |
| 10 | Aisne | Saint-Quentin | 1.194 | 1.223 | 1.201 | 1.236 | 1.186 | 6.040 | 1.208 | 25,7 | 24,2 | 22,9 | 23,4 |
| 11 | Seine-inférieure | Le Havre | 4.035 | 3.959 | 3.808 | 3.751 | 3.601 | 19.154 | 3.831 | 32,0 | 31,3 | 31,0 | 29,2 |
| 12 | | Rouen | 2.834 | 2.865 | 2.743 | 2.626 | 2.612 | 13.680 | 2.736 | 26,5 | 25,7 | 25,3 | 23,3 |
| 13 | Calvados | Caen | 914 | 927 | 920 | 926 | 868 | 4.555 | 911 | 18,5 | 18,1 | 19,4 | 20,4 |
| 14 | Manche | Cherbourg | 912 | 915 | 876 | 922 | 929 | 4.554 | 911 | 22,2 | 21,5 | 21,8 | 21,0 |
| 15 | Ille-et-Vilaine | Rennes | 1.441 | 1.347 | 1.462 | 1.370 | 1.332 | 6.952 | 1.390 | 24,6 | 20,9 | 20,0 | 18,5 |
| 16 | Finistère | Brest | 2.115 | 2.165 | 2.084 | 1.994 | 1.992 | 10.350 | 2.070 | 26,9 | 27,0 | 25,6 | 24,4 |
| 17 | Morbihan | Lorient | 1.075 | 1.050 | 1.114 | 1.094 | 1.016 | 5.349 | 1.070 | 27,4 | 26,5 | 25,4 | 23,4 |
| 18 | Loire-Inférieure | Saint-Nazaire | 1.025 | 1.052 | 932 | 922 | 848 | 4.779 | 956 | 29,3 | 27,9 | 26,0 | 26,7 |
| 19 | | Nantes | 2.582 | 2.619 | 2.385 | 2.381 | 2.230 | 12.197 | 2.439 | 20,6 | 21,0 | 19,2 | 18,3 |
| 20 | Maine-et-Loire | Angers | 1.503 | 1.450 | 1.391 | 1.420 | 1.382 | 7.146 | 1.429 | 19,6 | 19,2 | 18,7 | 17,3 |
| 21 | Mayenne | Laval | 471 | 509 | 492 | 486 | 451 | 2.409 | 482 | 19,8 | 18,7 | 17,1 | 16,0 |
| 22 | Sarthe | Le Mans | 1.258 | 1.218 | 1.239 | 1.282 | 1 248 | 6.245 | 1.249 | 19,9 | 19,9 | 20,6 | 19,4 |
| 23 | Indre-et-Loire | Tours | 1.125 | 1.180 | 1.108 | 1.163 | 1.126 | 5.702 | 1.140 | 19,8 | 18,1 | 17,7 | 17,2 |
| 24 | Loiret | Orléans | 1.128 | 1.204 | 1.185 | 1.214 | 1.100 | 5.831 | 1.166 | 20,6 | 19,7 | 18,2 | 17,1 |
| 25 | Seine-et-Oise | Versailles | 950 | 939 | 992 | 933 | 933 | 4.747 | 949 | 18,8 | 18,5 | 17,7 | 17,4 |
| 26 | Seine | Boulogne-sur-Seine | 1.110 | 1.084 | 1.101 | 1.113 | 1.087 | 5.495 | 1.099 | 27,9 | 25,8 | 24,9 | 23,3 |
| 27 | | Paris | 56.569 | 55.365 | 54.171 | 53.690 | 51.096 | 270.891 | 54.178 | 24,9 | 23,5 | 21,5 | 20,1 |
| 28 | | Neuilly-sur-Seine | 605 | 629 | 575 | 556 | 584 | 2.949 | 590 | 18,3 | 18,0 | 16,3 | 15,3 |
| 29 | | Asnières | 668 | 720 | 668 | 672 | 675 | 3.403 | 681 | 25,0 | 22,8 | 20,0 | 20,4 |
| 30 | | Levallois-Perret | 1.312 | 1.337 | 1.302 | 1.309 | 1.275 | 6.535 | 1.307 | 28,3 | 26,5 | 23,7 | 21,9 |
| 31 | | Clichy | 1.079 | 1.117 | 1.060 | 1.112 | 1.030 | 5.398 | 1.080 | 32,6 | 31,8 | 29,0 | 26,8 |
| 32 | | Saint-Ouen | 1.036 | 961 | 955 | 968 | 932 | 4.852 | 970 | 29,9 | 29,6 | 28,3 | 26,7 |
| 33 | | Saint-Denis | 1.646 | 1.520 | 1.626 | 1.562 | 1.619 | 7.973 | 1.595 | 30,4 | 29,7 | 28,1 | 25,6 |
| 34 | | Aubervilliers | 1.077 | 1.004 | 1.061 | 1.015 | 948 | 5.105 | 1.021 | 34,1 | 33,3 | 32,4 | 31,4 |
| 35 | | Vincennes | 520 | 564 | 555 | 506 | 517 | 2.662 | 532 | 20,1 | 19,3 | 17,4 | 16,5 |
| 36 | | Montreuil-sous-Bois | 799 | 849 | 774 | 817 | 794 | 4.033 | 807 | 26,4 | 24,4 | 24,5 | 24,0 |
| 37 | Aube | Troyes | 1.220 | 1.133 | 1.110 | 1.174 | 1.055 | 5.692 | 1.138 | 26,7 | 25,8 | 23,1 | 25,1 |
| 38 | Marne | Reims | 2.577 | 2.616 | 2.546 | 2.461 | 2.404 | 12.604 | 2.521 | 28,9 | 26,9 | 24,6 | 23,1 |
| 39 | Meurthe-et-Moselle | Nancy | 2.370 | 2.296 | 2.386 | 2.453 | 2.335 | 11.840 | 2.368 | 23,5 | 22,6 | 23,0 | 22,2 |
| 40 | Haut-Rhin | Belfort | 751 | 705 | 710 | 665 | 746 | 3.577 | 715 | 22,2 | 22,0 | 22,3 | 21,3 |
| 41 | Doubs | Besançon | 1.039 | 1.040 | 1.029 | 1.030 | 1.025 | 5.163 | 1.033 | 19,2 | 18,7 | 18,4 | 18,5 |
| 42 | Côte-d'Or | Dijon | 1.410 | 1.375 | 1.325 | 1.358 | 1.313 | 6.781 | 1.356 | 21,5 | 20,6 | 19,8 | 18,6 |
| 43 | Cher | Bourges | 767 | 723 | 671 | 626 | 612 | 3.399 | 680 | 19,3 | 15,8 | 16,3 | 15,0 |
| 44 | Vienne | Poitiers | 652 | 661 | 632 | 638 | 641 | 3.224 | 645 | 19,3 | 17,4 | 17,2 | 16,3 |
| 45 | Charente-inférieure | Rochefort | 736 | 769 | 708 | 774 | 668 | 3.655 | 731 | 24,3 | 21,3 | 20,0 | 20,0 |
| 46 | | La Rochelle | 658 | 699 | 708 | 667 | 659 | 3.391 | 678 | 18,8 | 20,0 | 19,9 | 20,7 |
| 47 | Gironde | Bordeaux | 5.026 | 4.832 | 4.640 | 4.401 | 4.370 | 23.269 | 4.654 | 21,9 | 20,9 | 20,1 | 18,3 |
| 48 | Dordogne | Périgueux | 601 | 603 | 566 | 585 | 594 | 2.949 | 590 | 24,3 | 21,5 | 19,0 | 18,6 |
| 49 | Charente | Angoulême | 636 | 676 | 621 | 646 | 611 | 3.190 | 638 | 19,7 | 18,4 | 18,1 | 17,0 |
| 50 | Haute-Vienne | Limoges | 1.714 | 1.790 | 1.747 | 1.842 | 1.758 | 8.851 | 1.770 | 22,5 | 23,1 | 21,4 | 20,5 |
| 51 | Puy-de-Dôme | Clermont-Ferrand | 811 | 882 | 810 | 858 | 941 | 4.302 | 860 | 16,0 | 15,4 | 15,2 | 15,5 |
| 52 | Allier | Montluçon | 717 | 630 | 597 | 583 | 555 | 3.082 | 616 | 19,3 | 21,9 | 20,9 | 17,8 |
| 53 | Saône-et-Loire | Le Creusot | 753 | 741 | 669 | 602 | 652 | 3.417 | 683 | 25,3 | 25,9 | 26,7 | 21,3 |
| 54 | Loire | Roanne | 788 | 723 | 728 | 670 | 653 | 3.562 | 712 | 26,0 | 23,3 | 23,1 | 20,2 |
| 55 | | Saint-Étienne | 3.429 | 3.247 | 3.039 | 3.030 | 2.872 | 15.617 | 3.123 | 25,5 | 24,5 | 22,6 | 21,3 |
| 56 | Rhône | Lyon | 8.836 | 8.717 | 8.528 | 8.413 | 8.366 | 42.860 | 8.572 | 20,0 | 18,6 | 18,4 | 18,4 |
| 57 | Isère | Grenoble | 1.339 | 1.350 | 1.376 | 1.291 | 1.229 | 6.585 | 1.317 | 22,2 | 22,4 | 20,2 | 18,6 |
| 58 | Alpes-maritimes | Nice | 2.669 | 2.938 | 2.941 | 3.103 | 3.036 | 14.687 | 2.937 | 26,2 | 23,8 | 24,9 | 24,5 |
| 59 | | Cannes | 571 | 605 | 554 | 580 | 566 | 2.876 | 575 | 24,9 | 21,2 | 19,1 | 19,2 |
| 60 | Var | Toulon | 2.494 | 2.526 | 2.466 | 2.247 | 2.260 | 11.993 | 2.399 | 24,5 | 22,7 | 21,7 | 23,3 |
| 61 | Vaucluse | Avignon | 959 | 974 | 883 | 869 | 837 | 4.522 | 904 | 20,5 | 19,2 | 19,1 | 19,0 |
| 62 | Gard | Nîmes | 1.366 | 1.350 | 1.280 | 1.195 | 1.238 | 6.429 | 1.286 | 21,3 | 19,6 | 17,8 | 16,0 |
| 63 | Bouches-du-Rhône | Marseille | 11.585 | 11.951 | 11.219 | 11.316 | 11.008 | 57.079 | 11.416 | 28,3 | 26,9 | 24,7 | 22,6 |
| 64 | Hérault | Montpellier | 1.720 | 1.574 | 1.427 | 1.529 | 1.461 | 7.711 | 1.542 | 22,3 | 21,0 | 21,2 | 20,1 |
| 65 | | Cette | 830 | 803 | 800 | 856 | 845 | 4.134 | 827 | 26,2 | 24,6 | 23,5 | 24,6 |
| 66 | | Béziers | 1.083 | 1.010 | 992 | 978 | 982 | 5.045 | 1.009 | 21,6 | 23,9 | 21,7 | 19,3 |
| 67 | Pyrénées-orientales | Perpignan | 853 | 794 | 723 | 811 | 825 | 4.006 | 801 | 25,5 | 23,1 | 23,8 | 21,3 |
| 68 | Aude | Carcassonne | 570 | 583 | 501 | 549 | 563 | 2.766 | 553 | 21,9 | 19,2 | 18,4 | 17,9 |
| 69 | Haute-Garonne | Toulouse | 2.747 | 2.635 | 2.589 | 2.547 | 2.548 | 13.066 | 2.613 | 18,7 | 18,4 | 18,0 | 17,5 |
| 70 | Tarn-et-Garonne | Montauban | 495 | 503 | 483 | 443 | 449 | 2.373 | 475 | 17,5 | 17,4 | 17,0 | 16,0 |
| 71 | Basses-Pyrénées | Pau | 631 | 662 | 657 | 640 | 593 | 3.183 | 637 | 18,7 | 17,6 | 18,4 | 18,4 |

## II. — RÉPARTITION DANS LES VILLES DE PLUS DE 30.000 HABITANTS

PROPORTIONS POUR 1.000 HABITANTS PAR COMPARAISON AVEC LES TROIS PÉRIODES PRÉCÉDENTES

| NUMÉROS D'ORDRE | DÉPARTEMENTS par GROUPEMENT GÉOGRAPHIQUE du nord au sud. | NOMS DES VILLES | NOMBRES ABSOLUS | | | | | | | PROPORTION | | | |
|---|---|---|---|---|---|---|---|---|---|---|---|---|---|
| | | | 1901 | 1902 | 1903 | 1904 | 1905 | TOTAL | MOYENNE annuelle | 1887-90 | 1891-95 | 1896-1900 | 1901-05 |
| 1 | Nord | Dunkerque | 53 | 53 | 56 | 56 | 68 | 286 | 57 | 1,9 | 1,9 | 1,6 | 1,5 |
| 2 | | Tourcoing | 129 | 118 | 99 | 103 | 79 | 528 | 106 | 1,8 | 1,7 | 1,5 | 1,3 |
| 3 | | Roubaix | 124 | 129 | 133 | 117 | 100 | 603 | 121 | 1,6 | 1,4 | 1,3 | 1,0 |
| 4 | | Lille | 445 | 485 | 429 | 396 | 373 | 2.128 | 426 | 2,2 | 2,0 | 2,1 | 2,0 |
| 5 | | Valenciennes | 25 | 15 | 14 | 14 | 20 | 88 | 18 | 1,1 | 0,9 | 0,9 | 0,6 |
| 6 | | Douai | 59 | 41 | 44 | 41 | 55 | 240 | 48 | 1,5 | 1,6 | 1,5 | 1,4 |
| 7 | Pas-de-Calais | Calais | 67 | 66 | 57 | 76 | 93 | 359 | 72 | 1,4 | 1,2 | 1,1 | 1,1 |
| 8 | | Boulogne-sur-Mer | 64 | 85 | 60 | 55 | 69 | 333 | 67 | 1,8 | 1,7 | 1,4 | 1,3 |
| 9 | Somme | Amiens | 117 | 151 | 99 | 124 | 117 | 608 | 122 | 1,6 | 1,4 | 1,3 | 1,3 |
| 10 | Aisne | Saint-Quentin | 92 | 81 | 92 | 84 | 96 | 445 | 89 | 1,9 | 2,0 | 1,7 | 1,7 |
| 11 | Seine-inférieure | Le Havre | 178 | 204 | 173 | 165 | 135 | 855 | 171 | 1,4 | 1,5 | 1,2 | 1,3 |
| 12 | | Rouen | 208 | 184 | 213 | 234 | 235 | 1.074 | 215 | 1,5 | 1,6 | 1,7 | 1,8 |
| 13 | Calvados | Caen | 58 | 43 | 56 | 40 | 44 | 241 | 48 | 1,4 | 1,4 | 1,3 | 1,1 |
| 14 | Manche | Cherbourg | 63 | 56 | 56 | 63 | 55 | 293 | 59 | 1,8 | 1,2 | 1,5 | 1,4 |
| 15 | Ille-et-Vilaine | Rennes | 105 | 100 | 83 | 76 | 70 | 443 | 89 | 2,0 | 1,8 | 1,6 | 1,2 |
| 16 | Finistère | Brest | 91 | 110 | 102 | 85 | 65 | 453 | 91 | 0,7 | 1,1 | 1,3 | 1,1 |
| 17 | Morbihan | Lorient | 17 | 20 | 21 | 19 | 31 | 108 | 22 | 0,9 | 0,7 | 0,5 | 0,5 |
| 18 | Loire-inférieure | Saint-Nazaire | 75 | 52 | 57 | 46 | 44 | 274 | 55 | 1,7 | 1,8 | 1,7 | 1,5 |
| 19 | | Nantes | 176 | 174 | 178 | 137 | 146 | 811 | 162 | 1,3 | 1,4 | 1,2 | 1,2 |
| 20 | Maine-et-Loire | Angers | 89 | 82 | 73 | 81 | 76 | 401 | 80 | 1,5 | 1,2 | 1,0 | 1,0 |
| 21 | Mayenne | Laval | 21 | 45 | 26 | 32 | 27 | 151 | 30 | 1,1 | 1,3 | 1,1 | 1,0 |
| 22 | Sarthe | Le Mans | 86 | 90 | 88 | 99 | 78 | 441 | 88 | 1,0 | 1,0 | 1,2 | 1,4 |
| 23 | Indre-et-Loire | Tours | 86 | 99 | 90 | 107 | 93 | 480 | 96 | 0,7 | 1,2 | 1,2 | 1,4 |
| 24 | Loiret | Orléans | 41 | 54 | 63 | 64 | 50 | 272 | 54 | 1,0 | 1,0 | 0,7 | 0,8 |
| 25 | Seine-et-Oise | Versailles | 62 | 51 | 38 | 39 | 46 | 236 | 47 | 1,2 | 1,1 | 0,9 | 0,9 |
| 26 | Seine | Boulogne sur-Seine | 72 | 74 | 82 | 61 | 84 | 373 | 75 | 2,0 | 1,9 | 2,0 | 1,6 |
| 27 | | Paris | 5.098 | 5.113 | 4.988 | 4.750 | 4.692 | 24.641 | 4.928 | 1,8 | 1,9 | 2,0 | 1,8 |
| 28 | | Neuilly-sur-Seine | 37 | 28 | 37 | 29 | 44 | 175 | 35 | 1,2 | 1,3 | 1,0 | 0,9 |
| 29 | | Asnières | 42 | 42 | 27 | 32 | 51 | 194 | 39 | 1,2 | 1,2 | 1,3 | 1,2 |
| 30 | | Levallois-Perret | 50 | 61 | 59 | 58 | 60 | 288 | 58 | 0,5 | 0,5 | 1,0 | 1,0 |
| 31 | | Clichy | 61 | 67 | 70 | 59 | 52 | 309 | 62 | 2,3 | 2,1 | 1,6 | 1,5 |
| 32 | | Saint-Ouen | 78 | 78 | 62 | 63 | 74 | 355 | 71 | 1,9 | 1,8 | 2,0 | 1,9 |
| 33 | | Saint-Denis | 124 | 169 | 129 | 131 | 149 | 702 | 140 | 2,1 | 2,6 | 2,4 | 2,2 |
| 34 | | Aubervilliers | 56 | 50 | 57 | 56 | 59 | 278 | 56 | 1,9 | 2,1 | 2,1 | 1,7 |
| 35 | | Vincennes | 20 | 24 | 28 | 22 | 30 | 124 | 25 | 1,1 | 1,1 | 0,8 | 0,8 |
| 36 | | Montreuil-sous-Bois | 41 | 47 | 59 | 48 | 54 | 249 | 50 | 1,6 | 1,7 | 1,6 | 1,5 |
| 37 | Aube | Troyes | 90 | 102 | 108 | 88 | 78 | 466 | 93 | 2,1 | 2,1 | 1,9 | 1,7 |
| 38 | Marne | Reims | 150 | 170 | 181 | 208 | 183 | 892 | 178 | 2,0 | 1,7 | 1,5 | 1,6 |
| 39 | Meurthe-et-Moselle | Nancy | 92 | 125 | 114 | 124 | 150 | 605 | 121 | 1,4 | 1,3 | 1,2 | 1,1 |
| 40 | Haut-Rhin | Belfort | 58 | 54 | 68 | 64 | 58 | 302 | 60 | 1,6 | 1,5 | 1,4 | 1,8 |
| 41 | Doubs | Besançon | 116 | 99 | 83 | 100 | 92 | 490 | 98 | 1,8 | 2,2 | 1,9 | 1,7 |
| 42 | Côte-d'Or | Dijon | 59 | 53 | 70 | 62 | 54 | 298 | 60 | 1,3 | 1,7 | 1,1 | 0,8 |
| 43 | Cher | Bourges | 33 | 31 | 38 | 32 | 30 | 164 | 33 | 0,7 | 0,8 | 0,8 | 0,7 |
| 44 | Vienne | Poitiers | 42 | 34 | 37 | 39 | 43 | 195 | 39 | 0,8 | 1,2 | 1,1 | 1,0 |
| 45 | Charente-inférieure | Rochefort | 47 | 52 | 47 | 49 | 63 | 258 | 52 | 1,5 | 1,2 | 1,3 | 1,4 |
| 46 | | La Rochelle | 45 | 41 | 37 | 44 | 44 | 211 | 42 | 1,2 | 1,2 | 1,2 | 1,3 |
| 47 | Gironde | Bordeaux | 330 | 337 | 316 | 321 | 259 | 1.563 | 313 | 1,5 | 1,5 | 1,2 | 1,2 |
| 48 | Dordogne | Périgueux | 44 | 49 | 45 | 48 | 34 | 220 | 44 | 1,7 | 1,8 | 1,6 | 1,4 |
| 49 | Charente | Angoulême | 40 | 61 | 39 | 45 | 43 | 228 | 46 | 1,6 | 1,6 | 1,3 | 1,2 |
| 50 | Haute-Vienne | Limoges | 121 | 117 | 110 | 119 | 98 | 565 | 113 | 1,2 | 1,3 | 1,4 | 1,3 |
| 51 | Puy-de-Dôme | Clermont-Ferrand | 76 | 65 | 61 | 62 | 68 | 332 | 66 | 1,5 | 1,3 | 1,2 | 1,2 |
| 52 | Allier | Montluçon | 33 | 28 | 19 | 22 | 9 | 111 | 22 | 1,1 | 0,7 | 0,8 | 0,6 |
| 53 | Saône-et-Loire | Le Creusot | 26 | 26 | 39 | 35 | 38 | 164 | 33 | 1,3 | 1,3 | 1,1 | 1,0 |
| 54 | Loire | Roanne | 25 | 21 | 15 | 16 | 12 | 89 | 18 | 1,4 | 0,9 | 0,6 | 0,5 |
| 55 | | Saint-Étienne | 340 | 354 | 361 | 298 | 287 | 1.640 | 328 | 2,8 | 2,7 | 2,5 | 2,2 |
| 56 | Rhône | Lyon | 572 | 569 | 540 | 509 | 458 | 2.648 | 530 | 1,5 | 1,4 | 1,2 | 1,1 |
| 57 | Isère | Grenoble | 103 | 124 | 107 | 107 | 117 | 558 | 112 | 2,1 | 2,1 | 1,9 | 1,6 |
| 58 | Alpes-maritimes | Nice | 252 | 286 | 283 | 284 | 307 | 1.412 | 282 | 2,1 | 2,3 | 2,3 | 2,3 |
| 59 | | Cannes | 58 | 48 | 48 | 44 | 32 | 230 | 46 | 1,6 | 1,6 | 1,5 | 1,5 |
| 60 | Var | Toulon | 133 | 119 | 143 | 125 | 133 | 653 | 131 | 1,1 | 1,2 | 1,3 | 1,3 |
| 61 | Vaucluse | Avignon | 68 | 72 | 72 | 75 | 73 | 360 | 72 | 1,7 | 1,7 | 1,2 | 1,5 |
| 62 | Gard | Nimes | 105 | 123 | 107 | 103 | 124 | 562 | 112 | 1,8 | 1,7 | 1,4 | 1,4 |
| 63 | Bouches-du-Rhône | Marseille | 954 | 953 | 953 | 885 | 956 | 4.701 | 940 | 2,1 | 2,0 | 1,9 | 1,9 |
| 64 | Hérault | Montpellier | 111 | 129 | 111 | 108 | 118 | 577 | 115 | 1,5 | 1,8 | 1,6 | 1,5 |
| 65 | | Cette | 38 | 39 | 35 | 26 | 19 | 157 | 31 | 0,8 | 0,9 | 0,7 | 0,9 |
| 66 | | Béziers | 116 | 120 | 85 | 88 | 69 | 478 | 96 | 1,9 | 2,1 | 2,1 | 1,8 |
| 67 | Pyrénées-orientales | Perpignan | 62 | 51 | 53 | 45 | 51 | 262 | 52 | 1,6 | 1,3 | 1,6 | 1,4 |
| 68 | Aude | Carcassonne | 45 | 32 | 46 | 47 | 48 | 218 | 44 | 0,8 | 0,2 | 0,5 | 1,4 |
| 69 | Haute-Garonne | Toulouse | 134 | 125 | 135 | 121 | 137 | 652 | 130 | 1,2 | 1,2 | 0,9 | 0,9 |
| 70 | Tarn-et-Garonne | Montauban | 32 | 29 | 36 | 34 | 43 | 174 | 35 | 1,1 | 1,3 | 1,3 | 1,2 |
| 71 | Basses-Pyrénées | Pau | 41 | 36 | 31 | 43 | 38 | 189 | 38 | 0,8 | 1,0 | 0,9 | 1,1 |

## III. — RÉSULTATS GÉNÉRAUX ET RÉCAPITULATIFS PAR PÉRIODES

| | | PÉRIODE 1887-90 4 ans (sauf exceptions indiquées). | | | PÉRIODE 1891-95 5 ans. | | | PÉRIODE 1896-1900 5 ans. | | | PÉRIODE 1901-05 5 ans. | | |
|---|---|---|---|---|---|---|---|---|---|---|---|---|---|
| | | NOMBRES ABSOLUS | | | NOMBRES ABSOLUS | | | NOMBRES ABSOLUS | | | NOMBRES ABSOLUS | | |
| | | Total | Moyenne annuelle. | Proportion pour 1.000 habitants | Total | Moyenne annuelle. | Proportion pour 1.000 habitants | Total | Moyenne annuelle. | Proportion pour 1.000 habitants | Total | Moyenne annuelle. | Proportion pour 1.000 habitants |
| I Répartition générale par périodes. | Vil. de plus de 30.000 h. | 639.407 | 159.852 | 24,62 | 828.991 | 165.798 | 23,52 | 831.625 | 166.325 | 22,33 | 848.136 | 169.627 | 20,94 |
| | Vil. de 10.001 à 30.000 h. | 283.546 | 70.886 | 23,11 | 615.933 | 123.186 | 22,89 | 635.804 | 127.161 | 22,40 | 629.341 | 125.868 | 21,78 |
| | Vil. de 5.001 à 10.000 h. (*) 2 ans. | *108.049 | 54.024 | 23,68 | | | | | | | | | |
| | TOTAUX | 1.031.002 | 284.762 | 24,05 | 1.444.924 | 288.984 | 23,24 | 1.467.429 | 293.486 | 22,36 | 1.477.477 | 295.495 | 21,29 |
| | Proportions extrêmes. | 24,72 en 1887<br>23,07 en 1890 | | | 23,74 en 1891<br>22,36 en 1895 | | | 22,93 en 1896<br>21,74 en 1900 | | | 22,26 en 1901<br>20,25 en 1905 | | |
| II Répartition par groupes de villes. | I. Paris | 233.397 | 58.349 | 24,90 | 289.691 | 57.938 | 23,56 | 278.140 | 55.628 | 21,63 | 270.891 | 54.178 | 20,17 |
| | II. V. de 100.001 à 518.000 h | 209.854 | 52.463 | 25,30 | 265.423 | 53.084 | 24,24 | 278.631 | 55.726 | 23,30 | 291.985 | 58.397 | 21,92 |
| | III. V. de 30.001 à 100.000 h | 196.156 | 49.039 | 23,64 | 273.877 | 54.775 | 22,81 | 274.854 | 54.971 | 22,12 | 285.260 | 57.052 | 20,74 |
| | IV. V. de 20.001 à 30.000 h. | 111.379 | 27.845 | 22,76 | 134.395 | 26.879 | 21,74 | 148.523 | 29.705 | 21,17 | 137.246 | 27.449 | 20,84 |
| | V. V. de 10.001 à 20.000 h. | 172.167 | 43.042 | 23,34 | 208.912 | 41.782 | 22,73 | 213.349 | 42.670 | 22,27 | 216.171 | 43.234 | 21,27 |
| | VI. V. de 5.001 à 10.000 h. (*) 2 ans. | *108.049 | 54.024 | 23,68 | 272.626 | 54.525 | 23,62 | 273.932 | 54.786 | 23,24 | 275.924 | 55.185 | 22,71 |

| III Répartition par villes de plus de 30.000 hab. Moyennes annuelles et proportions pour 1.000 habitants. | 1887-90 | | 1891-95 | | 1896-1900 | | 1901-05 | |
|---|---|---|---|---|---|---|---|---|
| Moyenne générale annuelle | de 16,0 à 34,7 | | de 15,4 à 33,3 | | de 15,2 à 32,4 | | de 15,0 à 31,4 | |
| Villes ayant présenté une moyenne supérieure à 28 0/00 | Dunkerque | 34,2 | Dunkerque | 32,2 | Dunkerque | 31,2 | Dunkerque | 29,2 |
| | Tourcoing | 34,7 | Tourcoing | 32,1 | Tourcoing | 30,3 | | |
| | Roubaix | 34,6 | Roubaix | 30,9 | Roubaix | 29,9 | | |
| | Lille | 30,9 | Lille | 29,6 | Lille | 29,6 | | |
| | Calais | 34,4 | Calais | 32,5 | Calais | 30,8 | Calais | 29,0 |
| | Boulogne-sur-mer | 29,4 | Boulogne-sur-mer | 28,9 | Boulogne-sur-mer | 28,2 | | |
| | Le Havre | 32,0 | Le Havre | 31,3 | Le Havre | 31,0 | Le Havre | 29,2 |
| | Saint-Nazaire | 29,3 | | | | | | |
| | Levallois-Perret | 28,3 | | | | | | |
| | Clichy | 32,6 | Clichy | 31,8 | Clichy | 29,0 | | |
| | Aubervilliers | 34,1 | Aubervilliers | 33,3 | Aubervilliers | 32,4 | Aubervilliers | 31,4 |
| | Saint-Ouen | 29,9 | Saint-Ouen | 29,6 | Saint-Ouen | 28,3 | | |
| | Saint-Denis | 30,4 | Saint-Denis | 29,7 | Saint-Denis | 28,1 | | |
| | Reims | 28,9 | | | | | | |
| Villes ayant présenté une moyenne inférieure à 19 0/00 | Caen | 18,5 | Caen | 18,1 | | | | |
| | | | | | | | Rennes | 18,5 |
| | | | | | | | Nantes | 18,3 |
| | | | | | Angers | 18,7 | Angers | 17,3 |
| | | | Laval | 18,7 | Laval | 17,1 | Laval | 16,0 |
| | | | Tours | 18,1 | Tours | 17,7 | Tours | 17,2 |
| | | | | | Orléans | 18,2 | Orléans | 17,1 |
| | Versailles | 18,8 | Versailles | 18,5 | Versailles | 17,7 | Versailles | 17,4 |
| | Neuilly | 18,3 | Neuilly | 18,0 | Neuilly | 16,3 | Neuilly | 15,3 |
| | | | | | Vincennes | 17,4 | Vincennes | 16,5 |
| | | | Besançon | 18,7 | Besançon | 18,4 | Besançon | 18,5 |
| | | | | | | | Dijon | 18,6 |
| | | | Bourges | 15,8 | Bourges | 16,3 | Bourges | 15,0 |
| | | | Poitiers | 17,4 | Poitiers | 17,2 | Poitiers | 16,3 |
| | | | | | | | Bordeaux | 18,3 |
| | | | | | | | Périgueux | 18,6 |
| | | | Angoulême | 18,4 | Angoulême | 18,1 | Angoulême | 17,0 |
| | Clermont-Ferrand | 16,0 | Clermont-Ferrand | 15,4 | Clermont-Ferrand | 15,2 | Clermont-Ferrand | 15,5 |
| | | | | | | | Montluçon | 17,8 |
| | | | Lyon | 18,6 | Lyon | 18,4 | Lyon | 18,4 |
| | | | | | | | Grenoble | 18,6 |
| | | | | | Nîmes | 17,8 | Nîmes | 16,0 |
| | | | | | Carcassonne | 18,4 | Carcassonne | 17,9 |
| | Toulouse | 18,7 | Toulouse | 18,4 | Toulouse | 18,0 | Toulouse | 17,5 |
| | Montauban | 17,5 | Montauban | 17,4 | Montauban | 17,0 | Montauban | 16,0 |
| | Pau | 18,7 | Pau | 17,6 | Pau | 18,4 | Pau | 18,4 |

## III. — RÉSULTATS GÉNÉRAUX ET RÉCAPITULATIFS PAR PÉRIODES

| | PÉRIODE 1887-90 4 ans (sauf exceptions indiquées). | | | PÉRIODE 1891-95 5 ans. | | | PÉRIODE 1896-1900 5 ans. | | | PÉRIODE 1901-05 5 ans. | | |
|---|---|---|---|---|---|---|---|---|---|---|---|---|
| | NOMBRES ABSOLUS | | Proportion pour 1.000 habitants | NOMBRES ABSOLUS | | Proportion pour 1.000 habitants | NOMBRES ABSOLUS | | Proportion pour 1.000 habitants | NOMBRES ABSOLUS | | Proportion pour 1.000 habit. |
| | Total. | Moyenne annuelle. | | Total. | Moyenne annuelle. | | Total. | Moyenne annuelle. | | Total. | Moyenne annuelle. | |
| **I. Répartition générale par périodes** | | | | | | | | | | | | |
| V. de plus de 30.000 h. | 44.160 | 11.040 | *1,70* | 59.923 | 11.985 | *1,70* | 62.658 | 12.532 | *1,68* | 62.463 | 12.493 | *1,54* |
| V. de 10.001 à 30.000 h. | 15.874 | 3.968 | *1,29* | 34.077 | 6.815 | *1,27* | 34.182 | 6.836 | *1,20* | 33.017 | 6.603 | *1,14* |
| V. de 5.001 à 10.000 h. | (*) 5.427 | 2.713 | *1,19* | | | | | | | | | |
| (*) 2 ans. | | | | | | | | | | | | |
| TOTAUX | 65.461 | 17.721 | *1,50* | 94.000 | 18.800 | *1,51* | 96.840 | 19.368 | *1,47* | 95.480 | 19.096 | *1,37* |
| Proportions extrêmes. | 1,60 en 1887<br>1,43 en 1890 | | | 1,57 en 1894<br>1,45 en 1893 | | | 1,57 en 1896<br>1,41 en 1900 | | | 1,43 en 1901-02<br>1,31 en 1905 | | |
| **II. Répartition par groupes de villes.** | | | | | | | | | | | | |
| I. Paris | 17.300 | 4.327 | *1,85* | 23.174 | 4.635 | *1,88* | 26.614 | 5.323 | *2,07* | 24.641 | 4.928 | *1,83* |
| II. Vil. de 100.001 à 518.000 h. | 14.782 | 3.695 | *1,78* | 18.826 | 3.765 | *1,72* | 19.126 | 3.825 | *1,00* | 20.237 | 4.047 | *1,52* |
| III. Vil. de 30.001 à 100.000 h. | 12.069 | 3.017 | *1,45* | 17.923 | 3.585 | *1,49* | 16.918 | 3.384 | *1,36* | 17.585 | 3.517 | *1,28* |
| IV. V. de 20.001 à 30.000 h. | 6.742 | 1.685 | *1,38* | 7.860 | 1.572 | *1,27* | 8.553 | 1.711 | *1,22* | 7.627 | 1.525 | *1,15* |
| V. V. de 10.001 à 20.000 h. | 9.132 | 2.283 | *1,24* | 11.873 | 2.375 | *1,29* | 11.962 | 2.392 | *1,25* | 11.622 | 2.325 | *1,14* |
| VI. V. de 5.001 à 10.000 h. | (*) 5.427 | 2.713 | *1,19* | 14.344 | 2.869 | *1,24* | 13.667 | 2.733 | *1,16* | 13.768 | 2.754 | *1,13* |
| (*) 2 ans. | | | | | | | | | | | | |

| III. Répartition par villes de plus de 30.000 habitants. Moyennes annuelles et proportions pour 1.000 habitants. | PÉRIODE 1887-90 | PÉRIODE 1891-95 | PÉRIODE 1896-1900 | PÉRIODE 1901-05 |
|---|---|---|---|---|
| Moyenne générale annuelle | de 0,5 à 2,8 | de 0,2 à 2,7 | de 0,5 à 2,5 | de 0, 5 à 2,3 |
| Villes ayant présenté une moyenne supérieure à 1,9 0/00 | Lille *2,2* | Lille *2,0* | Lille *2,1* | Lille *2,0* |
| | Rennes *2,0* | | | |
| | | Saint-Quentin *2,0* | | |
| | Boulogne-s-Seine *2,0* | | Boulogne-s-Seine *2,0* | |
| | Clichy *2,3* | Clichy *2,1* | | |
| | | | Paris *2,0* | |
| | | | Saint-Ouen *2,0* | |
| | Saint-Denis *2,1* | Saint-Denis *2,6* | Saint-Denis *2,4* | Saint-Denis *2,2* |
| | Troyes *2,1* | Troyes *2,1* | | |
| | Reims *2,0* | | | |
| | | Besançon *2,2* | | |
| | Saint-Étienne *2,8* | Saint-Étienne *2,7* | Saint-Étienne *2,5* | Saint-Étienne *2,2* |
| | Grenoble *2,1* | Grenoble *2,1* | | |
| | Nice *2,1* | Nice *2,3* | Nice *2,3* | Nice *2,3* |
| | Marseille *2,1* | Marseille *2,0* | | |
| | | Béziers *2,1* | Béziers *2,1* | |
| Villes ayant présenté une moyenne inférieure à 1,0 0/00 | Brest *0,7* | | | |
| | | Valenciennes *0,9* | Valenciennes *0,9* | Valenciennes *0,6* |
| | Lorient *0,9* | Lorient *0,7* | Lorient *0,5* | Lorient *0,5* |
| | Tours *0,7* | | | |
| | | | Orléans *0,7* | Orléans *0,8* |
| | | | Versailles *0,9* | Versailles *0,9* |
| | | | | Neuilly *0,9* |
| | Levallois-Perret *0,5* | Levallois-Perret *0,5* | | |
| | | | Vincennes *0,8* | Vincennes *0,8* |
| | | | | Dijon *0,8* |
| | Bourges *0,7* | Bourges *0,8* | Bourges *0,8* | Bourges *0,7* |
| | Poitiers *0,8* | | | |
| | | Montluçon *0,7* | Montluçon *0,8* | Montluçon *0,6* |
| | | Roanne *0,9* | Roanne *0,6* | Roanne *0,5* |
| | Cette *0,8* | Cette *0,9* | Cette *0,7* | Cette *0,9* |
| | Carcassonne *0,8* | Carcassonne *0,2* | Carcassonne *0,5* | |
| | | | Toulouse *0,9* | Toulouse *0,9* |
| | Pau *0,8* | | Pau *0,9* | |

## III. — TABLEAUX COMPARATIFS DES RÉSULTATS FOURNIS POUR LES VILLES DE PLUS DE 5.000 HABITANTS ET POUR LA FRANCE ENTIÈRE

### I. — STATISTIQUE CONCERNANT L'ENSEMBLE DE LA FRANCE

| ANNÉES | POPULATION | | NAISSANCES | | MORT-NÉS | | DÉCÈS | |
|---|---|---|---|---|---|---|---|---|
| | Recensée. | Calculée. | Nombre absolu. | Proportion pour 1.000 h. | Nombre absolu. | Proportion pour 1.000 h. | Nombre absolu. | Proportion pour 1.000 h. |
| 1886 | 37.930.759 | » | 912.838 | *24,0* | 43.623 | *1,1* | 860.222 | *22,6* |
| 1887 | » | 37.971.284 | 899.333 | *23,7* | 42.930 | *1,1* | 842.797 | *22,2* |
| 1888 | » | 38.011.809 | 882.639 | *23,2* | 42.070 | *1,1* | 837.867 | *22,0* |
| 1889 | » | 38.052.334 | 880.570 | *23,1* | 42.499 | *1,1* | 794.933 | *20,8* |
| 1890 | » | 38.092.859 | 838.059 | *22,0* | 40.535 | *1,0* | 876.505 | *23,0* |
| 1891 | 38.133.385 | » | 866.377 | *22,7* | 42.472 | *1,1* | 876.882 | *23,0* |
| 1892 | » | 38.160.510 | 855.847 | *22,4* | 41.925 | *1,1* | 875.888 | *22,9* |
| 1893 | » | 38.187.635 | 874.672 | *22,9* | 42.394 | *1,1* | 867.526 | *22,7* |
| 1894 | » | 38.214.760 | 855.388 | *22,3* | 42.046 | *1,1* | 815.620 | *21,3* |
| 1895 | » | 38.241.885 | 834.173 | *21,8* | 41.572 | *1,0* | 851.986 | *22,2* |
| 1896 | 38.269.011 | » | 865.586 | *22,6* | 42.054 | *1,1* | 771.884 | *20,1* |
| 1897 | » | 38.407.598 | 859.107 | *22,4* | 42.249 | *1,1* | 751.019 | *19,5* |
| 1898 | » | 38.546.185 | 843.933 | *21,9* | 39.805 | *1,0* | 810.073 | *21,0* |
| 1899 | » | 38.684.772 | 847.627 | *21,9* | 39.860 | *1,0* | 816.233 | *21,1* |
| 1900 | » | 38.823.359 | 827.297 | *21,3* | 39.246 | *1,0* | 853.285 | *22,0* |
| 1901 | 38.961.945 | » | 857.274 | *22,0* | 40.746 | *1,0* | 784.876 | *20,1* |
| 1902 | » | 39.008.822 | 845.378 | *21,7* | 40.218 | *1,0* | 761.434 | *19,5* |
| 1903 | » | 39.055.698 | 826.712 | *21,1* | 39.074 | *1,0* | 753.606 | *19,3* |
| 1904 | » | 39.102.575 | 818.229 | *20,9* | 38.665 | *1,0* | 761.203 | *19,4* |
| 1905 | » | 39.149.451 | 807.291 | *20,6* | 37.941 | *1,0* | 770.171 | *19,7* |

### II. — COMPARAISON DES QUATRE PÉRIODES 1886-90, 1891-95, 1896-1900 ET 1901-1905 D'APRÈS LES MOYENNES ANNUELLES

NOMBRES ABSOLUS ET PROPORTIONS POUR 1.000 HABITANTS

| | POPULATION MOYENNE servant de base. | NAISSANCES | | MORT-NÉS | | DÉCÈS | |
|---|---|---|---|---|---|---|---|
| | | Moyenne. | Proportion. | Moyenne. | Proportion. | Moyenne. | Proportion. |
| **1re PÉRIODE : 1886-1890** | | | | | | | |
| Villes de plus de 30.000 hab. | 6.446.803 | 159.852 | *24,6* | 11.040 | *1,7* | 159.926 | *24,8* |
| Villes de 10.001 à 30.000 hab. | 3.048.067 | 70.886 | *23,1* | 3.968 | *1,2* | 75.261 | *24,7* |
| Communes au-dessous de 10.000 habitants | 28.516.219 | 651.950 | *22,8* | 27.323 | *0,9* | 607.278 | *21,3* |
| FRANCE ENTIÈRE | 38.011.809 | 882.688 | *23,2* | 42.331 | *1,1* | 842.465 | *22,1* |
| **2e PÉRIODE : 1891-1895** | | | | | | | |
| Villes de plus de 30.000 hab. | 7.050.377 | 165.798 | *23,5* | 11.985 | *1,7* | 164.266 | *23,3* |
| Villes de 5.001 à 30.000 hab. | 5.382.193 | 123.186 | *22,9* | 6.815 | *1,2* | 128.071 | *23,8* |
| Communes au-dessous de 5.000 habitants | 25.755.065 | 568.307 | *22,0* | 23.323 | *0,9* | 565.243 | *21,9* |
| FRANCE ENTIÈRE | 38.187.635 | 857.291 | *22,4* | 42.082 | *1,1* | 857.580 | *22,4* |
| **3e PÉRIODE : 1896-1900** | | | | | | | |
| Villes de plus de 30.000 hab. | 7.469.691 | 166.325 | *22,3* | 12.532 | *1,7* | 158.904 | *21,3* |
| Villes de 5.001 à 30.000 hab. | 5.676.417 | 127.161 | *22,4* | 6.836 | *1,2* | 124.636 | *21,9* |
| Communes au-dessous de 5.000 habitants | 25.400.077 | 555.224 | *21,8* | 21.275 | *0,8* | 516.959 | *20,3* |
| FRANCE ENTIÈRE | 38.546.185 | 848.710 | *22,0* | 40.643 | *1,0* | 800.499 | *20,8* |
| **4e PÉRIODE : 1901-1905** | | | | | | | |
| Villes de plus de 30.000 hab. | 8.100.122 | 169.627 | *20,9* | 12.493 | *1,5* | 162.754 | *20,1* |
| Villes de 5.001 à 30.000 hab. | 5.779.155 | 125.868 | *21,8* | 6.603 | *1,1* | 119.933 | *20,7* |
| Communes au-dessous de 5.000 habitants | 25.176.421 | 535.482 | *21,2* | 20.233 | *0,8* | 483.571 | *19,2* |
| FRANCE ENTIÈRE | 39.055.698 | 830.977 | *21,3* | 39.329 | *1,0* | 766.258 | *19,6* |

# III

# DÉCÈS

## DE 1901 A 1905

et comparaison avec les trois périodes précédentes.

## NOMBRES ABSOLUS ET PROPORTIONNELS

***Villes de plus de 5.000 habitants.***

I. — RÉPARTITION GÉNÉRALE ANNUELLE PAR GROUPES DE VILLES

***Villes de plus de 30.000 habitants.***

II. — RÉPARTITION ANNUELLE PAR GROUPES DE VILLES ET PAR AGES

III. — RÉPARTITION MENSUELLE

IV. — RÉPARTITION PAR VILLES

V. — RÉSULTATS GÉNÉRAUX ET RÉCAPITULATIFS

## TOTAL DES DÉCÈS DE 1901 A 1905

| GROUPES DE VILLES | D'AGE | 1901 Nombre absolu. | 1901 Proportion. | 1902 Nombre absolu. | 1902 Proportion. | 1903 Nombre absolu. | 1903 Proportion. | 1904 Nombre absolu. | 1904 Proportion. | 1905 Nombre absolu. | 1905 Proportion. |
|---|---|---|---|---|---|---|---|---|---|---|---|
| **I. — RÉPARTITION GÉNÉRALE PAR GROUPES DE VILLES DE PLUS DE 5.000 HABITANTS** | | | | | | | | | | | |
| PROPORTIONS POUR 1.000 HABITANTS | | | | | | | | | | | |
| I. Paris | | 40.770 | *18,70* | 40.070 | *18,[illegible]* | 46.790 | *17,42* | 47.054 | *17,77* | 47.843 | *17,65* |
| II. Villes de 100.001 à 518.000 habitants | | 57.051 | *21,87* | 58.614 | *22,[illegible]* | 57.509 | *21,61* | 56.540 | *21,11* | 57.188 | *21,21* |
| III. Villes de 30.001 à 100.000 habitants | | 57.442 | *21,12* | 56.956 | *20,[illegible]* | 58.789 | *20,28* | 57.180 | *20,67* | 57.442 | *20,65* |
| IV. Villes de 20.001 à 30.000 habitants | | 27.322 | *21,06* | 27.127 | *20,[illegible]* | 26.656 | *20,23* | 26.907 | *20,34* | 27.110 | *20,27* |
| V. Villes de 10.001 à 20.000 habitants | | 43.935 | *21,96* | 43.242 | *21,[illegible]* | 43.181 | *21,25* | 44.106 | *21,33* | 44.497 | *21,56* |
| VI. Villes de 5.001 à 10.000 habitants | | 49.719 | *20,69* | 48.776 | *20,[illegible]* | 47.995 | *19,75* | 49.195 | *20,14* | 49.801 | *20,29* |
| Totaux généraux | Villes de plus de 10.000 habitants | 236.120 | *20,87* | 235.009 | *20,[illegible]* | 229.995 | *20,08* | 232.789 | *20,21* | 234.036 | *20,20* |
| | Villes de plus de 5.000 habitants | 285.839 | *20,83* | 283.785 | *20,[illegible]* | 277.990 | *20,03* | 281.984 | *20,20* | 283.837 | *20,21* |
| **II. — RÉPARTITION PAR GROUPES D'AGES DANS LES VILLES DE PLUS DE 30.000 HABITANTS** | | | | | | | | | | | |
| PROPORTIONS POUR 1.000 INDIVIDUS DE CHAQUE GROUPE | | | | | | | | | | | |
| I. Paris | de 0 à 1 an | 6.469 | *186,3* | 6.251 | *171,[illegible]* | 5.610 | *146,7* | 5.054 | *148,9* | 5.667 | *135,8* |
| | de 1 à 19 ans | 6.257 | *9,2* | 6.453 | *8,[illegible]* | 5.713 | *8,4* | 5.800 | *8,5* | 5.333 | *7,9* |
| | de 20 à 39 ans | 9.047 | *8,9* | 9.329 | *[illegible]* | 8.951 | *8,2* | 8.075 | *8,2* | 8.950 | *8,1* |
| | de 40 à 59 ans | 12.677 | *19,9* | 12.631 | *19,[illegible]* | 12.312 | *19,0* | 12.223 | *18,7* | 12.940 | *19,7* |
| | de 60 ans et au-dessus | 14.710 | *69,6* | 14.406 | *67,[illegible]* | 14.204 | *65,9* | 15.002 | *69,0* | 14.953 | *68,1* |
| II. Villes de 101.000 à 518.000 habitants | de 0 à 1 an | 9.933 | *224,6* | 9.690 | *207,[illegible]* | 9.159 | *185,3* | 9.215 | *177,1* | 8.534 | *156,2* |
| | de 1 à 19 ans | 7.442 | *9,4* | 8.501 | *10,[illegible]* | 8.106 | *10,3* | 6.869 | *8,6* | 6.534 | *8,2* |
| | de 20 à 39 ans | 8.840 | *9,2* | 9.275 | *9,[illegible]* | 9.201 | *9,4* | 8.556 | *8,7* | 8.769 | *8,9* |
| | de 40 à 59 ans | 11.867 | *19,9* | 11.812 | *19,[illegible]* | 11.693 | *19,4* | 11.778 | *19,3* | 12.415 | *20,2* |
| | de 60 ans et au-dessus | 19.509 | *82,1* | 19.246 | *80,[illegible]* | 19.380 | *80,1* | 20.128 | *82,6* | 20.886 | *85,0* |
| III. Villes de 50.001 à 100.000 habitants | de 0 à 1 an | 8.426 | *185,4* | 8.347 | *178,[illegible]* | 7.993 | *166,0* | 8.500 | *173,7* | 7.905 | *155,4* |
| | de 1 à 19 ans | 7.142 | *8,5* | 7.230 | *8,[illegible]* | 6.943 | *8,2* | 6.948 | *8,2* | 6.353 | *7,5* |
| | de 20 à 39 ans | 9.387 | *9,5* | 9.017 | *9,[illegible]* | 8.814 | *8,8* | 8.906 | *8,9* | 8.911 | *8,9* |
| | de 40 à 59 ans | 11.719 | *20,2* | 11.536 | *19,[illegible]* | 11.357 | *19,0* | 11.248 | *18,6* | 12.221 | *20,0* |
| | de 60 ans et au-dessus | 20.768 | *80,4* | 20.826 | *79,[illegible]* | 20.662 | *78,4* | 21.485 | *80,8* | 22.052 | *82,1* |

| | ANNÉES | 0 À 1 AN | 1 À 19 ANS | 20 À 39 ANS | 40 À 59 ANS | 60 ANS ET AU-DESSUS |
|---|---|---|---|---|---|---|
| RÉCAPITULATION PAR PÉRIODES. (Nombres absolus.) | 1901 | 24.828 | 20.851 | 27.883 | 36.263 | 55.038 |
| | 1902 | 24.288 | 22.274 | 27.024 | 35.979 | 54.478 |
| | 1903 | 22.762 | 20.822 | 26.960 | 35.362 | 54.246 |
| | 1904 | 23.768 | 19.617 | 26.437 | 35.249 | 56.615 |
| | 1905 | 22.106 | 18.220 | 26.030 | 37.076 | 57.891 |
| Totaux | (5 ans.) | 117.752 | 101.784 | 135.537 | 180.429 | 278.268 |

## I — RÉPARTITION MENSUELLE POUR L'ENSEMBLE DES VILLES DE PLUS DE 30.000 HABITANTS (Groupes I, II et III réunis).

PROPORTIONS POUR 100.000 HABITANTS

| MOIS | 1901 | | 1902 | | 1903 | | 1904 | | 1905 | |
|---|---|---|---|---|---|---|---|---|---|---|
| | Nombre. | Proportion. | Nombre. | Proportion. | Nombre. | Proportion. | Nombre. | Proportion. | Nombre. | Proportion. |
| Janvier | 15.060 | ...... | 14.457 | ...... | 14.853 | ...... | 15.686 | ...... | 18.162 | ...... |
| | ...... | 187,89 | ...... | 179,42 | ...... | 183,37 | ...... | 192,64 | ...... | 221,90 |
| Février | 15.265 | ...... | 15.580 | ...... | 14.523 | ...... | 13.863 | ...... | 14.853 | ...... |
| | ...... | 190,44 | ...... | 193,35 | ...... | 179,29 | ...... | 170,26 | ...... | 181,47 |
| Mars | 16.459 | ...... | 16.134 | ...... | 15.227 | ...... | 16.539 | ...... | 14.936 | ...... |
| | ...... | 205,34 | ...... | 200,23 | ...... | 187,98 | ...... | 203,12 | ...... | 182,49 |
| Avril | 14.487 | ...... | 14.748 | ...... | 15.061 | ...... | 14.135 | ...... | 13.480 | ...... |
| | ...... | 180,74 | ...... | 183,03 | ...... | 185,94 | ...... | 173,60 | ...... | 164,70 |
| Mai | 14.130 | ...... | 14.308 | ...... | 14.087 | ...... | 12.991 | ...... | 13.555 | ...... |
| | ...... | 176,28 | ...... | 177,57 | ...... | 173,91 | ...... | 159,55 | ...... | 165,61 |
| Juin | 12.424 | ...... | 12.550 | ...... | 12.459 | ...... | 11.312 | ...... | 11.912 | ...... |
| | ...... | 155,00 | ...... | 155,75 | ...... | 153,81 | ...... | 138,93 | ...... | 145,54 |
| Juillet | 13.222 | ...... | 12.822 | ...... | 12.553 | ...... | 14.735 | ...... | 13.068 | ...... |
| | ...... | 164,96 | ...... | 159,12 | ...... | 154,97 | ...... | 180,96 | ...... | 159,66 |
| Aout | 13.148 | ...... | 12.521 | ...... | 12.601 | ...... | 13.812 | ...... | 13.032 | ...... |
| | ...... | 164,03 | ...... | 155,39 | ...... | 155,57 | ...... | 169,63 | ...... | 159,22 |
| Septembre | 11.496 | ...... | 11.900 | ...... | 11.712 | ...... | 10.928 | ...... | 11.057 | ...... |
| | ...... | 143,42 | ...... | 147,68 | ...... | 144,59 | ...... | 134,21 | ...... | 135,09 |
| Octobre | 11.816 | ...... | 12.258 | ...... | 11.424 | ...... | 11.528 | ...... | 12.282 | ...... |
| | ...... | 147,41 | ...... | 152,12 | ...... | 141,03 | ...... | 141,58 | ...... | 150,06 |
| Novembre | 12.826 | ...... | 12.471 | ...... | 12.000 | ...... | 11.997 | ...... | 12.318 | ...... |
| | ...... | 160,02 | ...... | 154,77 | ...... | 148,15 | ...... | 147,34 | ...... | 150,50 |
| Décembre | 14.530 | ...... | 14.891 | ...... | 13.658 | ...... | 14.160 | ...... | 13.768 | ...... |
| | ...... | 181,27 | ...... | 184,80 | ...... | 168,61 | ...... | 173,90 | ...... | 168,22 |
| Totaux | 164.863 | ...... | 164.640 | ...... | 160.158 | ...... | 161.686 | ...... | 162.423 | ...... |
| | ....... | 2.056,80 | ....... | 2.043,23 | ....... | 1.977,23 | ....... | 1.985,72 | ....... | 1.984,46 |

## IV. — RÉPARTITION DES DÉCÈS DANS LES VILLES DE PLUS DE 30.000 HABITANTS

### PROPORTIONS POUR 1.000 HABITANTS PAR COMPARAISON AVEC LES TROIS PÉRIODES PRÉCÉDENTES

| NUMÉROS D'ORDRE | DÉPARTEMENTS par GROUPEMENT GÉOGRAPHIQUE du nord au sud. | NOMS DES VILLES | NOMBRES ABSOLUS | | | | | | | PROPORTION | | | |
|---|---|---|---|---|---|---|---|---|---|---|---|---|---|
| | | | 1901 | 1902 | 1903 | 1904 | 1905 | TOTAL | MOYENNE annuelle | 1886-90 | 1891-95 | 1896-1900 | 1901-05 |
| 1 | | DUNKERQUE | 772 | 799 | 778 | 714 | 799 | 3.862 | 772 | 25,8 | 25,8 | 21,2 | 20,0 |
| 2 | | TOURCOING | 1.282 | 1.367 | 1.324 | 1.397 | 1.160 | 6.530 | 1.306 | 23,1 | 22,3 | 19,1 | 16,2 |
| 3 | Nord | ROUBAIX | 2.226 | 2.221 | 2.077 | 2.267 | 2.076 | 10.867 | 2.173 | 22,2 | 21,6 | 19,9 | 17,7 |
| 4 | | LILLE | 4.777 | 5.437 | 4.647 | 4.556 | 4.691 | 24.108 | 4.822 | 25,5 | 25,1 | 23,5 | 23,2 |
| 5 | | VALENCIENNES | 686 | 682 | 614 | 672 | 611 | 3.265 | 653 | 22,0 | 21,7 | 21,0 | 20,8 |
| 6 | | DOUAI | 562 | 578 | 538 | 566 | 565 | 2.809 | 562 | 19,8 | 19,3 | 18,1 | 16,8 |
| 7 | Pas-de-Calais | CALAIS | 1.172 | 1.165 | 1.144 | 1.313 | 1.142 | 5 936 | 1.187 | 23,5 | 21,7 | 21,3 | 18,8 |
| 8 | | BOULOGNE-SUR-MER | 1.165 | 955 | 998 | 1.112 | 1.062 | 5.292 | 1.058 | 24,3 | 23,9 | 22,2 | 20,9 |
| 9 | Somme | AMIENS | 1.846 | 1.893 | 1.679 | 1.872 | 1.883 | 9.173 | 1.835 | 23,8 | 22,5 | 21,4 | 20,2 |
| 10 | Aisne | SAINT-QUENTIN | 939 | 1.113 | 1.012 | 1.134 | 1.023 | 5.221 | 1.044 | 22,7 | 20,9 | 21,2 | 20,3 |
| 11 | Seine-Inférieure | LE HAVRE | 3.357 | 3.355 | 3.017 | 3.176 | 3.102 | 16.007 | 3.201 | 30,6 | 30,5 | 27,9 | 24,4 |
| 12 | | ROUEN | 3.211 | 3.017 | 3.251 | 3.160 | 2.969 | 15 608 | 3.122 | 32,7 | 32,8 | 28,7 | 26,6 |
| 13 | Calvados | CAEN | 1.193 | 1.245 | 1.213 | 1.124 | 1.130 | 5.905 | 1.181 | 28,2 | 27,2 | 27,4 | 26,5 |
| 14 | Manche | CHERBOURG | 930 | 937 | 953 | 922 | 1.003 | 4.745 | 949 | 26,3 | 26,5 | 24,0 | 21,9 |
| 15 | Ille-et-Vilaine | RENNES | 1.845 | 1.722 | 1.646 | 1.690 | 1.807 | 8.710 | 1.742 | 29,7 | 27,6 | 25,5 | 23,2 |
| 16 | Finistère | BREST | 2.125 | 2.041 | 2.186 | 2.185 | 1.942 | 10.479 | 2.096 | 31,4 | 30,8 | 26,0 | 24,7 |
| 17 | Morbihan | LORIENT | 1.082 | 1.153 | 994 | 1.008 | 1.052 | 5.289 | 1.058 | 28,3 | 25,4 | 23,8 | 23,2 |
| 18 | Loire-Inférieure | SAINT-NAZAIRE | 691 | 675 | 672 | 623 | 560 | 3.221 | 644 | 23,9 | 20,6 | 18,6 | 18,0 |
| 19 | | NANTES | 2.865 | 2.739 | 2.768 | 2.717 | 2.739 | 13.828 | 2.766 | 23,9 | 26,0 | 21,9 | 20,8 |
| 20 | Maine-et-Loire | ANGERS | 1.916 | 1.908 | 1.705 | 1.985 | 1.930 | 9.444 | 1.889 | 26,8 | 26,7 | 23,3 | 22,8 |
| 21 | Mayenne | LAVAL | 843 | 898 | 751 | 801 | 801 | 4.094 | 819 | 27,2 | 29,5 | 27,2 | 27,2 |
| 22 | Sarthe | LE MANS | 1.674 | 1.649 | 1.576 | 1.619 | 1.634 | 8.152 | 1.630 | 26,5 | 26,8 | 26,7 | 25,3 |
| 23 | Indre-et-Loire | TOURS | 1.440 | 1.368 | 1.299 | 1.346 | 1.351 | 6.804 | 1.361 | 24,0 | 23,2 | 22,4 | 20,6 |
| 24 | Loiret | ORLÉANS | 1.412 | 1.406 | 1.413 | 1.433 | 1.365 | 7.029 | 1.406 | 23,6 | 22,9 | 21,0 | 20,7 |
| 25 | Seine-et-Oise | VERSAILLES | 1.223 | 1.125 | 1.066 | 1.241 | 1.139 | 5.794 | 1.159 | 24,5 | 23,2 | 22,2 | 21,2 |
| 26 | | BOULOGNE-SUR-SEINE | 957 | 1.035 | 995 | 1.111 | 1.036 | 5.134 | 1.027 | 27,5 | 27,1 | 23,5 | 21,9 |
| 27 | | PARIS | 49.770 | 49.070 | 46 790 | 47.954 | 47.843 | 241.427 | 48.285 | 22,9 | 21,1 | 19,1 | 17,9 |
| 28 | | NEUILLY-SUR-SEINE | 609 | 675 | 633 | 683 | 677 | 3.277 | 655 | 22,0 | 20,5 | 17,9 | 16,9 |
| 29 | | ASNIÈRES | 611 | 584 | 564 | 583 | 670 | 3.012 | 602 | 22,3 | 20,8 | 18,9 | 18,0 |
| 30 | | LEVALLOIS-PERRET | 1.140 | 1.200 | 1.180 | 1.145 | 1.178 | 5.843 | 1.169 | 27,0 | 26,3 | 21,6 | 19,6 |
| 31 | Seine | CLICHY | 794 | 871 | 777 | 833 | 854 | 4 129 | 826 | 27,4 | 25,4 | 22,6 | 20,5 |
| 32 | | SAINT-OUEN | 820 | 882 | 843 | 808 | 914 | 4.267 | 853 | 26,8 | 25,6 | 24,6 | 23,4 |
| 33 | | SAINT-DENIS | 1.216 | 1.189 | 1.163 | 1.232 | 1.246 | 6.046 | 1.209 | 30,0 | 24,4 | 21,0 | 19,4 |
| 34 | | AUBERVILLIERS | 640 | 673 | 649 | 619 | 652 | 3.233 | 647 | 28,4 | 25,2 | 22,5 | 19,9 |
| 35 | | VINCENNES | 533 | 512 | 502 | 509 | 510 | 2.566 | 513 | 21,1 | 19,9 | 17,0 | 15,9 |
| 36 | | MONTREUIL-SOUS-BOIS | 738 | 757 | 795 | 772 | 771 | 3.833 | 767 | 25,6 | 24,2 | 21,9 | 22,8 |
| 37 | Aube | TROYES | 1.130 | 1.289 | 1.075 | 1.135 | 1.160 | 5.789 | 1.158 | 28,2 | 26,8 | 23,4 | 21,7 |
| 38 | Marne | REIMS | 2.365 | 2.282 | 2.336 | 2.294 | 2.387 | 11.664 | 2.333 | 27,2 | 25,5 | 23,0 | 21,4 |
| 39 | Meurthe-et-Moselle | NANCY | 2.170 | 2.250 | 2.083 | 2.169 | 2.381 | 11.053 | 2.211 | 23,0 | 23,4 | 21,6 | 20,7 |
| 40 | Haut-Rhin | BELFORT | 547 | 492 | 513 | 485 | 549 | 2.586 | 517 | 16,8 | 17,4 | 17,1 | 15,4 |
| 41 | Doubs | BESANÇON | 1.167 | 1.182 | 1.119 | 1.230 | 1.237 | 5.935 | 1.187 | 24,8 | 23,1 | 21,5 | 21,2 |
| 42 | Côte-d'Or | DIJON | 1.338 | 1.484 | 1.359 | 1.462 | 1.507 | 7.150 | 1.430 | 22,1 | 21,4 | 20,1 | 19,7 |
| 43 | Cher | BOURGES | 912 | 888 | 795 | 846 | 910 | 4.351 | 870 | 18,8 | 17,7 | 19,3 | 19,2 |
| 44 | Vienne | POITIERS | 791 | 707 | 725 | 711 | 771 | 3.705 | 741 | 22,4 | 21,0 | 19,1 | 18,7 |
| 45 | Charente-inférieure | ROCHEFORT | 762 | 606 | 605 | 638 | 699 | 3.310 | 662 | 24,2 | 21,7 | 18,9 | 18,1 |
| 46 | | LA ROCHELLE | 806 | 661 | 638 | 606 | 683 | 3.394 | 679 | 22,5 | 22,9 | 21,7 | 20,8 |
| 47 | Gironde | BORDEAUX | 5.328 | 5.218 | 4.908 | 4.973 | 5.051 | 25.478 | 5.096 | 23,3 | 22,6 | 21,0 | 20,0 |
| 48 | Dordogne | PÉRIGUEUX | 651 | 590 | 669 | 644 | 626 | 3.180 | 636 | 24,4 | 23,1 | 20,0 | 18,1 |
| 49 | Charente | ANGOULÊME | 658 | 648 | 691 | 617 | 629 | 3.243 | 649 | 22,0 | 20,2 | 18,5 | 17,3 |
| 50 | Haute-Vienne | LIMOGES | 1.587 | 1.651 | 1.818 | 1.781 | 1.842 | 8.679 | 1.736 | 23,3 | 24,5 | 22,1 | 20,1 |
| 51 | Puy-de-Dôme | CLERMONT-FERRAND | 1.000 | 940 | 1.001 | 1.089 | 1.176 | 5.206 | 1.041 | 22,9 | 21,8 | 20,0 | 18,7 |
| 52 | Allier | MONTLUÇON | 573 | 533 | 565 | 547 | 589 | 2.807 | 561 | 17,1 | 17,6 | 16,4 | 16,2 |
| 53 | Saône-et-Loire | LE CREUSOT | 476 | 481 | 528 | 524 | 522 | 2.531 | 506 | 18,3 | 17,9 | 17,7 | 15,8 |
| 54 | Loire | ROANNE | 674 | 757 | 760 | 723 | 823 | 3.737 | 747 | 23,5 | 22,1 | 21,2 | 21,2 |
| 55 | | SAINT-ETIENNE | 2.894 | 3.170 | 3.038 | 2.922 | 3.252 | 15.276 | 3.055 | 23,7 | 22,5 | 21,2 | 20,8 |
| 56 | Rhône | LYON | 9.057 | 9.329 | 8.913 | 9.154 | 9.254 | 45.707 | 9.141 | 22,1 | 20,7 | 20,0 | 19,6 |
| 57 | Isère | GRENOBLE | 1.336 | 1.194 | 1.192 | 1.263 | 1.291 | 6.276 | 1.255 | 23,8 | 21,1 | 19,3 | 17,7 |
| 58 | Alpes-maritimes | NICE | 2.272 | 2.501 | 2.577 | 2.385 | 2.587 | 12.322 | 2.464 | 25,7 | 20,8 | 20,7 | 20,6 |
| 59 | | CANNES | 561 | 517 | 588 | 541 | 534 | 2.741 | 548 | 23,4 | 19,6 | 17,9 | 18,3 |
| 60 | Var | TOULON | 2.090 | 2.640 | 2.267 | 2.106 | 2.138 | 11.241 | 2.248 | 26,8 | 24,4 | 23,1 | 21,8 |
| 61 | Vaucluse | AVIGNON | 1.130 | 1.110 | 1.187 | 1.247 | 1.106 | 5.780 | 1.156 | 28,0 | 25,9 | 24,2 | 24,3 |
| 62 | Gard | NIMES | 1.673 | 1.556 | 1.701 | 1.666 | 1.643 | 8.239 | 1.648 | 25,7 | 23,9 | 21,7 | 20,5 |
| 63 | Bouches-du-Rhône | MARSEILLE | 11.604 | 11.077 | 12.301 | 11.070 | 10.988 | 57.040 | 11.408 | 30,0 | 27,3 | 24,8 | 22,6 |
| 64 | | MONTPELLIER | 1.967 | 1.884 | 1.842 | 1.788 | 1.945 | 9.426 | 1.885 | 29,4 | 26,5 | 25,2 | 24,6 |
| 65 | Hérault | CETTE | 790 | 779 | 834 | 766 | 725 | 3.894 | 779 | 27,5 | 23,5 | 24,8 | 23,2 |
| 66 | | BÉZIERS | 1.292 | 1.146 | 1.098 | 1.100 | 1.122 | 5.758 | 1.152 | 26,9 | 25,7 | 24,2 | 22,0 |
| 67 | Pyrénées-orientales | PERPIGNAN | 781 | 791 | 815 | 834 | 791 | 4.012 | 802 | 27,1 | 24,0 | 22,1 | 21,4 |
| 68 | Aude | CARCASSONNE | 618 | 640 | 624 | 613 | 685 | 3.180 | 636 | 25,5 | 23,2 | 21,6 | 20,6 |
| 69 | Haute-Garonne | TOULOUSE | 3.435 | 3.378 | 3.416 | 3.597 | 3.523 | 17.349 | 3.470 | 25,6 | 24,3 | 23,1 | 23,2 |
| 70 | Tarn-et-Garonne | MONTAUBAN | 672 | 673 | 677 | 636 | 692 | 3.350 | 670 | 25,0 | 24,3 | 23,4 | 22,6 |
| 71 | Basses-Pyrénées | PAU | 694 | 700 | 688 | 642 | 718 | 3.442 | 688 | 22,4 | 21,6 | 20,6 | 19,8 |

## V. — RÉSULTATS GÉNÉRAUX ET RÉCAPITULATIFS PAR PÉRIODES

| | | PÉRIODE 1886-90 5 ans (sauf exceptions indiquées) | | | PÉRIODE 1891-95 5 ans. | | | PÉRIODE 1896-1900 5 ans. | | | PÉRIODE 1901-1905 5 ans | | |
|---|---|---|---|---|---|---|---|---|---|---|---|---|---|
| | | Nombres absolus | | Proportion pour 1.000 habitants | Nombres absolus | | Proportion pour 1.000 habitants | Nombres absolus | | Proportion pour 1.000 habitants | Nombres absolus | | Proportion pour 1.000 habit. |
| | | Total. | Moyenne annuelle. | | Total. | Moyenne annuelle. | | Total. | Moyenne annuelle. | | Total. | Moyenne annuelle. | |
| I Répartition générale par périodes (1). | Vil. de plus de 30.000 h. | 799.631 | 159.926 | *24,80* | 821.330 | 164.266 | *23,30* | 794.521 | 158.904 | *21,33* | 813.770 | 162.754 | *20,09* |
| | Vil. de 10.001 à 30.000 h. | 376.305 | 75.261 | *24,69* | 640.356 | 128.071 | *23,79* | 623.178 | 124.636 | *21,96* | 599.665 | 119.933 | *20,75* |
| | Vil. de 5.001 à 10.000 h. (*) 2 ans. | *108.182 | 54.091 | *23,70* | | | | | | | | | |
| | Totaux | 1.284.118 | 289.278 | *24,56* | 1.461.686 | 292.337 | *23,51* | 1.417.699 | 283.540 | *21,60* | 1.413.435 | 282.687 | *20,37* |
| | Proportions extrêmes. | 26,37 en 1886<br>23,03 en 1889 | | | 24,24 en 1891<br>22,09 en 1894 | | | 22,59 en 1900<br>20,69 en 1897 | | | 20,83 en 1901<br>20,03 en 1903 | | |
| II Répartition par groupes de villes. | I. Paris | 267.825 | 53.565 | *23,02* | 260.647 | 52.129 | *21,19* | 246.765 | 49.353 | *19,19* | 241.427 | 48.285 | *17,98* |
| | II. V. de 100.001 à 518.000 h. | 267.079 | 53.416 | *25,93* | 271.760 | 54.352 | *24,82* | 272.588 | 54.518 | *22,79* | 287.548 | 57.510 | *21,58* |
| | III. V. de 30.001 à 100.000 h. | 264.727 | 52.945 | *25,70* | 288.923 | 57.785 | *24,06* | 275.168 | 55.034 | *22,14* | 284.795 | 56.959 | *20,71* |
| | IV. V. de 20.001 à 30.000 h. | 148.939 | 29.788 | *24,50* | 146.031 | 29.206 | *23,63* | 153.642 | 30.728 | *21,90* | 135.218 | 27.044 | *20,53* |
| | V. V. de 10.001 à 20.000 h. | 227.366 | 45.473 | *24,82* | 225.610 | 45.122 | *24,55* | 217.322 | 43.464 | *22,69* | 218.961 | 43.792 | *21,55* |
| | VI. V. de 5.001 à 10.000 h. (*) 2 ans. | *108.182 | 54.091 | *23,70* | 268.715 | 53.743 | *23,28* | 252.214 | 50.443 | *21,39* | 245.486 | 49.097 | *20,20* |
| III Répart. p. gr. d'âges dans les v. de plus de 30.000 h. (proport. p. 1.000 de ch. groupe). | de 0 à 1 an | *112.818 | 28.204 | *317,26* | 137.685 | 27.537 | *278,16* | 127.674 | 25.535 | *241,25* | 117.752 | 23.550 | *173,41* |
| | de 1 à 19 ans | 110.445 | 27.611 | *14,91* | 128.116 | 25.623 | *12,69* | 109.249 | 21.850 | *10,23* | 101.784 | 20.357 | *8,79* |
| | de 20 à 39 ans | 105.356 | 26.339 | *10,59* | 135.595 | 27.119 | *10,05* | 134.265 | 26.853 | *9,42* | 135.537 | 27.107 | *8,84* |
| | de 40 à 59 ans | 122.820 | 30.705 | *20,86* | 167.742 | 33.548 | *21,04* | 168.803 | 33.760 | *20,01* | 180.429 | 36.086 | *19,52* |
| | de 60 et au-dessus (*) 1re période : 4 ans (1887-90). | 181.894 | 45.473 | *78,03* | 252.192 | 50.438 | *80,20* | 254.530 | 50.906 | *77,07* | 278.268 | 55.654 | *77,21* |
| IV Répart. p. saisons dans les vil. de plus de 30.000 h. | Hiver (déc., jan., fév.). (*) Moins décemb. 1885. | *209.853 | 44.822 | *6,95* | 235.434 | 47.087 | *6,68* | 215.388 | 43.078 | *5,78* | 222.226 | 44.445 | *5,49* |
| | Printemps (m., a., m.). | 215.804 | 43.161 | *6,69* | 220.847 | 44.169 | *6,26* | 211.231 | 42.246 | *5,67* | 220.277 | 44.055 | *5,44* |
| | Été (juin., juil., août.). | 183.439 | 36.688 | *5,69* | 191.911 | 38.382 | *5,44* | 194.347 | 38.869 | *5,21* | 192.171 | 38.434 | *4,74* |
| | Automne (s., o., n.) | 174.954 | 34.991 | *5,43* | 176.341 | 35.268 | *5,00* | 173.248 | 34.650 | *4,65* | 178.013 | 35.603 | *4,39* |

| V Répartition par villes de plus de 30.000 hab. Moyennes annuelles et proportions pour 1.000 habit. | PÉRIODE 1886-90 | PÉRIODE 1891-95 | PÉRIODE 1896-1900 | PÉRIODE 1901-1905 |
|---|---|---|---|---|
| Moyenne générale annuelle | de 16,8 à 32,7 | de 17,4 à 32,8 | de 16,4 à 28,7 | de 15,4 à 27,2 |
| Villes ayant présenté une moyenne supérieure à 27 0/00 | Le Havre *30,6*<br>Rouen *32,7*<br>Caen *28,2*<br>Rennes *29,7*<br>Brest *31,4*<br>Laval *27,2*<br>Lorient *28,3*<br>Boulogne-s-Seine *27,5*<br>Clichy *27,4*<br>Saint-Denis *30,0*<br>Aubervilliers *28,4*<br>Troyes *28,2*<br>Reims *27,2*<br>Avignon *28,0*<br>Marseille *30,0*<br>Montpellier *29,4*<br>Cette *27,5*<br>Perpignan *27,1* | Le Havre *30,5*<br>Rouen *32,8*<br>Caen *27,2*<br>Rennes *27,6*<br>Brest *30,8*<br>Laval *29,5*<br>Boulogne-s-Seine *27,1*<br>Marseille *27,3* | Le Havre *27,9*<br>Rouen *28,7*<br>Caen *27,4*<br>Laval *27,2* | Laval *27,2* |
| Villes ayant présenté une moyenne inférieure à 18 0/00 | Belfort *16,8*<br>Montluçon *17,1* | Bourges *17,2*<br>Belfort *17,4*<br>Montluçon *17,6*<br>Le Creusot *17,9* | Neuilly-sur-Seine *17,9*<br>Vincennes *17,0*<br>Belfort *17,1*<br>Montluçon *16,4*<br>Le Creusot *17,7*<br>Cannes *17,9* | Tourcoing *16,2*<br>Roubaix *17,7*<br>Douai *16,8*<br>Paris *17,9*<br>Neuilly-sur-Seine *16,9*<br>Vincennes *15,9*<br>Belfort *15,4*<br>Angoulême *17,3*<br>Montluçon *16,2*<br>Le Creusot *15,8*<br>Grenoble *17,7* |

(1) Voir page 12 la comparaison de la mortalité des villes avec celle de la France entière.

# IV

# DÉCÈS PAR FIÈVRE TYPHOÏDE

## DE 1901 A 1905

et comparaison avec les trois périodes précédentes.

## NOMBRES ABSOLUS ET PROPORTIONNELS

***Villes de plus de 5.000 habitants.***

I. — RÉPARTITION GÉNÉRALE ANNUELLE PAR GROUPES DE VILLES

***Villes de plus de 30.000 habitants.***

II. — RÉPARTITION ANNUELLE PAR GROUPES DE VILLES ET PAR AGES
III. — RÉPARTITION MENSUELLE
IV. — RÉPARTITION PAR VILLES
V. — RÉSULTATS GÉNÉRAUX ET RÉCAPITULATIFS

## DÉCÈS PAR FIÈVRE TYPHOÏDE DE 1901 À 1905

| GROUPES DE VILLES | GROUPES D'AGE | 1901 Nombre absolu. | 1901 Proportion. | 1902 Nombre absolu. | 1902 Proportion. | 1903 Nombre absolu. | 1903 Proportion. | 1904 Nombre absolu. | 1904 Proportion. | 1905 Nombre absolu. | 1905 Proportion. |
|---|---|---|---|---|---|---|---|---|---|---|---|
| **I. — RÉPARTITION GÉNÉRALE PAR GROUPES DE VILLES DE PLUS DE 5.000 HABITANTS** — PROPORTIONS POUR 10.000 HABITANTS | | | | | | | | | | | |
| I. Paris | | 303 | 1,4 | 359 | 1,3 | 298 | 1,1 | 353 | 1,3 | 240 | 0,9 |
| II. Villes de 101.000 à 518.000 habitants | | 702 | 2,7 | 709 | 2,7 | 716 | 2,7 | 671 | 2,5 | 562 | 2,1 |
| III. Villes de 30.001 à 100.000 habitants | | 743 | 2,7 | 701 | 2,6 | 677 | 2,5 | 617 | 2,2 | 504 | 1,8 |
| IV. Villes de 20.001 à 30.000 habitants | | 304 | 2,3 | 255 | 2,0 | 270 | 2,0 | 249 | 1,9 | 257 | 1,9 |
| V. Villes de 10.001 à 20.000 habitants | | 303 | 1,8 | 340 | 1,7 | 404 | 2,0 | 375 | 1,8 | 278 | 1,3 |
| VI. Villes de 5.001 à 10.000 habitants | | 393 | 1,6 | 363 | 1,5 | 408 | 1,7 | 385 | 1,6 | 327 | 1,3 |
| TOTAUX GÉNÉRAUX | Villes de plus de 10.000 habitants | 2.475 | 2,2 | 2.364 | 2,1 | 2.305 | 2,1 | 2.265 | 2,0 | 1.841 | 1,6 |
| TOTAUX GÉNÉRAUX | Villes de plus de 5.000 habitants | 2.868 | 2,1 | 2.727 | 2,0 | 2.773 | 2,0 | 2.650 | 1,9 | 2.108 | 1,5 |
| **II. — RÉPARTITION PAR GROUPES D'AGES DANS LES VILLES DE PLUS DE 30.000 HABITANTS** — PROPORTIONS POUR 10.000 INDIVIDUS DE CHAQUE GROUPE | | | | | | | | | | | |
| I. Paris | de 0 à 1 an | - | - | - | - | 1 | 0,2 | 1 | 0,2 | - | - |
| | de 1 à 19 ans | 128 | 1,9 | 122 | 1,8 | 100 | 1,5 | 119 | 1,7 | 71 | 1,0 |
| | de 20 à 39 ans | 170 | 1,5 | 187 | 1,7 | 152 | 1,4 | 184 | 1,7 | 131 | 1,2 |
| | de 40 à 59 ans | 56 | 0,8 | 45 | 0,7 | 41 | 0,6 | 43 | 0,7 | 32 | 0,5 |
| | de 60 ans et au-dessus | 11 | 0,5 | 5 | 0,2 | 4 | 0,2 | 6 | 0,3 | 6 | 0,3 |
| II. Villes de 101.001 à 518.000 habitants. | de 0 à 1 an | 4 | 1,0 | 6 | 1,3 | 2 | 0,4 | 2 | 0,4 | 3 | 0,5 |
| | de 1 à 19 ans | 285 | 3,6 | 280 | 3,5 | 271 | 3,4 | 231 | 2,9 | 178 | 2,2 |
| | de 20 à 39 ans | 338 | 3,5 | 343 | 3,5 | 357 | 3,7 | 341 | 3,5 | 305 | 3,1 |
| | de 40 à 59 ans | 66 | 1,1 | 63 | 1,0 | 75 | 1,2 | 78 | 1,3 | 62 | 1,0 |
| | de 60 ans et au-dessus | 9 | 0,4 | 17 | 0,7 | 11 | 0,4 | 19 | 0,8 | 14 | 0,6 |
| III. Villes de 30.001 à 100.000 habitants. | de 0 à 1 an | 6 | 1,3 | 1 | 0,0 | - | - | 2 | 0.4 | 2 | 0.4 |
| | de 1 à 19 ans | 245 | 2,9 | 234 | 2,8 | 222 | 2,6 | 178 | 2,7 | 175 | 2,1 |
| | de 20 à 39 ans | 393 | 4,0 | 375 | 3,8 | 380 | 3,8 | 353 | 3,5 | 253 | 2,5 |
| | de 40 à 59 ans | 82 | 1,4 | 77 | 1,3 | 69 | 1,1 | 71 | 1,2 | 61 | 1,0 |
| | de 60 ans et au-dessus | 17 | 0,6 | 14 | 0,5 | 6 | 0,2 | 13 | 0,5 | 13 | 0,5 |

| | ANNÉES | 0 À 1 AN | 1 À 19 ANS | 20 À 39 ANS | 40 À 59 ANS | 60 ANS ET AU-DESSUS |
|---|---|---|---|---|---|---|
| RÉCAPITULATION PAR PÉRIODES. (Nombres absolus.) | 1901 | 10 | 658 | 901 | 202 | 37 |
| | 1902 | 7 | 636 | 905 | 185 | 36 |
| | 1903 | 3 | 593 | 889 | 185 | 21 |
| | 1904 | 5 | 528 | 878 | 192 | 38 |
| | 1905 | 5 | 424 | 689 | 155 | 33 |
| TOTAUX | (5 ans.) | 30 | 2,839 | 4.262 | 919 | 165 |

## III — RÉPARTITION MENSUELLE POUR L'ENSEMBLE DES VILLES DE PLUS DE 30.000 HABITANTS (Groupes I, II et III réunis)

PROPORTIONS POUR 100.000 HABITANTS

| MOIS | 1901 | | 1902 | | 1903 | | 1904 | | 1905 | |
|---|---|---|---|---|---|---|---|---|---|---|
| | Nombre. | Proportion. | Nombre. | Proportion. | Nombre. | Proportion. | Nombre. | Proportion. | Nombre. | Proportion. |
| Janvier | 143 | .... | 124 | .... | 127 | .... | 136 | .... | 93 | .... |
| | ... | 1,78 | ... | 1,54 | .. | 1,57 | ... | 1,67 | ... | 1,14 |
| Février | 101 | .... | 144 | .... | 115 | .... | 110 | .... | 83 | .... |
| | ... | 1,26 | .. | 1,79 | .. | 1,42 | ... | 1,35 | ... | 1,01 |
| Mars | 107 | .... | 132 | .... | 120 | .... | 180 | .... | 78 | .... |
| | ... | 1,33 | ... | 1,64 | ... | 1,48 | ... | 2,21 | ... | 0,95 |
| Avril | 100 | .... | 126 | .... | 141 | .... | 130 | .... | 77 | .... |
| | .. | 1,25 | .. | 1,56 | .. | 1,74 | ... | 1,60 | ... | 0,94 |
| Mai | 150 | .... | 121 | .... | 122 | .... | 105 | .... | 70 | .... |
| | ... | 1,87 | ... | 1,50 | ... | 1,51 | ... | 1,29 | ... | 0,85 |
| Juin | 111 | .... | 131 | .... | 111 | .... | 84 | .... | 83 | .... |
| | ... | 1,38 | ... | 1,62 | ... | 1.37 | ... | 1,03 | ... | 1,01 |
| Juillet | 150 | .... | 120 | .... | 128 | .... | 131 | .... | 125 | .... |
| | ... | 1,87 | ... | 1,49 | ... | 1,58 | ... | 1,61 | ... | 1,53 |
| Aout | 228 | .... | 165 | .... | 136 | .... | 170 | .... | 175 | .... |
| | ... | 2,84 | ... | 2,05 | ... | 1,68 | ... | 2,09 | ... | 2,14 |
| Septembre | 189 | .... | 177 | .... | 177 | .... | 187 | .... | 194 | .... |
| | ... | 2,36 | ... | 2,20 | ... | 2,18 | ... | 2,30 | ... | 2,37 |
| Octobre | 194 | .... | 183 | .... | 180 | .... | 173 | .... | 138 | .... |
| | ... | 2,42 | ... | 2,27 | ... | 2,22 | ... | 2,12 | ... | 1,69 |
| Novembre | 176 | .... | 186 | .... | 176 | .... | 121 | .... | 89 | .... |
| | ... | 2,20 | ... | 2,31 | ... | 2,17 | ... | 1,49 | ... | 1,09 |
| Décembre | 159 | .... | 160 | .... | 158 | .... | 114 | .... | 101 | .... |
| | .. | 1,98 | ... | 1,98 | ... | 1,95 | ... | 1,38 | ... | 1,23 |
| Totaux | 1.808 | .... | 1.769 | .... | 1.691 | .... | 1.641 | .... | 1.306 | .... |
| | ..... | 22,55 | ..... | 21,95 | ..... | 20,87 | ..... | 20,15 | ..... | 15,95 |

## IV. — RÉPARTITION DANS LES VILLES DE PLUS DE 30.000 HABITANTS

PROPORTIONS POUR 10.000 HABITANTS PAR COMPARAISON AVEC LES TROIS PÉRIODES PRÉCÉDENTES

| NUMÉROS D'ORDRE | DÉPARTEMENTS par GROUPEMENT GÉOGRAPHIQUE du nord au sud. | NOMS DES VILLES | NOMBRES ABSOLUS | | | | | | | PROPORTION | | | |
|---|---|---|---|---|---|---|---|---|---|---|---|---|---|
| | | | 1901 | 1902 | 1903 | 1904 | 1905 | TOTAL | MOYENNE annuelle | 1886-90 | 1891-95 | 1896-1900 | 1901-05 |
| 1 | | DUNKERQUE | 9 | 10 | 4 | 4 | 5 | 32 | 6 | 2,8 | 3,9 | 2,5 | 1,5 |
| 2 | | TOURCOING | 5 | 5 | 11 | 13 | 13 | 47 | 9 | 3,3 | 2,2 | 1,6 | 1,1 |
| 3 | Nord | ROUBAIX | 17 | 8 | 18 | 22 | 15 | 80 | 16 | 2,7 | 2,6 | 1,8 | 1,3 |
| 4 | | LILLE | 34 | 24 | 23 | 25 | 18 | 124 | 25 | 2,0 | 1,6 | 0,6 | 1,2 |
| 5 | | VALENCIENNES | - | 5 | 2 | 4 | 6 | 17 | 3 | 2,5 | 1,8 | 0,7 | 1,0 |
| 6 | | DOUAI | 3 | 5 | 1 | 3 | 2 | 14 | 3 | 3,7 | 3,2 | 1,2 | 0,9 |
| 7 | Pas-de-Calais | CALAIS | 11 | 7 | 6 | 7 | 2 | 33 | 7 | 3,8 | 2,8 | 1,5 | 1,1 |
| 8 | | BOULOGNE-SUR-MER | 17 | 12 | 11 | 7 | 8 | 55 | 11 | 3,8 | 2,4 | 1,9 | 2,2 |
| 9 | Somme | AMIENS | 50 | 36 | 24 | 22 | 29 | 161 | 32 | 3,9 | 3,2 | 3,1 | 3,5 |
| 10 | Aisne | SAINT-QUENTIN | - | 1 | 1 | 3 | 4 | 9 | 2 | 2,5 | 1,6 | 1,6 | 0,4 |
| 11 | Seine-inférieure | LE HAVRE | 70 | 40 | 33 | 40 | 49 | 232 | 46 | 17,3 | 13,6 | 9,0 | 3,5 |
| 12 | | ROUEN | 30 | 30 | 96 | 21 | 19 | 196 | 39 | 7,5 | 9,0 | 3,1 | 3,3 |
| 13 | Calvados | *Caen* (*) | 3 | 12 | 13 | 7 | 3 | 38 | 8 | » | 2,6 | 3,1 | 1,8 |
| 14 | Manche | *Cherbourg* (*) | 6 | 31 | 15 | 16 | 3 | 71 | 14 | » | 7,3 | 12,4 | 3,2 |
| 15 | Ille-et-Vilaine | RENNES | 43 | 40 | 19 | 20 | 24 | 146 | 29 | 4,6 | 3,5 | 4,4 | 3,9 |
| 16 | Finistère | BREST | 26 | 38 | 98 | 71 | 28 | 261 | 52 | 8,1 | 8,6 | 4,5 | 6,1 |
| 17 | Morbihan | LORIENT | 41 | 39 | 16 | 16 | 10 | 122 | 24 | 19,0 | 7,1 | 7,2 | 5,2 |
| 18 | Loire-inférieure | SAINT-NAZAIRE | 8 | 2 | 3 | 4 | 2 | 19 | 4 | 4,3 | 2,3 | 1,5 | 1,1 |
| 19 | | NANTES | 30 | 41 | 47 | 43 | 13 | 174 | 35 | 5,6 | 5,0 | 4,0 | 2,6 |
| 20 | Maine-et-Loire | *Angers* (*) | 9 | 6 | 5 | 5 | 4 | 29 | 6 | » | » | » | 0,7 |
| 21 | Mayenne | LAVAL | 12 | 14 | 9 | 6 | 11 | 52 | 10 | 3,9 | 5,0 | 3,0 | 3,3 |
| 22 | Sarthe | LE MANS | 7 | 5 | 7 | 19 | 3 | 41 | 8 | 4,1 | 3,0 | 3,1 | 1,2 |
| 23 | Indre-et-Loire | TOURS | 17 | 5 | 10 | 4 | 7 | 43 | 9 | 7,0 | 3,5 | 3,1 | 1,4 |
| 24 | Loiret | ORLÉANS | 13 | 18 | 17 | 23 | 20 | 91 | 18 | 2,7 | 2,9 | 3,4 | 2,6 |
| 25 | Seine-et-Oise | VERSAILLES | 5 | 18 | 11 | 13 | 10 | 57 | 11 | 4,3 | 3,9 | 2,2 | 2,0 |
| 26 | | BOULOGNE-SUR-SEINE | 3 | 1 | 5 | 5 | 4 | 18 | 4 | 5,2 | 4,0 | 2,0 | 0,8 |
| 27 | | PARIS | 363 | 359 | 298 | 353 | 240 | 1.613 | 323 | 4,1 | 2,2 | 1,9 | 1,2 |
| 28 | | NEUILLY-SUR-SEINE | 4 | 2 | 2 | 4 | 4 | 16 | 3 | 4,3 | 2,0 | 1,7 | 0,8 |
| 29 | | ASNIÈRES | 12 | 6 | 8 | 7 | 4 | 37 | 7 | 5,2 | 4,6 | 3,6 | 2,1 |
| 30 | | LEVALLOIS-PERRET | 8 | 12 | 6 | 8 | 5 | 39 | 8 | 5,9 | 3,9 | 1,7 | 1,3 |
| 31 | Seine | CLICHY | 5 | 3 | 4 | 3 | 4 | 19 | 4 | 4,2 | 3,8 | 1,4 | 1,0 |
| 32 | | SAINT-OUEN | 1 | 3 | 2 | 2 | 2 | 10 | 2 | 5,6 | 4,2 | 0,9 | 0,5 |
| 33 | | SAINT-DENIS | 2 | 6 | 15 | 8 | 11 | 42 | 8 | 4,5 | 4,4 | 2,8 | 1,3 |
| 34 | | AUBERVILLIERS | 4 | 4 | 3 | 3 | 5 | 19 | 4 | 8,5 | 5,0 | 1,0 | 1,2 |
| 35 | | VINCENNES | 3 | 2 | 1 | 1 | 4 | 11 | 2 | 2,6 | 1,5 | 0,7 | 0,6 |
| 36 | | MONTREUIL-SOUS-BOIS | 6 | 10 | 2 | 5 | 6 | 29 | 6 | 2,7 | 2,4 | 1,7 | 1,8 |
| 37 | Aube | TROYES | 1 | 8 | 1 | 8 | 8 | 26 | 5 | 7,9 | 5,0 | 6,8 | 0,9 |
| 38 | Marne | REIMS | 28 | 18 | 24 | 20 | 39 | 129 | 26 | 3,9 | 3,0 | 3,0 | 2,4 |
| 39 | Meurthe-et-Moselle | NANCY | 25 | 21 | 16 | 18 | 9 | 89 | 18 | 4,8 | 6,8 | 4,4 | 1,7 |
| 40 | Haut-Rhin | BELFORT | 18 | 10 | 10 | 23 | 2 | 63 | 13 | 2,5 | 2,6 | 2,9 | 3,9 |
| 41 | Doubs | BESANÇON | 23 | 17 | 34 | 25 | 11 | 110 | 22 | 7,6 | 3,8 | 1,7 | 3,9 |
| 42 | Côte-d'Or | DIJON | 13 | 14 | 1 | 7 | 2 | 37 | 7 | 3,0 | 2,6 | 1,9 | 1,0 |
| 43 | Cher | BOURGES | 12 | 14 | 4 | 8 | 3 | 41 | 8 | 3,4 | 1,3 | 2,0 | 1,8 |
| 44 | Vienne | *Poitiers* (*) | 5 | - | 1 | 2 | 2 | 10 | 2 | » | » | 2,8 | 0,5 |
| 45 | Charente-inférieure | ROCHEFORT | 26 | 4 | 12 | 9 | 11 | 62 | 12 | 6,5 | 2,1 | 2,5 | 3,3 |
| 46 | | LA ROCHELLE | 36 | 10 | 7 | 7 | 7 | 67 | 13 | 2,7 | 3,6 | 2,7 | 4,0 |
| 47 | Gironde | BORDEAUX | 32 | 43 | 30 | 23 | 38 | 166 | 33 | 5,8 | 3,0 | 1,9 | 1,3 |
| 48 | Dordogne | PÉRIGUEUX | 4 | 1 | 3 | 2 | 3 | 13 | 3 | 4,0 | 2,2 | 1,3 | 0,9 |
| 49 | Charente | ANGOULÊME | 12 | 9 | 7 | 3 | 2 | 33 | 7 | 15,0 | 2,1 | 4,5 | 1,9 |
| 50 | Haute-Vienne | LIMOGES | 16 | 16 | 10 | 14 | 11 | 67 | 13 | 4,2 | 2,5 | 2,2 | 1,5 |
| 51 | Puy-de-Dôme | CLERMONT-FERRAND | 16 | 10 | 11 | 15 | 31 | 83 | 17 | 5,4 | 4,0 | 2,5 | 3,1 |
| 52 | Allier | MONTLUÇON | 1 | - | 5 | 4 | 4 | 14 | 3 | 3,2 | 2,3 | 1,2 | 0,9 |
| 53 | Saône-et-Loire | LE CREUSOT | 2 | 5 | 5 | 1 | 1 | 14 | 3 | 2,5 | 2,3 | 1,3 | 0,9 |
| 54 | Loire | ROANNE | 2 | 4 | 5 | 2 | 1 | 14 | 3 | 1,0 | 2,8 | 1,2 | 0,9 |
| 55 | | SAINT-ÉTIENNE | 23 | 20 | 31 | 53 | 37 | 164 | 33 | 2,8 | 2,8 | 2,9 | 2,2 |
| 56 | Rhône | LYON | 76 | 77 | 60 | 68 | 55 | 336 | 67 | 2,8 | 2,3 | 2,5 | 1,4 |
| 57 | Isère | GRENOBLE | 7 | 15 | 9 | 4 | 10 | 45 | 9 | 3,4 | 2,7 | 2,6 | 1,3 |
| 58 | Alpes-maritimes | NICE | 21 | 34 | 30 | 40 | 31 | 156 | 31 | 6,8 | 3,1 | 5,5 | 2,6 |
| 59 | | CANNES | 24 | 3 | 4 | 9 | 2 | 42 | 8 | 2,5 | 2,5 | 2,3 | 2,7 |
| 60 | Var | TOULON | 72 | 103 | 80 | 78 | 52 | 385 | 77 | 6,8 | 11,1 | 10,4 | 7,5 |
| 61 | Vaucluse | AVIGNON | 30 | 17 | 65 | 14 | 22 | 148 | 30 | 6,7 | 3,9 | 6,3 | 6,3 |
| 62 | Gard | NIMES | 33 | 32 | 26 | 27 | 24 | 142 | 28 | 7,5 | 5,2 | 5,2 | 3,5 |
| 93 | Bouches-du-Rhône | MARSEILLE | 213 | 220 | 194 | 174 | 165 | 996 | 193 | 9,6 | 5,9 | 5,3 | 3,8 |
| 64 | | MONTPELLIER | 37 | 55 | 50 | 37 | 42 | 221 | 44 | 9,5 | 4,2 | 6,4 | 5,7 |
| 65 | Hérault | CETTE | 29 | 26 | 14 | 10 | 10 | 89 | 18 | 10,1 | 4,4 | 7,0 | 5,4 |
| 66 | | BÉZIERS | 28 | 25 | 15 | 29 | 28 | 125 | 25 | 10,0 | 3,9 | 5,8 | 4,8 |
| 67 | Pyrénées-orientales | PERPIGNAN | 8 | 16 | 19 | 23 | 10 | 76 | 15 | 8,5 | 5,5 | 5,4 | 4,0 |
| 68 | Aude | CARCASSONNE | 12 | 16 | 18 | 9 | 6 | 61 | 12 | 5,5 | 5,9 | 3,7 | 3,9 |
| 69 | Haute-Garonne | TOULOUSE | 31 | 30 | 34 | 46 | 22 | 163 | 33 | 7,9 | 3,2 | 3,3 | 2,2 |
| 70 | Tarn et Garonne | MONTAUBAN | 2 | 7 | 7 | 4 | 1 | 21 | 4 | 6,4 | 4,0 | 2,0 | 1,3 |
| 71 | Basses-Pyrénées | PAU | 13 | 9 | 3 | 8 | 7 | 40 | 8 | 3,8 | 2,4 | 1,8 | 2,3 |

(*) Renseignements incomplets pour tout ou partie des périodes.

## V. — RÉSULTATS GÉNÉRAUX ET RÉCAPITULATIFS PAR PÉRIODES

| | | PÉRIODE 1886-90 5 ans (sauf exceptions indiquées). | | | PÉRIODE 1891-95 5 ans. | | | PÉRIODE 1896-1900 5 ans. | | | PÉRIODE 1901-05 5 ans. | | |
|---|---|---|---|---|---|---|---|---|---|---|---|---|---|
| | | NOMBRES ABSOLUS | | Proportion pour 10.000 habitants | NOMBRES ABSOLUS | | Proportion pour 10.000 habitants | NOMBRES ABSOLUS | | Proportion pour 10.000 habitants | NOMBRES ABSOLUS | | Proportion pour 10.000 habit. |
| | | Total. | Moyenne annuelle. | | Total. | Moyenne annuelle. | | Total. | Moyenne annuelle. | | Total. | Moyenne annuelle. | |
| I Répartition générale par périodes. | Vil. de plus de 30.000 h. | 17.382 | 3.476 | *5,4* | 12.095 | 2.419 | *3,4* | 11.075 | 2.215 | *3,0* | 8.215 | 1.643 | *2,0* |
| | Vil. de 10.001 à 30.000 h. | 7.657 | 1.531 | *5,0* | 9.330 (les deux catégories) | 1.866 | *3,5* | 7.187 | 1.437 | *2,5* | 4.971 | 994 | *1,7* |
| | Vil. de 5.001 à 10.000 h. (*) 2 ans. | *1.608 | 804 | *3,5* | | | | | | | | | |
| | TOTAUX | 26.647 | 5.811 | *4,9* | 21.425 | 4.285 | *3,4* | 18.262 | 3.652 | *2,8* | 13.186 | 2.637 | *1,9* |
| | Proportions extrêmes. | 6,6 en 1887<br>4,3 et 4,5 en 1889-90 | | | 4,2 en 1892<br>2,7 en 1895 | | | 3,4 en 1899<br>2,3 et 2,4 en 1896-97 | | | 2,1 en 1901<br>1,5 en 1905 | | |
| | Proportion par rapport au nombre des décès de toutes causes. | 2,0 0/0<br>1 sur 49,8 | | | 1,5 0/0<br>1 sur 68,2 | | | 1,3 0/0<br>1 sur 77,6 | | | 0,9 0/0<br>1 sur 107,2 | | |
| II Répartition par groupes de villes. | I. Paris | 4.759 | 952 | *4,1* | 2.705 | 541 | *2,2* | 2.482 | 496 | *1,9* | 1.613 | 323 | *1,2* |
| | II. V. de 100.001 à 518.000 hab. | 6.214 | 1.243 | *6,0* | 4.686 | 937 | *4,3* | 4.162 | 832 | *3,5* | 3.360 | 672 | *2,5* |
| | III. V. de 30.001 à 100.000 h | 6.409 | 1.282 | *6,2* | 4.704 | 941 | *3,9* | 4.431 | 886 | *3,6* | 3.242 | 648 | *2,3* |
| | IV. V. de 20.001 à 30.000 h. | 3.161 | 632 | *5,2* | 2.363 | 472 | *3,8* | 2.078 | 416 | *3,0* | 1.335 | 267 | *2,0* |
| | V. V. de 10.001 à 20.000 h. | 4.496 | 899 | *4,9* | 3.178 | 636 | *3,4* | 2.429 | 486 | *2,5* | 1.760 | 352 | *1,7* |
| | VI. V. de 5.001 à 10.000 h. (*) 2 ans. | *1.608 | 804 | *3,5* | 3.789 | 758 | *3,3* | 2.680 | 536 | *2,3* | 1.876 | 375 | *1,5* |
| III Répart. p. gr. d'âge dans les v. de plus de 30.000 habit. (Prop. p. 10.000 de ch. groupe.) | de 0 à 1 an | *115 | 29 | *3,3* | 68 | 13 | *1,3* | 84 | 17 | *1,6* | 30 | 6 | *0,4* |
| | de 1 à 19 ans | 5.335 | 1.334 | *7,2* | 4.412 | 882 | *4,4* | 4.003 | 800 | *3,7* | 2.839 | 568 | *2,4* |
| | de 20 à 39 ans | 6.599 | 1.650 | *6,6* | 5.972 | 1.194 | *4,4* | 5.668 | 1.134 | *4,0* | 4.262 | 852 | *2,8* |
| | de 40 à 59 ans | 1.441 | 360 | *2,4* | 1.336 | 267 | *1,7* | 1.091 | 218 | *1,3* | 919 | 184 | *1,0* |
| | de 60 et au-dessus. (*) 1re période : 4 ans (1887-90). | 426 | 106 | *1,8* | 307 | 61 | *0,9* | 229 | 46 | *0,7* | 165 | 33 | *0,4* |
| IV Répart. p. saisons dans les villes de plus de 30.000 h. | Hiver (déc., jan., fév.). (*) Moins décemb. 1885. | *4.292 | 938 | *1,4* | 2.605 | 521 | *0,7* | 2.248 | 450 | *0,6* | 1.937 | 387 | *0,5* |
| | Printemps (m., a., m.). | 3.568 | 713 | *1,1* | 2.554 | 511 | *0,7* | 2.169 | 434 | *0,6* | 1.759 | 352 | *0,4* |
| | Été (juin, juillet, août). | 4.158 | 831 | *1,3* | 3.253 | 650 | *0,9* | 2.996 | 599 | *0,8* | 2.048 | 410 | *0,5* |
| | Automne (s., o., n.). | 5.103 | 1.021 | *1,6* | 3.787 | 757 | *1,1* | 3.654 | 731 | *1,0* | 2.540 | 508 | *0,6* |

| V Répartition par villes de plus de 30,000 hab. Moyennes annuelles et proport. p. 10.000 hab. | Période 1886-90 | Période 1891-95 | Période 1896-1900 | Période 1901-05 |
|---|---|---|---|---|
| Moyenne générale annuelle | de 1,0 à 19,0 | de 1,3 à 13,6 | de 0,6 à 12,4 | de 0,4 à 7,5 |
| Villes ayant présenté une moyenne supérieure à 8,0 | Le Havre *17,3*<br>Brest *8,1*<br>Lorient *19,0*<br>Angoulême *15,0*<br>Aubervilliers *8,5*<br>Marseille *9,6*<br>Montpellier *9,5*<br>Cette *10,1*<br>Béziers *10,0*<br>Perpignan *8,5* | Le Havre *13,6*<br>Rouen *9,0*<br>Brest *8,6*<br>Toulon *11,1* | Le Havre *9,0*<br>Cherbourg *12,4*<br>Toulon *10,4* | |
| Villes ayant présenté une moyenne inférieure à 1,0 | | | Lille *0,6*<br>Valenciennes *0,7*<br>Saint-Ouen *0,9*<br>Vincennes *0,7* | Douai *0,9*<br>Saint-Quentin *0,4*<br>Angers *0,7*<br>Boulogne s/Seine *0,8*<br>Neuilly-s/Seine *0,8*<br>Saint-Ouen *0,5*<br>Vincennes *0,6*<br>Troyes *0,9*<br>Poitiers *0,5*<br>Périgueux *0,9*<br>Montluçon *0,9*<br>Le Creusot *0,9*<br>Roanne *0,9* |

# V

# DÉCÈS PAR DIPHTÉRIE

## (CROUP, ANGINE COUENNEUSE)

## DE 1901 A 1905

et comparaison avec les trois périodes précédentes.

## NOMBRES ABSOLUS ET PROPORTIONNELS

***Villes de plus de 5.000 habitants.***

I. — RÉPARTITION GÉNÉRALE ANNUELLE PAR GROUPES DE VILLES

***Villes de plus de 30.000 habitants.***

II. — RÉPARTITION ANNUELLE PAR GROUPES DE VILLES ET PAR AGES

III. — RÉPARTITION MENSUELLE

IV. — RÉPARTITION PAR VILLES

V. — RÉSULTATS GÉNÉRAUX ET RÉCAPITULATIFS

## DÉCÈS PAR DIPHTÉRIE DE 1901 À 1905

### I. — RÉPARTITION GÉNÉRALE PAR GROUPES DE VILLES DE PLUS DE 5.000 HABITANTS

PROPORTIONS POUR 10.000 HABITANTS

| GROUPES de villes | 1901 Nombre absolu. | 1901 Proportion. | 1902 Nombre absolu. | 1902 Proportion. | 1903 Nombre absolu. | 1903 Proportion. | 1904 Nombre absolu. | 1904 Proportion. | 1905 Nombre absolu. | 1905 Proportion. |
|---|---|---|---|---|---|---|---|---|---|---|
| I. Paris | 736 | 2,8 | 709 | 2,6 | 399 | 1,5 | 260 | 1,0 | 204 | 0,7 |
| II. Villes de 101.000 à 518.000 habitants | 390 | 1,5 | 413 | 1,6 | 316 | 1,2 | 280 | 1,0 | 273 | 1,0 |
| III. Villes de 30.001 à 100.000 habitants | 416 | 1,5 | 400 | 1,5 | 284 | 1,0 | 217 | 0,8 | 222 | 0,8 |
| IV. Villes de 20.001 à 30.000 habitants | 188 | 1,4 | 157 | 1,3 | 146 | 1,1 | 111 | 0,8 | 98 | 0,7 |
| V. Villes de 10.001 à 20.000 habitants | 225 | 1,1 | 223 | 1,1 | 221 | 1,1 | 184 | 0,9 | 142 | 0,7 |
| VI. Villes de 5.001 à 10.000 habitants | 314 | 1,3 | 280 | 1,2 | 212 | 0,9 | 213 | 0,9 | 222 | 0,9 |
| TOTAUX GÉNÉRAUX. Villes de plus de 10.000 habitants | 1.955 | 1,7 | 1.911 | 1,7 | 1.366 | 1,2 | 1.052 | 0,9 | 939 | 0,8 |
| TOTAUX GÉNÉRAUX. Villes de plus de 5.000 habitants | 2.269 | 1,6 | 2.191 | 1,6 | 1.578 | 1,1 | 1.264 | 0,9 | 1.161 | 0,8 |

### II. — RÉPARTITION PAR GROUPES D'AGES DANS LES VILLES DE PLUS DE 30.000 HABITANTS

PROPORTIONS POUR 10.000 INDIVIDUS DE CHAQUE GROUPE

| GROUPES de villes | GROUPES d'âge | 1901 Nombre absolu. | 1901 Proportion. | 1902 Nombre absolu. | 1902 Proportion. | 1903 Nombre absolu. | 1903 Proportion. | 1904 Nombre absolu. | 1904 Proportion. | 1905 Nombre absolu. | 1905 Proportion. |
|---|---|---|---|---|---|---|---|---|---|---|---|
| I. Paris | de 0 à 1 an | 73 | 21,0 | 64 | 17,5 | 46 | 12,0 | 33 | 8,9 | 20 | 6,9 |
| | de 1 à 19 ans | 636 | 9,3 | 623 | 9,1 | 330 | 4,8 | 204 | 3,0 | 168 | 2,5 |
| | de 20 à 39 ans | 19 | 0,2 | 15 | 0,1 | 14 | 0,1 | 19 | 0,2 | 3 | 0,0 |
| | de 40 à 59 ans | 4 | 0,1 | 5 | 0,1 | 6 | 0,1 | 2 | 0,0 | 2 | 0,0 |
| | de 60 et au-dessus | 4 | 0,2 | 2 | 0,1 | 3 | 0,1 | 2 | 0,1 | 2 | 0,1 |
| II. Villes de 101.001 à 518.000 habitants | de 0 à 1 an | 27 | 6,1 | 43 | 9,2 | 39 | 7,9 | 35 | 6,7 | 30 | 5,5 |
| | de 1 à 19 ans | 347 | 4,4 | 352 | 4,4 | 263 | 3,3 | 228 | 2,9 | 225 | 2,8 |
| | de 20 à 39 ans | 7 | 0,1 | 12 | 0,1 | 10 | 0,1 | 12 | 0,1 | 7 | 0,1 |
| | de 40 à 59 ans | 7 | 0,1 | 4 | 0,1 | 3 | 0,0 | 3 | 0,0 | 4 | 0,1 |
| | de 60 ans et au-dessus | 2 | 0,1 | 2 | 0,1 | 1 | 0,0 | 2 | 0,1 | 7 | 0,3 |
| III. Villes de 30.001 à 100.000 habitants | de 0 à 1 an | 35 | 7,7 | 53 | 11,3 | 40 | 8,3 | 20 | 5,9 | 24 | 4,7 |
| | de 1 à 19 ans | 361 | 4,3 | 334 | 4,6 | 221 | 2,6 | 178 | 2,1 | 189 | 2,2 |
| | de 20 à 39 ans | 11 | 0,1 | 15 | 0,1 | 8 | 0,1 | 2 | 0,0 | 5 | 0,0 |
| | de 40 à 59 ans | 8 | 0,1 | 5 | 0,1 | 7 | 0,1 | 6 | 0,1 | 3 | 0,0 |
| | de 60 ans et au-dessus | 1 | 0,0 | 2 | 0,1 | 8 | 0,3 | 2 | 0,1 | 1 | 0,0 |

| | ANNÉES | 0 À 1 AN | 1 À 19 ANS | 20 À 39 ANS | 40 À 59 ANS | 60 ANS ET AU-DESSUS |
|---|---|---|---|---|---|---|
| RÉCAPITULATION PAR PÉRIODES. (Nombres absolus.) | 1901 | 135 | 1.344 | 37 | 19 | 7 |
| | 1902 | 160 | 1.309 | 42 | 14 | 6 |
| | 1903 | 125 | 814 | 32 | 16 | 12 |
| | 1904 | 97 | 610 | 33 | 11 | 6 |
| | 1905 | 83 | 582 | 15 | 9 | 10 |
| TOTAUX | (5 ans.) | 600 | 4.659 | 159 | 69 | 41 |

## III. — RÉPARTITION MENSUELLE POUR L'ENSEMBLE DES VILLES DE PLUS DE 30.000 HABITANTS (Groupes I, II et III réunis).

PROPORTIONS POUR 100.000 HABITANTS

| MOIS | 1901 | | 1902 | | 1903 | | 1904 | | 1905 | |
|---|---|---|---|---|---|---|---|---|---|---|
| | Nombre. | Proportion. | Nombre. | Proportion. | Nombre. | Proportion. | Nombre. | Proportion. | Nombre. | Proportion. |
| Janvier | 140 | .... | 158 | .... | 100 | .... | 90 | .... | 92 | .... |
| | ... | 1,75 | .... | 1,96 | ... | 1,23 | ... | 1,10 | ... | 1,12 |
| Février | 150 | .... | 174 | .... | 126 | .... | 77 | .... | 78 | .... |
| | ... | 1,87 | .... | 2,16 | ... | 1,56 | ... | 0,95 | ... | 0,95 |
| Mars | 149 | .... | 193 | .... | 113 | .... | 94 | .... | 76 | .... |
| | ... | 1,86 | .... | 2,40 | ... | 1,39 | ... | 1,15 | ... | 0,93 |
| Avril | 125 | .... | 146 | .... | 125 | .... | 72 | .... | 64 | .... |
| | ... | 1,56 | .... | 1,81 | ... | 1,54 | ... | 0,88 | ... | 0,78 |
| Mai | 145 | .... | 172 | .... | 117 | .... | 66 | .... | 59 | .... |
| | ... | 1,81 | .... | 2,13 | ... | 1,44 | ... | 0,81 | ... | 0,72 |
| Juin | 129 | .... | 125 | .... | 67 | .... | 68 | .... | 52 | .... |
| | ... | 1,61 | .... | 1,55 | ... | 0,83 | ... | 0,84 | ... | 0,63 |
| Juillet | 123 | .... | 109 | .... | 74 | .... | 47 | .... | 45 | .... |
| | ... | 1,53 | .... | 1,35 | ... | 0,91 | ... | 0,58 | ... | 0,55 |
| Aout | 91 | .... | 81 | .... | 51 | .... | 55 | .... | 39 | .... |
| | ... | 1,13 | .... | 1,01 | ... | 0,63 | ... | 0,68 | ... | 0,48 |
| Septembre | 80 | .... | 63 | .... | 45 | .... | 41 | .... | 35 | .... |
| | ... | 1,00 | .... | 0,78 | ... | 0,56 | ... | 0,50 | ... | 0,43 |
| Octobre | 103 | .... | 87 | .... | 46 | .... | 48 | .... | 49 | .... |
| | ... | 1,28 | .... | 1,08 | ... | 0,57 | ... | 0,59 | ... | 0,60 |
| Novembre | 124 | .... | 100 | .... | 68 | .... | 45 | .... | 62 | .... |
| | ... | 1,55 | .... | 1,24 | ... | 0,84 | ... | 0,55 | ... | 0,76 |
| Décembre | 183 | .... | 123 | .... | 67 | .... | 54 | .... | 48 | .... |
| | ... | 2,28 | .... | 1,53 | ... | 0,83 | ... | 0,66 | ... | 0,59 |
| Totaux | 1.542 | ..... | 1.531 | ..... | 999 | .... | 757 | .... | 699 | .... |
| | ..... | 19,23 | .... | 19,00 | ... | 12,33 | ..... | 9,29 | ... | 8,54 |

# DÉCÈS PAR DIPHTÉRIE DE 1901 A 1905

## IV. — RÉPARTITION DANS LES VILLES DE PLUS DE 30.000 HABITANTS

PROPORTIONS POUR 10.000 HABITANTS PAR COMPARAISON AVEC LES TROIS PÉRIODES PRÉCÉDENTES

| NUMÉROS D'ORDRE | DÉPARTEMENTS par GROUPEMENT GÉOGRAPHIQUE du nord au sud. | NOMS DES VILLES | NOMBRES ABSOLUS | | | | | | | PROPORTION | | | |
|---|---|---|---|---|---|---|---|---|---|---|---|---|---|
| | | | 1901 | 1902 | 1903 | 1904 | 1905 | TOTAL | MOYENNE annuelle | 1886-90 | 1891-95 | 1896-1900 | 1901-05 |
| 1 | | DUNKERQUE | 5 | 2 | 1 | 1 | 10 | 19 | 4 | 6,6 | 5,9 | 1,0 | 1,0 |
| 2 | | TOURCOING | 12 | 5 | 1 | 6 | 6 | 30 | 6 | 6,5 | 7,5 | 1,0 | 0,7 |
| 3 | Nord | ROUBAIX | 15 | 17 | 11 | 6 | 5 | 54 | 11 | 4,4 | 6,7 | 1,4 | 0,9 |
| 4 | | LILLE | 26 | 38 | 20 | 24 | 13 | 121 | 24 | 4,6 | 4,7 | 1,3 | 1,1 |
| 5 | | *Valenciennes** | 3 | 1 | 1 | 4 | - | 9 | 2 | » | 4,4 | 1,3 | 0,6 |
| 6 | | DOUAI | 4 | 5 | 4 | 5 | 7 | 25 | 5 | 4,0 | 2,2 | 0,6 | 1,5 |
| 7 | Pas-de-Calais | CALAIS | 4 | 6 | 8 | 3 | 2 | 23 | 5 | 4,7 | 2,6 | 2,2 | 0,8 |
| 8 | | BOULOGNE-SUR-MER | 4 | 9 | 11 | 5 | 3 | 32 | 6 | 5,8 | 5,2 | 1,7 | 1,2 |
| 9 | Somme | AMIENS | 8 | 6 | 9 | 4 | 9 | 36 | 7 | 5,7 | 4,2 | 1,2 | 0,8 |
| 10 | Aisne | SAINT-QUENTIN | 8 | 7 | 4 | 27 | 15 | 61 | 12 | 2,5 | 2,3 | 1,8 | 2,3 |
| 11 | Seine-inférieure | LE HAVRE | 16 | 22 | 11 | 5 | 19 | 73 | 15 | 5,1 | 3,9 | 1,3 | 1,1 |
| 12 | | ROUEN | 21 | 18 | 21 | 17 | 7 | 84 | 17 | 5,1 | 8,5 | 2,3 | 1,4 |
| 13 | Calvados | *Caen** | 2 | 3 | 2 | - | 1 | 8 | 2 | » | 3,9 | 0,7 | 0,4 |
| 14 | Manche | *Cherbourg** | 5 | 3 | 3 | 7 | 5 | 23 | 5 | » | 5,8 | 1,7 | 1,1 |
| 15 | Ille-et-Villaine | RENNES | 12 | 9 | 3 | 4 | 10 | 38 | 8 | 4,3 | 5,1 | 2,4 | 1,1 |
| 16 | Finistère | BREST | 15 | 17 | 11 | 7 | 5 | 55 | 11 | 5,3 | 6,7 | 2,4 | 1,3 |
| 17 | Morbihan | LORIENT | - | 7 | 4 | 5 | 8 | 24 | 5 | 8,0 | 3,8 | 1,2 | 1,1 |
| 18 | Loire-inférieure | SAINT-NAZAIRE | 4 | 10 | 11 | 8 | 2 | 35 | 7 | 9,4 | 5,5 | 1,2 | 1,9 |
| 19 | | NANTES | 11 | 8 | 13 | 9 | 17 | 58 | 12 | 5,0 | 2,9 | 1,0 | 0,9 |
| 20 | Maine-et-Loire | *Angers** | 3 | 8 | 8 | 5 | 3 | 27 | 5 | » | » | » | 0,6 |
| 21 | Mayenne | LAVAL | 2 | 1 | 2 | 2 | 6 | 13 | 3 | 3,3 | 5,3 | 1,0 | 1,0 |
| 22 | Sarthe | LE MANS | 5 | 5 | 7 | - | 4 | 21 | 4 | 7,6 | 3,4 | 1,0 | 0,6 |
| 23 | Indre-et-Loire | TOURS | 12 | 11 | 13 | 5 | 7 | 48 | 10 | 4,0 | 3,5 | 0,8 | 1,5 |
| 24 | Loiret | ORLÉANS | 11 | 6 | 8 | 7 | 6 | 38 | 8 | 4,5 | 3,5 | 1,3 | 1,2 |
| 25 | Seine-et-Oise | VERSAILLES | 6 | 9 | 4 | 3 | 3 | 25 | 5 | 4,4 | 2,4 | 1,5 | 0,9 |
| 26 | | BOULOGNE-SUR-SEINE | 13 | 15 | 5 | 3 | 5 | 41 | 8 | 4,9 | 4,3 | 1,5 | 1,7 |
| 27 | | PARIS | 736 | 709 | 399 | 260 | 204 | 2.308 | 462 | 7,0 | 4,4 | 1,3 | 1,7 |
| 28 | | NEUILLY-SUR-SEINE | 1 | 6 | 1 | - | - | 8 | 2 | 2,9 | 4,2 | 0,9 | 0,5 |
| 29 | | ASNIÈRES | 14 | 4 | 6 | 4 | 3 | 31 | 6 | 8,2 | 2,8 | 0,7 | 1,8 |
| 30 | | LEVALLOIS-PERRET | 10 | 17 | 10 | 6 | 4 | 47 | 9 | 10,8 | 5,6 | 0,9 | 1,5 |
| 31 | Seine | CLICHY | 19 | 15 | 6 | 8 | 1 | 49 | 10 | 10,6 | 7,8 | 1,6 | 2,5 |
| 32 | | SAINT-OUEN | 12 | 9 | 7 | 6 | 6 | 40 | 8 | 9,0 | 6,7 | 1,8 | 2,2 |
| 33 | | SAINT-DENIS | 13 | 27 | 16 | 6 | 7 | 69 | 14 | 7,0 | 3,4 | 1,7 | 2,2 |
| 34 | | AUBERVILLIERS | 9 | 9 | 8 | 3 | 1 | 30 | 6 | 7,3 | 7,7 | 1,7 | 1,8 |
| 35 | | VINCENNES | 9 | 9 | 3 | - | 1 | 22 | 4 | 7,3 | 4,2 | 1,0 | 1,2 |
| 36 | | MONTREUIL-SOUS-BOIS | 8 | 8 | 6 | 2 | 3 | 27 | 5 | 12,0 | 5,2 | 1,7 | 1,5 |
| 37 | Aube | TROYES | 5 | 2 | - | 5 | 4 | 16 | 3 | 5,4 | 4,3 | 1,3 | 0,6 |
| 38 | Marne | REIMS | 6 | 16 | 15 | 10 | 5 | 52 | 10 | 7,5 | 4,0 | 1,7 | 0,9 |
| 39 | Meurthe-et-Moselle | NANCY | 6 | 19 | 13 | 5 | 7 | 50 | 10 | 2,4 | 3,4 | 1,0 | 0,9 |
| 40 | Haut-Rhin | BELFORT | 11 | 9 | 1 | 1 | 2 | 24 | 5 | 2,5 | 4,8 | 0,3 | 1,5 |
| 41 | Doubs | BESANÇON | 2 | 1 | 3 | 1 | 6 | 13 | 3 | 4,1 | 3,0 | 1,6 | 0,5 |
| 42 | Côte-d'Or | DIJON | 8 | 6 | 4 | 9 | 2 | 29 | 6 | 2,5 | 1,7 | 1,7 | 0,8 |
| 43 | Cher | BOURGES | 3 | 4 | 3 | 1 | - | 11 | 2 | 4,3 | 2,5 | 1,1 | 0,4 |
| 44 | Vienne | *Poitiers** | 26 | 2 | 6 | - | - | 34 | 7 | » | » | 5,3 | 1,8 |
| 46 | Charente-inférieure | ROCHEFORT | 8 | 2 | 7 | 2 | 2 | 21 | 4 | 4,0 | 5,0 | 2,5 | 1,1 |
| 45 | | LA ROCHELLE | 1 | 10 | - | - | - | 11 | 2 | 3,9 | 5,4 | 1,7 | 0,6 |
| 47 | Gironde | BORDEAUX | 43 | 30 | 31 | 18 | 14 | 136 | 27 | 5,2 | 2,4 | 1,7 | 1,1 |
| 48 | Dordogne | PÉRIGUEUX | 5 | 4 | 2 | 3 | 2 | 16 | 3 | 6,6 | 2,2 | 1,6 | 0,9 |
| 49 | Charente | ANGOULÊME | 7 | 1 | 2 | 1 | 3 | 14 | 3 | 2,8 | 3,0 | 1,3 | 0,8 |
| 50 | Haute-Vienne | LIMOGES | 7 | 28 | 6 | 2 | 12 | 55 | 11 | 3,1 | 3,3 | 1,3 | 1,3 |
| 51 | Puy-de-Dôme | CLERMONT-FERRAND | 1 | 2 | 7 | 7 | 6 | 23 | 5 | 3,3 | 3,8 | 1,0 | 0,9 |
| 52 | Allier | MONTLUÇON | 4 | 8 | 4 | 1 | 5 | 22 | 4 | 4,3 | 3,0 | 2,4 | 1,1 |
| 53 | Saône-et-Loire | LE CREUSOT | 2 | 12 | 7 | 1 | 1 | 23 | 5 | 4,7 | 0,7 | 0,6 | 1,6 |
| 54 | Loire | ROANNE | 9 | 2 | 2 | 1 | 2 | 16 | 3 | 2,3 | 3,4 | 1,2 | 0,9 |
| 55 | | SAINT-ÉTIENNE | 36 | 36 | 30 | 20 | 25 | 147 | 29 | 6,9 | 3,1 | 1,8 | 2,0 |
| 56 | Rhône | LYON | 87 | 119 | 69 | 85 | 44 | 404 | 81 | 5,3 | 4,2 | 1,2 | 1,7 |
| 57 | Isère | GRENOBLE | 36 | 21 | 3 | - | 2 | 62 | 12 | 15,9 | 4,2 | 1,7 | 1,7 |
| 58 | Alpes-Maritimes | NICE | 23 | 9 | 12 | 11 | 16 | 71 | 14 | 8,8 | 3,1 | 1,4 | 1,2 |
| 59 | | CANNES | 6 | 4 | 4 | 1 | 3 | 18 | 4 | 2,5 | 2,5 | 1,7 | 1,3 |
| 60 | Var | TOULON | 14 | 4 | 6 | 10 | 14 | 48 | 10 | 9,1 | 1,8 | 1,5 | 1,0 |
| 61 | Vaucluse | AVIGNON | 1 | 2 | 5 | 3 | 2 | 13 | 3 | 3,6 | 3,4 | 0,4 | 0,6 |
| 62 | Gard | NIMES | 6 | 10 | 6 | 7 | 3 | 32 | 6 | 4,1 | 2,2 | 1,5 | 0,7 |
| 63 | Bouches-du-Rhône | MARSEILLE | 74 | 64 | 58 | 58 | 70 | 324 | 65 | 13,3 | 10,2 | 1,9 | 1,3 |
| 64 | | MONTPELLIER | 10 | 11 | 7 | 6 | 7 | 41 | 8 | 7,7 | 4,0 | 1,3 | 1,0 |
| 65 | Hérault | CETTE | 11 | 3 | 6 | 2 | 1 | 23 | 5 | 10,7 | 9,6 | 4,3 | 1,5 |
| 66 | | BÉZIERS | 3 | 2 | 6 | 2 | 3 | 16 | 3 | 6,6 | 5,0 | 1,2 | 0,6 |
| 67 | Pyrénées-orientales | PERPIGNAN | 3 | 5 | 6 | 9 | 3 | 26 | 5 | 6,7 | 2,9 | 1,4 | 1,3 |
| 68 | Aude | CARCASSONNE | 6 | 4 | 3 | 4 | 8 | 25 | 5 | 3,6 | 1,7 | 0,7 | 1,6 |
| 69 | Haute-Garonne | TOULOUSE | 12 | 13 | 6 | 2 | 17 | 50 | 10 | 3,5 | 2,1 | 1,0 | 0,7 |
| 70 | Tarn-et-Garonne | MONTAUBAN | 1 | 3 | - | - | - | 4 | 1 | 3,7 | 3,0 | 0,7 | 0,3 |
| 71 | Basses-Pyrénées | PAU | 1 | 2 | 1 | 2 | - | 6 | 1 | 3,5 | 1,8 | 0,6 | 0,3 |

(*) Renseignements incomplets pour tout ou partie des périodes.

## V. — RÉSULTATS GÉNÉRAUX ET RÉCAPITULATIFS PAR PÉRIODES

| | | PÉRIODE 1886-90, 5 ans (sauf exceptions indiquées). | | | PÉRIODE 1891-95, 5 ans. | | | PÉRIODE 1896-1900, 5 ans. | | | PÉRIODE 1901-05, 5 ans | | |
|---|---|---|---|---|---|---|---|---|---|---|---|---|---|
| | | NOMBRES ABSOLUS | | Proportion pour 10.000 habitants | NOMBRES ABSOLUS | | Proportion pour 10.000 habitants | NOMBRES ABSOLUS | | Proportion pour 10.000 habitants | NOMBRES ABSOLUS | | Proportion pour 10.000 habit. |
| | | Total. | Moyenne annuelle. | | Total. | Moyenne annuelle. | | Total. | Moyenne annuelle. | | Total. | Moyenne annuelle. | |
| I Répartition générale par périodes | Vil. de plus de 30.000 h. | 20.663 | 4.133 | *6,4* | 15.768 | 3.154 | *4,5* | 5.276 | 1.055 | *1,4* | 5.528 | 1.106 | *1,3* |
| | Vil. de 10.001 à 30.000 h. | 8.102 | 1.620 | *5,3* | 9.891 | 1.978 | *3,7* | 3.644 | 729 | *1,3* | 2.935 | 587 | *1,0* |
| | Vil. de 5.001 à 10.000 h. (*) 2 ans. | * 2.085 | 1.042 | *4,6* | | | | | | | | | |
| | TOTAUX | 30.850 | 6.795 | *5,8* | 25.659 | 5.132 | *4,1* | 8.920 | 1.784 | *1,4* | 8.463 | 1.693 | *1,2* |
| | Proportions extrêmes. | 6,3 en 1887-88<br>5,7 en 1890 | | | 5,2 en 1891<br>1,8 en 1895 | | | 1,7 en 1896<br>1,2 en 1897-98 | | | 1,6 en 1901-02<br>0,8 en 1905 | | |
| | Proportion par rapport au nombre des décès de toutes causes. | 2,3 0/0<br>1 sur 42,6 | | | 1,7 0/0<br>1 sur 57,0 | | | 0,6 0/0<br>1 sur 158,9 | | | 0,6 0/0<br>1 sur 167,0 | | |
| II Répartition par groupes de villes. | I. Paris | 8.200 | 1.640 | *7,0* | 5.474 | 1.095 | *4,4* | 1.634 | 327 | *1,3* | 2 308 | 462 | *1,7* |
| | II. V. de 100.001 à 518.000 h. | 6.986 | 1.397 | *6,8* | 5.761 | 1.152 | *5,3* | 1.802 | 360 | *1,5* | 1.672 | 334 | *1,2* |
| | III. V. de 30.001 à 100.000 h. | 5.477 | 1.095 | *5,3* | 4.533 | 907 | *3,8* | 1.840 | 368 | *1,5* | 1.548 | 310 | *1,1* |
| | IV. V. de 20.001 à 30.000 h. | 3.255 | 651 | *5,3* | 2.621 | 524 | *4,2* | 856 | 171 | *1,2* | 700 | 140 | *1,1* |
| | V. V. de 10.001 à 20.000 h. | 4.847 | 969 | *5,3* | 3.141 | 628 | *3,4* | 1.241 | 248 | *1,3* | 995 | 199 | *1,0* |
| | VI. V. de 5.001 à 10.000 h. (*) 2 ans. | * 2.085 | 1.042 | *4,6* | 4.129 | 826 | *3,6* | 1.547 | 310 | *1,3* | 1.240 | 248 | *1,0* |
| III Répart. p. gr. d'âges dans les v. de plus de 30.000 habit. Proport. p. 10.000 de ch. groupe. | de 0 à 1 an | * 1.757 | 439 | *49,4* | 1.247 | 249 | *25,1* | 512 | 102 | *9,6* | 600 | 120 | *8,8* |
| | de 1 à 19 ans | 14.536 | 3.634 | *19,6* | 14.010 | 2.802 | *13,9* | 4.473 | 895 | *4.2* | 4.659 | 932 | *4,0* |
| | de 20 à 39 ans | 298 | 74 | *0,3* | 319 | 64 | *0,2* | 177 | 35 | *0,1* | 159 | 32 | *0,1* |
| | de 40 à 59 ans | 130 | 32 | *0,2* | 116 | 23 | *0,1* | 75 | 15 | *0,1* | 69 | 14 | *0,1* |
| | de 60 et au-dessus. (*) 1re période : 4 ans (1887-90). | 114 | 28 | *0,5* | 76 | 15 | *0,2* | 39 | 8 | *0,1* | 41 | 8 | *0,1* |
| IV Répart. p. saisons dans les v. de plus de 30.000 h. | Hiver (déc., jan., fév.). (*) Moins décemb. 1885. | 5.865 | 1.255 | *1,9* | 5.338 | 1.068 | *1,5* | 1.761 | 352 | *0,5* | 1.769 | 354 | *0,4* |
| | Printemps (m., a., m.). | 6.280 | 1.256 | *1.9* | 4.788 | 957 | *1,3* | 1.550 | 310 | *0,4* | 1.716 | 343 | *0,4* |
| | Été (juin., juil., août.). | 4.027 | 805 | *1,2* | 3.069 | 614 | *0,9* | 1.034 | 207 | *0,3* | 1.156 | 231 | *0,3* |
| | Automne (s., o., n.) | 3.998 | 800 | *1,2* | 2.896 | 579 | *0.8* | 944 | 189 | *0,2* | 996 | 199 | *0,2* |
| V Répartition par villes de plus de 30.000 habit. Moyennes annuelles et prop. p. 10.000 h. | Moyenne générale annuelle | de 2,3 à 15,9 | | | de 0,7 10,2 | | | de 0,3 à 5,3 | | | de 0,3 à 2,5 | | |
| | Villes ayant présenté une moyenne supérieure à 8,5 | Saint-Nazaire *9,4*<br>Levallois-Perret *10,8*<br>Clichy *10,6*<br>Saint-Ouen *9,0*<br>Montreuil-sous-Bois *12,0*<br>Grenoble *15,9*<br>Marseille *13,3*<br>Cette *10,7*<br>Nice *8,8*<br>Toulon *9.1* | | | Marseille *10,2*<br>Cette *9,6* | | | | | | | | |
| | Villes ayant présenté une moyenne inférieure à 0,8 | | | | Le Creusot *0,7* | | | Douai *0,6*<br>Asnières *0,7*<br>Belfort *0,3*<br>Le Creusot *0,6*<br>Avignon *0,4*<br>Carcassonne *0,7*<br>Montauban *0,7*<br>Pau *0,6* | | | Tourcoing *0,7*<br>Valenciennes *0,6*<br>Caen *0,4*<br>Angers *0,6*<br>Le Mans *0,6*<br>Neuilly-sur-Seine *0,5*<br>Troyes *0.6*<br>Bourges *0,4*<br>La Rochelle *0,6*<br>Avignon *0,6*<br>Nîmes *0,7*<br>Béziers *0,6*<br>Toulouse *0,7*<br>Montauban *0,3*<br>Pau *0,3* | | |

# VI

# DÉCÈS PAR ROUGEOLE

## DE 1901 A 1905

et comparaison avec les trois périodes précédentes.

## NOMBRES ABSOLUS ET PROPORTIONNELS

***Villes de plus de 5.000 habitants.***

I. — RÉPARTITION GÉNÉRALE ANNUELLE PAR GROUPES DE VILLES

***Villes de plus de 30.000 habitants.***

II. — RÉPARTITION ANNUELLE PAR GROUPES DE VILLES ET PAR AGES

III. — RÉPARTITION PAR VILLES

IV. — RÉSULTATS GÉNÉRAUX ET RÉCAPITULATIFS

# DÉCÈS PAR ROUGEOLE DE 1901 A 1905

| GROUPES DE VILLES | GROUPES D'AGE | 1901 Nombre absolu. | 1901 Proportion. | 1902 Nombre absolu. | 1902 Proportion. | 1903 Nombre absolu. | 1903 Proportion. | 1904 Nombre absolu. | 1904 Proportion. | 1905 Nombre absolu. | 1905 Proportion. |
|---|---|---|---|---|---|---|---|---|---|---|---|
| **I. — RÉPARTITION GÉNÉRALE PAR GROUPES DE VILLES DE PLUS DE 5.000 HABITANTS** | | | | | | | | | | | |
| PROPORTIONS POUR 10.000 HABITANTS | | | | | | | | | | | |
| I. Paris | | 545 | *2,0* | 675 | *2,5* | 446 | *1,7* | 586 | *2,2* | 424 | *1,6* |
| II. Villes de 100.001 à 518.000 habitants. | | 374 | *1,4* | 524 | *2,0* | 620 | *2,3* | 278 | *1,0* | 375 | *1,4* |
| III. Villes de 30.001 à 100.000 habitants. | | 453 | *1,7* | 406 | *1,5* | 455 | *1,7* | 463 | *1,7* | 382 | *1,4* |
| IV. Villes de 20.001 à 30.000 habitants. | | 127 | *1,0* | 202 | *1,5* | 101 | *0,8* | 218 | *1,6* | 112 | *0,8* |
| V. Villes de 10.001 à 20.000 habitants. | | 191 | *1,0* | 195 | *1,0* | 165 | *0,8* | 211 | *1,0* | 166 | *0,8* |
| VI. Villes de 5.001 à 10.000 habitants. | | 247 | *1,0* | 315 | *1,3* | 376 | *1,5* | 299 | *1,2* | 324 | *1,3* |
| Totaux généraux | Villes de plus de 10.000 h. | 1.690 | *1,5* | 2.002 | *1,8* | 1.787 | *1,6* | 1.756 | *1,5* | 1.459 | *1,3* |
| | Villes de plus de 5.000 h. | 1.937 | *1,4* | 2.317 | *1,7* | 2.163 | *1,6* | 2.055 | *1,5* | 1.783 | *1,3* |
| **II. — RÉPARTITION PAR GROUPES D'AGES DANS LES VILLES DE PLUS DE 30.000 HABITANTS** | | | | | | | | | | | |
| PROPORTIONS POUR 10.000 INDIVIDUS DE CHAQUE GROUPE | | | | | | | | | | | |
| I. Paris | de 0 à 1 an | 161 | *46,3* | 162 | *44,4* | 103 | *26,9* | 135 | *33,8* | 110 | *26,4* |
| | de 1 à 19 ans | 376 | *5,5* | 503 | *7,4* | 342 | *5,0* | 446 | *6,6* | 310 | *4,6* |
| | de 20 à 39 ans | 8 | *0,0* | 10 | *0,1* | 1 | *0,0* | 5 | *0,0* | 2 | *0,0* |
| | de 40 à 59 ans | - | - | - | - | - | - | - | - | 2 | *0,0* |
| | de 60 ans et au-dessus. | - | - | - | - | - | - | - | - | - | - |
| II. Villes de 100.001 à 518.000 habit. | de 0 à 1 an | 126 | *28,5* | 124 | *26,5* | 151 | *30,5* | 85 | *16,3* | 101 | *18,5* |
| | de 1 à 19 ans | 247 | *3,1* | 395 | *5,0* | 461 | *5,8* | 188 | *2,4* | 264 | *3,3* |
| | de 20 à 39 ans | 1 | *0,0* | 5 | *0,0* | 8 | *0,1* | 4 | *0,0* | 9 | *0,1* |
| | de 40 à 59 ans | - | - | - | - | - | - | 1 | *0,0* | - | - |
| | de 60 ans et au-dessus. | - | - | - | - | - | - | - | - | 1 | *0,0* |
| III. Villes de 30.001 à 100.000 habit. | de 0 à 1 an | 135 | *29,7* | 107 | *22,9* | 125 | *26,0* | 142 | *28,7* | 126 | *24,8* |
| | de 1 à 19 ans | 301 | *3,6* | 293 | *3,5* | 321 | *3,8* | 319 | *3,8* | 244 | *2,9* |
| | de 20 à 39 ans | 14 | *0,1* | 5 | *0,0* | 6 | *0,1* | 2 | *0,0* | 11 | *0,1* |
| | de 40 à 59 ans | 2 | *0,0* | 1 | *0,0* | 2 | *0,0* | - | - | 1 | *0,0* |
| | de 60 ans et au-dessus. | 1 | *0,0* | - | - | 1 | *0,0* | - | - | - | - |

| | Années. | 0 à 1 an. | 1 à 19 ans. | 20 à 39 ans. | 40 à 59 ans. | 60 ans et au-dessus. |
|---|---|---|---|---|---|---|
| Récapitulation par périodes (Nombres absolus.) | 1901 | 422 | 924 | 23 | 2 | 1 |
| | 1902 | 393 | 1.191 | 20 | 1 | - |
| | 1903 | 379 | 1.124 | 15 | 2 | 1 |
| | 1904 | 362 | 953 | 11 | 1 | - |
| | 1905 | 337 | 818 | 22 | 3 | 1 |
| Totaux | (5 ans.) | 1.893 | 5.010 | 91 | 9 | 3 |

## III. RÉPARTITION DANS LES VILLES DE PLUS DE 30.000 HABITANTS

### PROPORTIONS POUR 10.000 HABITANTS PAR COMPARAISON AVEC LES TROIS PÉRIODES PRÉCÉDENTES

| NUMÉROS D'ORDRE | DÉPARTEMENTS par GROUPEMENT GÉOGRAPHIQUE du nord au sud. | NOMS DES VILLES | NOMBRES ABSOLUS | | | | | | | PROPORTION | | | |
|---|---|---|---|---|---|---|---|---|---|---|---|---|---|
| | | | 1901 | 1902 | 1903 | 1904 | 1905 | TOTAL | MOYENNE annuelle | 1886-90 | 1891-95 | 1896-1900 | 1901-05 |
| 1 | Nord | Dunkerque | 2 | 10 | 32 | 2 | 35 | 81 | 16 | 4,3 | 10,1 | 4,5 | 4,1 |
| 2 | | Tourcoing | 4 | 35 | 2 | 17 | 11 | 69 | 14 | 4,6 | 4,6 | 4,3 | 1,7 |
| 3 | | Roubaix | 2 | 52 | 7 | 63 | 13 | 137 | 27 | 5,3 | 3,2 | 6,1 | 2,2 |
| 4 | | Lille | 71 | 42 | 99 | 50 | 82 | 344 | 69 | 8,1 | 6,1 | 5,1 | 3,3 |
| 5 | | Valenciennes | 1 | 2 | 1 | 26 | - | 30 | 6 | 1,8 | 0,7 | 1,3 | 1,9 |
| 6 | | Douai | - | 4 | 7 | 7 | - | 18 | 4 | 4,3 | 2,9 | 3,0 | 1,2 |
| 7 | Pas-de-Calais | Calais | 43 | - | - | 16 | - | 59 | 12 | 5,9 | 3,5 | 3,8 | 1,9 |
| 8 | | Boulogne-sur-mer | 47 | 10 | 2 | - | 14 | 73 | 15 | 9,5 | 3,5 | 4,3 | 3,0 |
| 9 | Somme | Amiens | 5 | 4 | 1 | 1 | 24 | 35 | 7 | 3,3 | 0,5 | 1,1 | 0,8 |
| 10 | Aisne | Saint-Quentin | 9 | – | - | 98 | - | 107 | 21 | 3,6 | 0,6 | 0,8 | 4,1 |
| 11 | Seine-inférieure | Le Havre | 52 | 87 | 43 | 25 | 43 | 250 | 50 | 4,4 | 2,1 | 4,7 | 3,8 |
| 12 | | Rouen | 17 | 8 | 72 | 18 | 4 | 119 | 24 | 4,0 | 2,0 | 2,2 | 2,0 |
| 13 | Calvados | *Caen** | – | 7 | 1 | - | - | 8 | 2 | » | 0,2 | 0,2 | 0,4 |
| 14 | Manche | *Cherbourg** | 3 | – | 39 | - | 18 | 60 | 12 | » | 2,7 | 3,1 | 2,8 |
| 15 | Ille-et-Vilaine | Rennes | 1 | 3 | - | – | 10 | 14 | 3 | 4,3 | 1,0 | 1,2 | 0,4 |
| 16 | Finistère | Brest | 8 | 23 | 2 | 25 | - | 58 | 12 | 5,6 | 5,2 | 0,6 | 1,4 |
| 17 | Morbihan | Lorient | - | 33 | 1 | 11 | 23 | 68 | 14 | 10,0 | 4,8 | 7,2 | 3,1 |
| 18 | Loire-inférieure | Saint-Nazaire | - | - | 25 | 1 | - | 26 | 5 | 5,1 | 0,3 | 2,7 | 1,4 |
| 19 | | Nantes | 4 | 26 | 105 | 1 | 7 | 143 | 29 | 2,2 | 1,0 | 1,8 | 2,2 |
| 20 | Maine-et-Loire | *Angers** | 19 | 2 | 11 | 29 | 9 | 70 | 14 | » | » | » | 1,7 |
| 21 | Mayenne | Laval | - | 1 | – | - | 6 | 7 | 1 | 1,6 | 1,0 | 0,1 | 0,3 |
| 22 | Sarthe | Le Mans | 8 | 2 | 2 | 2 | 7 | 21 | 4 | 1,4 | 0,7 | 1,0 | 0,6 |
| 23 | Indre-et-Loire | Tours | 11 | 9 | 3 | - | 5 | 28 | 6 | 5,5 | 2,9 | 3,3 | 0,9 |
| 24 | Loiret | Orléans | 2 | 30 | 2 | 1 | 3 | 38 | 8 | 1,9 | 1,8 | 1,6 | 1,2 |
| 25 | Seine-et-Oise | Versailles | 10 | 3 | - | 20 | 3 | 36 | 7 | 2,5 | 1,7 | 1,1 | 1,3 |
| 26 | Seine | Boulogne-s-Seine | 3 | 60 | 11 | 22 | 5 | 101 | 20 | 8,4 | 5,8 | 5,4 | 4,2 |
| 27 | | Paris | 545 | 675 | 446 | 586 | 424 | 2.676 | 535 | 5,5 | 3,4 | 3,2 | 2,0 |
| 28 | | Neuilly-sur-Seine | 6 | 6 | 3 | 5 | 2 | 22 | 4 | 2,9 | 2,0 | 2,0 | 1,0 |
| 29 | | Asnières | 2 | 11 | 2 | 3 | 9 | 27 | 5 | 2,3 | 1,4 | 1,8 | 1,5 |
| 30 | | Levallois-Perret | 7 | 32 | 5 | 5 | 24 | 73 | 15 | 5,9 | 2,8 | 2,7 | 2,5 |
| 31 | | Clichy | 29 | 14 | 21 | 20 | 25 | 109 | 22 | 9,6 | 3,8 | 7,9 | 5,5 |
| 32 | | Saint-Ouen | 15 | 15 | 9 | 6 | 3 | 48 | 10 | 8,1 | 1,8 | 3,9 | 2,7 |
| 33 | | Saint-Denis | 5 | 6 | 7 | 10 | 3 | 31 | 6 | 6,8 | 3,2 | 2,1 | 1,0 |
| 34 | | Aubervilliers | 9 | 12 | 5 | 10 | 7 | 43 | 9 | 4,7 | 3,4 | 4,4 | 2,8 |
| 35 | | Vincennes | 2 | 6 | - | 7 | 10 | 25 | 5 | 6,0 | 3,1 | 2,7 | 1,5 |
| 36 | | Montreuil-sous-Bois | 2 | 3 | 4 | 3 | 8 | 20 | 4 | 4,0 | 2,0 | 1,7 | 1,2 |
| 37 | Aube | Troyes | 4 | 3 | - | - | - | 7 | 1 | 2,1 | 0,8 | 0,4 | 0,2 |
| 38 | Marne | Reims | 45 | 14 | 30 | 8 | 39 | 136 | 27 | 7,8 | 8,0 | 3,5 | 2,5 |
| 39 | Meurthe-et-Moselle | Nancy | 8 | 43 | 23 | - | 56 | 130 | 26 | 3,4 | 4,0 | 2,7 | 2,4 |
| 40 | Haut-Rhin | Belfort | 8 | 6 | 4 | - | - | 18 | 4 | 0,8 | 1,1 | 1,9 | 1,2 |
| 41 | Doubs | Besançon | - | 8 | - | 8 | - | 16 | 3 | 5,8 | 1,7 | 1,2 | 0,5 |
| 42 | Côte-d'Or | Dijon | 11 | 3 | 1 | - | 2 | 17 | 3 | 1,3 | 0,9 | 0,6 | 0,4 |
| 43 | Cher | Bourges | - | 4 | 2 | - | 3 | 9 | 2 | 2,5 | 0,4 | 0,9 | 0,4 |
| 44 | Vienne | *Poitiers** | 7 | 2 | 1 | 2 | 2 | 14 | 3 | » | » | 1,0 | 0,8 |
| 45 | Charente-inférieure | Rochefort | 19 | - | - | - | 5 | 24 | 5 | 11,8 | 2,4 | 2,3 | 1,4 |
| 46 | | La Rochelle | 4 | - | – | 2 | 16 | 22 | 4 | 4,7 | 1,1 | 0,3 | 1,2 |
| 47 | Gironde | Bordeaux | 10 | 42 | 71 | 2 | 19 | 144 | 29 | 3,3 | 2,6 | 1,7 | 1,1 |
| 48 | Dordogne | Périgueux | 13 | - | 7 | 7 | – | 27 | 5 | 7,0 | 3,2 | 1,6 | 1,6 |
| 49 | Charente | Angoulême | 3 | 1 | 16 | 4 | 9 | 33 | 7 | 6,5 | 3,0 | 2,1 | 1,9 |
| 50 | Haute-Vienne | Limoges | 31 | 3 | 5 | 1 | 25 | 65 | 13 | 6,1 | 8,2 | 1,8 | 1,5 |
| 51 | Puy-de-Dôme | Clermont-Ferrand | 8 | - | 14 | - | 2 | 24 | 5 | 1,9 | 0,4 | 0,4 | 0,9 |
| 52 | Allier | Montluçon | 8 | 6 | - | - | 6 | 20 | 4 | 1,0 | 1,7 | 0,6 | 1,1 |
| 53 | Saône-et-Loire | Le Creusot | - | 3 | - | – | - | 3 | 1 | 7,6 | 2,3 | 1,0 | 0,3 |
| 54 | Loire | Roanne | 4 | 6 | - | 4 | 5 | 19 | 4 | 1,3 | 1,8 | 0,9 | 1,1 |
| 55 | | Saint-Étienne | 4 | 46 | 14 | 6 | 25 | 95 | 19 | 4,2 | 2,9 | 2,4 | 1,3 |
| 56 | Rhône | Lyon | 7 | 24 | 9 | 32 | 12 | 84 | 17 | 2,6 | 1,5 | 0,9 | 0,4 |
| 57 | Isère | Grenoble | 11 | - | 7 | 5 | 3 | 26 | 5 | 4,1 | 1,4 | 1,3 | 0,7 |
| 58 | Alpes-maritimes | Nice | 21 | - | 35 | 1 | 44 | 101 | 20 | 4,7 | 1,5 | 1,8 | 1,7 |
| 59 | | Cannes | - | 3 | - | - | - | 3 | 1 | 1,7 | 0,3 | 0,3 | 0,3 |
| 60 | Var | Toulon | 4 | 36 | 1 | 3 | 27 | 71 | 14 | 8,0 | 4,0 | 2,4 | 1,4 |
| 61 | Vaucluse | Avignon | 14 | 5 | - | 33 | - | 52 | 10 | 2,9 | 1,8 | 2,4 | 2,1 |
| 62 | Gard | Nimes | 24 | - | 6 | 12 | 1 | 43 | 9 | 4,5 | 1,9 | 1,2 | 1,1 |
| 63 | Bouches-du-Rhône | Marseille | 122 | 95 | 81 | 68 | 4 | 370 | 74 | 6,9 | 3,8 | 2,5 | 1,5 |
| 64 | Hérault | Montpellier | 16 | 1 | 108 | 34 | - | 159 | 32 | 8,2 | 4,6 | 4,7 | 4,2 |
| 65 | | Cette | - | 1 | 40 | - | - | 41 | 8 | 13,7 | 6,1 | 3,3 | 2,4 |
| 66 | | Béziers | 13 | - | 18 | 2 | 4 | 37 | 7 | 8,7 | 2,6 | 1,2 | 1,3 |
| 67 | Pyrénées-orientales | Perpignan | - | - | 10 | 2 | 14 | 26 | 5 | 2,3 | 2,9 | 3,4 | 1,3 |
| 68 | Aude | Carcassonne | - | 1 | 12 | - | 19 | 32 | 6 | 7,3 | 1,4 | 5,7 | 1,9 |
| 69 | Haute-Garonne | Toulouse | 7 | 9 | 30 | 1 | - | 47 | 9 | 3,2 | 1,3 | 1,3 | 0,6 |
| 70 | Tarn-et-Garonne | Montauban | - | 2 | 5 | - | – | 7 | 1 | 2,0 | 1,0 | 1,3 | 0,3 |
| 71 | Basses-Pyrénées | Pau | 2 | 5 | 1 | - | 2 | 10 | 2 | 2,2 | 0,6 | 2,1 | 0,6 |

(*) Renseignements incomplets pour tout ou partie des périodes.

## IV. — RÉSULTATS GÉNÉRAUX ET RÉCAPITULATIFS PAR PÉRIODES

| | | PÉRIODE 1886-90 5 ans (sauf exceptions indiquées). | | | PÉRIODE 1891-95 5 ans. | | | PÉRIODE 1896-1900 5 ans. | | | PÉRIODE 1901-05 5 ans | | |
|---|---|---|---|---|---|---|---|---|---|---|---|---|---|
| | | NOMBRES ABSOLUS | | Proportion pour 10.000 habit. | NOMBRES ABSOLUS | | Proportion pour 10.000 habit. | NOMBRES ABSOLUS | | Proportion pour 10.000 habit. | NOMBRES ABSOLUS | | Proportion pour 10.000 habit. |
| | | Total. | Moyenne annuelle. | | Total. | Moyenne annuelle. | | Total. | Moyenne annuelle. | | Total. | Moyenne annuelle. | |
| I Répartition générale par périodes. | Vil. de plus de 30.000h. | 16.166 | 3.233 | *5,0* | 10.732 | 2.146 | *3,0* | 9.868 | 1.974 | *2,6* | 7.006 | 1 401 | *1,7* |
| | Vil. de 10.001 à 30.000 h. | 5.660 | 1.132 | *3,7* | 5 599 | 1.120 | *2,1* | 4.648 | 929 | *1,6* | 3.249 | 650 | *1,1* |
| | Vil. de 5.001 à 10.000 h. (*) 2 ans. | *1.969 | 984 | *4,3* | | | | | | | | | |
| | TOTAUX | 23.795 | 5.349 | *4,5* | 16.331 | 3.266 | *2,6* | 14.516 | 2.903 | *2,2* | 10.255 | 2.051 | *1,5* |
| | Proportions extrêmes. | 6,4 en 1887<br>3,3 en 1886-89 | | | 3,7 en 1893<br>1,6 en 1895 | | | 2,6 en 1896<br>1,9 en 1900 | | | 1,7 en 1902<br>1,3 en 1905 | | |
| | Proportion par rapport au nombre des décès de toutes causes. | 1,8 0/0<br>1 sur 54,1 | | | 1,1 0/0<br>1 sur 89,5 | | | 1,0 0/0<br>1, sur 97,7 | | | 0,7 0/0<br>1 sur 137,8 | | |
| II Répartition par groupes de villes. | I. Paris | 6.438 | 1.288 | *5,5* | 4.241 | 847 | *3,4* | 4.118 | 823 | *3,2* | 2.676 | 535 | *2,0* |
| | II. V. de 100.001 à 518.000 h. | 4.878 | 976 | *4,7* | 3.348 | 670 | *3,1* | 3,014 | 603 | *2,5* | 2.171 | 434 | *1,6* |
| | III. V. de 30.001 à 100.000 h. | 4.850 | 970 | *4,7* | 3.143 | 629 | *2,6* | 2.736 | 547 | *2,2* | 2.159 | 432 | *1,6* |
| | IV. V. de 20.001 à 30.000 h. | 2.738 | 547 | *4,5* | 1.344 | 269 | *2,2* | 1.249 | 250 | *1,8* | 760 | 152 | *1,1* |
| | V. V. de 10.001 à 20.000 h. | 2.922 | 584 | *3,2* | 1.679 | 336 | *1,8* | 1.560 | 312 | *1,0* | 928 | 186 | *0,9* |
| | VI. V. de 5.001 à 10.000 h. (*) 2 ans. | *1.969* | 984 | *4,3* | 2.576 | 515 | *2,2* | 1.839 | 368 | *1,6* | 1.561 | 312 | *1,3* |
| III Répart. p. gr. d'âges dans les v. de plus de 30.000 habit. Proport. p. 10.000 de ch. groupe. | de 0 à 1 an | *3.451 | 863 | *97,1* | 2.849 | 570 | *57,6* | 2.599 | 520 | *49,1* | 1.893 | 378 | *27,8* |
| | de 1 à 19 ans | 10.024 | 2.506 | *13,5* | 7.659 | 1.532 | *7,6* | 7.138 | 1.428 | *6,7* | 5.010 | 1.002 | *4,3* |
| | de 20 à 39 ans | 219 | 55 | *0,2* | 205 | 41 | *0,1* | 118 | 23 | *0,1* | 91 | 18 | *0,1* |
| | de 40 à 59 ans | 16 | 4 | *0,0* | 17 | 3 | *0,0* | 8 | 2 | *0,0* | 9 | 2 | *0,0* |
| | de 60 et au-dessus. (*) 1re période : 4 ans (1887-90). | 18 | 4 | *0,0* | 2 | 0,4 | *0,0* | 5 | 1 | *0,0* | 3 | 1 | *0,0* |
| IV Répartition par villes de plus de 30.000 habit. Moyennes annuelles et proportions pour 10.000 habit. | Moyenne générale annuelle | de 1,0 à 13,7 | | | de 0,3 à 10,1 | | | de 0,1 à 7,9 | | | de 0,2 à 5,5 | | |
| | Villes ayant présenté une moyenne supérieure à 6,9 | Lille *8,1*<br>Boulogne-sur-mer. *9,5*<br>Lorient *10,0*<br>Boulogne (Seine). *8,4*<br>Clichy *9,6*<br>Saint-Ouen *8,1*<br>Reims *7,8*<br>Rochefort *11,8*<br>Périgueux *7,0*<br>Le Creusot *7,6*<br>Montpellier *8,2*<br>Cette *13,7*<br>Béziers *8,7* | | | Dunkerque *10,1*<br>Reims *8,0*<br>Limoges *8,2* | | | Lorient *7,2*<br>Clichy *7,9* | | | | | |
| | Villes ayant présenté une moyenne inférieure à 0,8 | | | | Amiens *0,5*<br>Saint-Quentin *0,6*<br>Le Mans *0,7*<br>Saint-Nazaire *0,3*<br>Bourges *0,4*<br>Clermont-Ferrand. *0,4*<br>Cannes *0,3*<br>Pau *0,6* | | | Brest *0,6*<br>Laval *0,7*<br>Troyes *0,4*<br>Dijon *0,6*<br>La Rochelle *0,3*<br>Clermont-Ferrand. *0,4*<br>Montluçon *0,6*<br>Cannes *0,3* | | | Caen *0,4*<br>Rennes *0,4*<br>Laval *0,3*<br>Le Mans *0,6*<br>Troyes *0,2*<br>Besançon *0,5*<br>Dijon *0,4*<br>Bourges *0,4*<br>Le Creusot *0,3*<br>Lyon *0,4*<br>Grenoble *0,7*<br>Cannes *0,3*<br>Toulouse *0,6*<br>Montauban *0,3*<br>Pau *0,6* | | |

STATISTIQUE SANITAIRE DES VILLES DE FRANCE

# VII

# DÉCÈS PAR VARIOLE

## DE 1901 A 1905

et comparaison avec les trois périodes précédentes.

## NOMBRES ABSOLUS ET PROPORTIONNELS

***Villes de plus de 5.000 habitants.***

I. — RÉPARTITION GÉNÉRALE ANNUELLE PAR GROUPES DE VILLES

***Villes de plus de 30.000 habitants.***

II. — RÉPARTITION ANNUELLE PAR GROUPES DE VILLES ET PAR AGES

III. — RÉPARTITION PAR VILLES

IV. — RÉSULTATS GÉNÉRAUX ET RÉCAPITULATIFS

# DÉCÈS PAR VARIOLE DE 1901 À 1905

| GROUPES DE VILLES | GROUPES D'AGE | 1901 Nombre absolu. | 1901 Proportion. | 1902 Nombre absolu. | 1902 Proportion. | 1903 Nombre absolu. | 1903 Proportion. | 1904 Nombre absolu. | 1904 Proportion. | 1905 Nombre absolu. | 1905 Proportion. |
|---|---|---|---|---|---|---|---|---|---|---|---|
| **I. — RÉPARTITION GÉNÉRALE PAR GROUPES DE VILLES DE PLUS DE 5.000 HABITANTS** | | | | | | | | | | | |
| PROPORTIONS POUR 10.000 HABITANTS | | | | | | | | | | | |
| I. Paris | | 418 | *1,6* | 88 | *0,3* | 21 | *0,1* | 65 | *0,2* | 117 | *0,4* |
| II. Villes de 100.001 à 518.000 habitants | | 120 | *0,4* | 1.812 | *6,8* | 1.413 | *5,3* | 138 | *0,5* | 42 | *0,1* |
| III. Villes de 30.001 à 100.000 habitants | | 191 | *0,7* | 304 | *1,1* | 424 | *1,5* | 314 | *1,1* | 27 | *0,1* |
| IV. Villes de 20.001 à 30.000 habitants | | 122 | *0,9* | 53 | *0,4* | 143 | *1,1* | 31 | *0,2* | 24 | *0,2* |
| V. Villes de 10.001 à 20.000 habitants | | 88 | *0,4* | 84 | *0,4* | 232 | *1,1* | 110 | *0,5* | 32 | *0,1* |
| VI. Villes de 5.001 à 10.000 habitants | | 78 | *0,3* | 212 | *0,9* | 117 | *0,5* | 77 | *0,3* | 50 | *0,2* |
| TOTAUX GÉNÉRAUX | Villes de plus de 10.000 h. | 939 | *0,8* | 2.341 | *2,1* | 2.233 | *1,9* | 658 | *0,6* | 242 | *0,2* |
| | Villes de plus de 5.000 h. | 1.017 | *0,7* | 2.553 | *1,8* | 2.350 | *1,7* | 735 | *0,5* | 292 | *0,2* |
| **II. — RÉPARTITION PAR GROUPES D'AGES DANS LES VILLES DE PLUS DE 30.000 HABITANTS** | | | | | | | | | | | |
| PROPORTIONS POUR 10.000 INDIVIDUS DE CHAQUE GROUPE | | | | | | | | | | | |
| I. Paris | de 0 à 1 an | 45 | *12,9* | 15 | *4,1* | 2 | *0,5* | 10 | *2,5* | 9 | *2,2* |
| | de 1 à 19 ans | 49 | *0,7* | 7 | *0,1* | 4 | *0,1* | 10 | *0,1* | 18 | *0,3* |
| | de 20 à 39 ans | 182 | *1,7* | 38 | *0,3* | 9 | *0,1* | 22 | *0,2* | 45 | *0,4* |
| | de 40 à 59 ans | 112 | *1,7* | 23 | *0,4* | 5 | *0,1* | 20 | *0,3* | 37 | *0,6* |
| | de 60 ans et au-dessus | 30 | *1,0* | 5 | *0,2* | 1 | *0,0* | 3 | *0,1* | 8 | *0,4* |
| II. Villes de 100.001 à 518.000 habit. | de 0 à 1 an | 15 | *3,4* | 283 | *60,4* | 217 | *43,9* | 18 | *3,5* | 6 | *1,1* |
| | de 1 à 19 ans | 50 | *0,6* | 792 | *10,0* | 632 | *8,0* | 40 | *0,5* | 11 | *0,1* |
| | de 20 à 39 ans | 41 | *0,4* | 452 | *4,7* | 369 | *3,8* | 42 | *0,4* | 12 | *0,1* |
| | de 40 à 59 ans | 12 | *0,2* | 227 | *3,8* | 143 | *2,4* | 29 | *0,5* | 12 | *0,2* |
| | de 60 ans et au-dessus | 2 | *0,1* | 58 | *2,4* | 52 | *2,1* | 9 | *0,4* | 1 | *0,0* |
| III. Villes de 30.001 à 100.000 habit. | de 0 à 1 an | 28 | *6,2* | 52 | *11,1* | 68 | *14,1* | 50 | *10,1* | 6 | *1,2* |
| | de 1 à 19 ans | 52 | *0,6* | 85 | *1,0* | 142 | *1,7* | 90 | *1,1* | 5 | *0,0* |
| | de 20 à 39 ans | 60 | *0,6* | 80 | *0,8* | 128 | *1,3* | 86 | *0,9* | 11 | *0,1* |
| | de 40 à 59 ans | 37 | *0,6* | 60 | *1,0* | 59 | *1,0* | 59 | *1,0* | 4 | *0,1* |
| | de 60 ans et au-dessus | 14 | *0,5* | 27 | *1,0* | 27 | *1,0* | 29 | *1,1* | 1 | *0,0* |

| | Années. | 0 à 1 an. | 1 à 19 ans. | 20 à 39 ans. | 40 à 50 ans. | 60 ans et au-dessus. |
|---|---|---|---|---|---|---|
| RÉCAPITULATION PAR PÉRIODES (Nombres absolus.) | 1901 | 88 | 151 | 283 | 161 | 46 |
| | 1902 | 850 | 884 | 570 | 310 | 90 |
| | 1903 | 287 | 778 | 506 | 207 | 80 |
| | 1904 | 78 | 140 | 150 | 108 | 41 |
| | 1905 | 21 | 34 | 68 | 53 | 10 |
| TOTAUX | (5 ans.) | 824 | 1.987 | 1.577 | 839 | 267 |

# MORTALITÉ PAR VARIOLE DE 1901 A 1905

## III. — RÉPARTITION DANS LES VILLES DE PLUS DE 30.000 HABITANTS

PROPORTIONS POUR 10.000 HABITANTS PAR COMPARAISON AVEC LES TROIS PÉRIODES PRÉCÉDENTES

| NUMÉROS d'ordre | DÉPARTEMENTS par groupement géographique du nord au sud. | NOMS DES VILLES | NOMBRES ABSOLUS 1901 | 1902 | 1903 | 1904 | 1905 | TOTAL | MOYENNE annuelle | PROPORTION 1886-90 | 1891-95 | 1896-1900 | 1901-05 |
|---|---|---|---|---|---|---|---|---|---|---|---|---|---|
| 1 | Nord | Dunkerque | - | 6 | 1 | - | - | 7 | 1 | *0,0* | *0,2* | - | *0,3* |
| 2 | | Tourcoing | 1 | 8 | 35 | 8 | - | 52 | 10 | *0,0* | *2,4* | *0,1* | *1,2* |
| 3 | | Roubaix | 1 | 38 | 15 | - | - | 54 | 11 | *0,0* | *3,8* | - | *0,9* |
| 4 | | Lille | 2 | 669 | 92 | 2 | - | 765 | 153 | *1,3* | *2,2* | *0,0* | *7,3* |
| 5 | | Valenciennes | - | 16 | 5 | - | - | 21 | 4 | *1,8* | *1,8* | *0,1* | *1,3* |
| 6 | | Douai | 2 | 17 | - | - | - | 19 | 4 | *2,0* | *0,0* | - | *1,2* |
| 7 | Pas-de-Calais | Calais | - | 2 | 1 | - | - | 3 | 1 | *7,8* | *0,5* | - | *0,2* |
| 8 | | Boulogne-sur-mer | - | - | 5 | - | - | 5 | 1 | - | *2,8* | - | *0,2* |
| 9 | Somme | Amiens | 13 | 21 | 13 | 5 | 1 | 143 | 29 | *5,7* | *0,1* | - | *3,2* |
| 10 | Aisne | Saint-Quentin | 2 | 57 | - | - | - | 59 | 12 | - | *0,0* | - | *2,3* |
| 11 | Seine-inférieure | Le Havre | - | - | - | - | - | - | - | *4,8* | *1,5* | - | - |
| 12 | | Rouen | 1 | 7 | 24 | 49 | 16 | 97 | 19 | *1,9* | *1,6* | *0,1* | *1,6* |
| 13 | Calvados | *Caen** | - | 2 | - | 5 | - | 7 | 1 | » | *0,9* | *0,4* | *0,2* |
| 14 | Manche | *Cherbourg** | 2 | - | - | - | - | 2 | 0,4 | » | *4,8* | *0,0* | *0,1* |
| 15 | Ille-et-Vilaine | Rennes | - | - | 5 | 14 | - | 19 | 4 | *2,5* | *0,1* | - | *0,5* |
| 16 | Finistère | Brest | - | - | 77 | 26 | 1 | 104 | 21 | *12,6* | *0,0* | *1,5* | *2,5* |
| 17 | Morbihan | Lorient | - | - | 1 | - | - | 1 | 0,2 | *11,7* | *0,0* | *0,5* | *0,0* |
| 18 | Loire-inférieure | Saint-Nazaire | - | - | - | - | - | - | - | *6,2* | *0,6* | *0,9* | - |
| 19 | | Nantes | - | - | - | - | 23 | 23 | 5 | *0,6* | *1,0* | *0,0* | *0,4* |
| 20 | Maine-et-Loire | *Angers** | 43 | 11 | - | 1 | - | 55 | 11 | » | » | » | *1,3* |
| 21 | Mayenne | Laval | - | 4 | 2 | - | - | 6 | 1 | *2,0* | - | *0,1* | *0,3* |
| 22 | Sarthe | Le Mans | 2 | 11 | - | - | - | 13 | 3 | *0,7* | *0,0* | *0,0* | *0,5* |
| 23 | Indre-et-Loire | Tours | 27 | 5 | - | - | - | 32 | 6 | *3,0* | *0,2* | *0,3* | *0,9* |
| 24 | Loiret | Orléans | 2 | - | - | 6 | - | 8 | 2 | *0,6* | *0,3* | *0,0* | *0,3* |
| 25 | Seine-et-Oise | Versailles | 5 | - | - | - | - | 5 | 1 | *0,8* | *0,2* | *0,7* | *0,2* |
| 26 | Seine | Boulogne-sur-Seine | 4 | 8 | 2 | 3 | - | 17 | 3 | *0,6* | *0,6* | *0,2* | *0,6* |
| 27 | | Paris | 418 | 88 | 21 | 65 | 117 | 709 | 142 | *0,9* | *0,4* | *0,2* | *0,5* |
| 28 | | Neuilly-sur-Seine | 1 | - | - | - | - | 1 | 0,2 | *0,4* | *0,0* | - | *0,0* |
| 29 | | Asnières | 3 | 2 | - | - | 1 | 6 | 1 | *0,2* | *0,5* | *0,4* | *0,3* |
| 30 | | Levallois-Perret | 9 | - | - | - | 1 | 10 | 2 | *0,8* | *1,8* | *0,2* | *0,3* |
| 31 | | Clichy | - | 1 | 1 | - | - | 2 | 0,4 | *1,1* | *0,6* | - | *0,1* |
| 32 | | Saint-Ouen | 4 | 1 | 1 | - | 1 | 7 | 1 | *0,8* | *0,3* | *0,3* | *0,3* |
| 33 | | Saint-Denis | 3 | 1 | 1 | 5 | 4 | 14 | 3 | *3,7* | *1,1* | *0,5* | *0,5* |
| 34 | | Aubervilliers | 23 | 7 | 4 | 2 | 8 | 44 | 9 | *3,4* | *2,3* | *1,0* | *2,8* |
| 35 | | Vincennes | 2 | - | - | - | - | 2 | 0,4 | *0,4* | *0,1* | - | *0,1* |
| 36 | | Montreuil-sous-Bois | 1 | - | - | - | 1 | 2 | 0,4 | *0,9* | *1,2* | *0,3* | *0,1* |
| 37 | Aube | Troyes | 1 | - | - | 25 | - | 26 | 5 | *0,6* | - | - | *0,9* |
| 38 | Marne | Reims | - | 24 | - | 1 | - | 25 | 5 | *3,4* | *0,6* | - | *0,5* |
| 39 | Meurthe-et-Moselle | Nancy | 5 | 1 | - | 1 | - | 7 | 1 | *0,6* | *0,6* | - | *0,1* |
| 40 | Haut-Rhin | Belfort | 2 | - | - | - | - | 2 | 0,4 | *1,3* | *1,1* | - | *0,1* |
| 41 | Doubs | Besançon | - | - | - | - | - | - | - | *1,1* | *1,6* | *0,0* | - |
| 42 | Côte-d'Or | Dijon | - | - | 6 | 6 | - | 12 | 2 | *0,3* | *1,4* | *1,3* | *0,3* |
| 43 | Cher | Bourges | - | - | - | - | - | - | - | *4,3* | *0,2* | - | - |
| 44 | Vienne | *Poitiers** | 1 | » | » | » | » | 1 | » | » | » | » | » |
| 45 | Charente-inférieure | Rochefort | - | - | - | - | 1 | 1 | 0,2 | *1,9* | *0,9* | *0,3* | *0,0* |
| 46 | | La Rochelle | - | 3 | - | - | - | 3 | 1 | - | *0,1* | - | *0,3* |
| 47 | Gironde | Bordeaux | - | 2 | 17 | - | 1 | 20 | 4 | *0,4* | *3,1* | *0,1* | *0,1* |
| 48 | Dordogne | Périgueux | - | - | - | - | - | - | - | *1,0* | *7,1* | - | - |
| 49 | Charente | Angoulême | 4 | - | - | - | - | 4 | 1 | *0,3* | *3,0* | *0,3* | *0,3* |
| 50 | Haute-Vienne | Limoges | - | - | 24 | 31 | - | 55 | 11 | *0.3* | *4.2* | *0.0* | *1,3* |
| 51 | Puy-de-Dôme | Clermont-Ferrand | - | - | - | - | 1 | 1 | 0,2 | *2,5* | *1.4* | *0,2* | *0,0* |
| 52 | Allier | Montluçon | 6 | - | 22 | - | - | 28 | 6 | *2,9* | *0,7* | - | *1,7* |
| 53 | Saône-et-Loire | Le Creusot | - | 8 | - | - | - | 8 | 2 | *7,2* | - | *0,0* | *0,6* |
| 54 | Loire | Roanne | - | - | - | - | - | - | - | *4,0* | *2,8* | *0,3* | - |
| 55 | | Saint-Étienne | - | - | - | - | - | - | - | *4,4* | *0,9* | *0,1* | - |
| 56 | Rhône | Lyon | 2 | - | 1 | 3 | - | 6 | 1 | *0,7* | *0,1* | *0,3* | *0,0* |
| 57 | Isère | Grenoble | 6 | - | 5 | 1 | 7 | 19 | 4 | *2,5* | *0,3* | - | *0,6* |
| 58 | Alpes-maritimes | Nice | 34 | 412 | - | - | - | 446 | 89 | *6,1* | *0.4* | *0,5* | *7,4* |
| 59 | | Cannes | - | 27 | 30 | - | - | 57 | 11 | *1,3* | *4,2* | *0,3* | *3,7* |
| 60 | Var | Toulon | 42 | 296 | 114 | - | - | 452 | 90 | *4,7* | *3,0* | *5,4* | *8,7* |
| 61 | Vaucluse | Avignon | - | 1 | 65 | - | - | 66 | 13 | *6,5* | *0,9* | *0,9* | *2,7* |
| 62 | Gard | Nimes | 1 | - | 73 | 26 | - | 100 | 20 | *1,1* | *4.5* | *0,2* | *2,5* |
| 63 | Bouches-du-Rhône | Marseille | 33 | 362 | 1.141 | 82 | 2 | 1.620 | 324 | *15,2* | *6,6* | *7,2* | *6,4* |
| 64 | Hérault | Montpellier | 4 | 14 | 2 | 53 | - | 73 | 15 | *6,0* | *1,4* | *0,3* | *2,0* |
| 65 | | Cette | 13 | 48 | 14 | - | - | 75 | 15 | *15,3* | - | *11,3* | *4,5* |
| 66 | | Béziers | 4 | 21 | 18 | - | - | 43 | 9 | *12,8* | *0,2* | *0,4* | *1,7* |
| 67 | Pyrénées-orientales | Perpignan | - | - | 10 | 7 | - | 17 | 3 | *9,7* | *0,0* | *0,3* | *0,8* |
| 68 | Aude | Carcassonne | - | 1 | - | - | - | 1 | 0,2 | *2,2* | - | *0,7* | *0,1* |
| 69 | Haute-Garonne | Toulouse | - | 1 | 9 | - | - | 10 | 2 | *3,4* | *0,1* | *0,0* | *0,1* |
| 70 | Tarn-et-Garonne | Montauban | - | 1 | - | - | - | 1 | 0,2 | *0,7* | *0,3* | *0,3* | *0,1* |
| 71 | Basses-Pyrénées | Pau | - | - | 1 | - | - | 1 | 0,2 | *0,0* | *1,5* | - | *0,0* |

(*) Renseignements incomplets pour tout ou partie des périodes.

## IV. — RÉSULTATS GÉNÉRAUX ET RÉCAPITULATIFS PAR PÉRIODES

| | PÉRIODE 1886-90 5 ans (sauf exceptions indiquées). | | | PÉRIODE 1891-95 5 ans. | | | PÉRIODE 1896-1900 5 ans. | | | PÉRIODE 1901-05 5 ans. | | |
|---|---|---|---|---|---|---|---|---|---|---|---|---|
| | NOMBRES ABSOLUS | | Proportion pour 10.000 habit. | NOMBRES ABSOLUS | | Proportion pour 10.000 habit. | NOMBRES ABSOLUS | | Proportion pour 10.000 habit. | NOMBRES ABSOLUS | | Proportion pour 10.000 habit. |
| | Total. | Moyenne annuelle. | | Total. | Moyenne annuelle. | | Total. | Moyenne annuelle. | | Total. | Moyenne annuelle | |
| **I Répartition générale par périodes.** | | | | | | | | | | | | |
| Vil. de plus de 30.000 h. | 9.075 | 1.815 | *2,8* | 4.547 | 909 | *1,3* | 2.785 | 557 | *0,7* | 5.494 | 1.099 | *1,3* |
| Vil. de 10.001 à 30.000 h. | 3.677 | 735 | *2,4* | 2.622 | 524 | *1,0* | 1.039 | 208 | *0,4* | 1.453 | 290 | *0,5* |
| Vil. de 5,001 à 10.000 h. (*) 2 ans. | *742 | 371 | *2,1* | | | | | | | | | |
| TOTAUX.... | 13.494 | 2.921 | *2,5* | 7.169 | 1.433 | *1,1* | 3.824 | 765 | *0,6* | 6.947 | 1.389 | *1,0* |
| Proportions extrêmes. | 3,8 en 1888<br>1,3 en 1890 | | | 1,5 en 1891<br>0,8 en 1895 | | | 1,3 en 1900<br>0,1 en 1897-98 | | | 1,8 en 1902<br>0,2 en 1905 | | |
| Proportion par rapport au nombre des décès de toutes causes | 1,0 0/0<br>1 sur 99 | | | 0,5 0/0<br>1 sur 204 | | | 0,3 0/0<br>1 sur 370,6 | | | 0,5 0/0<br>1 sur 203,4 | | |
| **II Répartition par groupes de villes.** | | | | | | | | | | | | |
| I. Paris | 1.061 | 212 | *0,9* | 524 | 105 | *0,4* | 258 | 52 | *0,2* | 709 | 142 | *0,5* |
| II. V. de 100.001 à 518.000 h. | 4.419 | 884 | *4,3* | 2.622 | 524 | *2,4* | 1.807 | 361 | *1,5* | 3.525 | 705 | *2,6* |
| III. V. de 30.001 à 100.000 h. | 3.595 | 719 | *3,5* | 1.401 | 280 | *1,2* | 720 | 144 | *0,6* | 1.260 | 252 | *0,9* |
| IV. V. de 20.001 à 30.000 h. | 1.276 | 255 | *3,1* | 668 | 134 | *1,1* | 401 | 80 | *0,6* | 373 | 74 | *0,6* |
| V. V. de 10.001 à 20.000 h. | 2.401 | 480 | *2,6* | 1.128 | 225 | *1,2* | 433 | 87 | *0,4* | 546 | 109 | *0,5* |
| VI. V. de 5.001 à 10.000 h. (*) 2 ans. | *742 | 371 | *2,1* | 826 | 165 | *0,7* | 205 | 41 | *0,3* | 534 | 107 | *0,4* |
| **III Répart. p. gr. d'âges dans les v. de plus de 30.000 habit.** Proport. p. 10.000 de ch. groupe. | | | | | | | | | | | | |
| de 0 à 1 an | *1.037 | 259 | *29,1* | 771 | 154 | *15,5* | 428 | 86 | *8,1* | 824 | 165 | *12,1* |
| de 1 à 19 ans | 2.471 | 618 | *3,3* | 1.755 | 351 | *1,7* | 1.199 | 240 | *1,1* | 1.987 | 397 | *1,7* |
| de 20 à 39 ans | 1.600 | 400 | *1,6* | 1.187 | 237 | *0,9* | 746 | 149 | *0,5* | 1.577 | 316 | *1,0* |
| de 40 à 59 ans | 772 | 193 | *1,3* | 634 | 127 | *0,8* | 325 | 65 | *0,4* | 839 | 168 | *0,9* |
| de 60 et au-dessus | 199 | 50 | *0,8* | 200 | 40 | *0,6* | 87 | 17 | *0,3* | 267 | 53 | *0,7* |

(*) 1re période : 4 ans (1887-90).

**IV Répartition par villes** de plus de 30.000 habit. Moyennes annuelles et proportions pour 10.000 habitants.

| | PÉRIODE 1886-90 | PÉRIODE 1891-95 | PÉRIODE 1896-1900 | PÉRIODE 1901-05 |
|---|---|---|---|---|
| Moyenne générale annuelle | de 0 décès à 15,3 | de 0 décès à 7,1 | de 0 décès à 11,3 | de 0 décès à 8,7 |
| Villes ayant présenté une moyenne supérieure à 4,8 | Calais *7,8* | | | Lille *7,3* |
| | Amiens *5,7* | | | |
| | Brest *12,6* | | | |
| | Lorient *11,7* | | | |
| | Saint-Nazaire *6,2* | | | |
| | Le Creusot *7,2* | | | |
| | | Périgueux *7,1* | Toulon *5,4* | Toulon *8,7* |
| | Nice *6,1* | | | Nice *7,4* |
| | Avignon *6,5* | | | |
| | Marseille *15,2* | Marseille *6,6* | Marseille *7,2* | Marseille *6,4* |
| | Montpellier *6,0* | | | |
| | Cette *15,3* | | Cette *11,3* | |
| | Béziers *12,8* | | | |
| | Perpignan *9,7* | | | |
| Villes ayant présenté pendant toute la durée des quatre périodes une moyenne inférieure à 1,0 ou n'ayant eu aucun décès | Dunkerque *0,0* | *0,2* | - | *0,3* |
| | Caen » | *0,9* | *0,4* | *0,2* |
| | Le Mans *0,7* | *0,0* | *0,0* | *0,5* |
| | Orléans *0,6* | *0,3* | *0,0* | *0,3* |
| | Versailles *0,8* | *0,2* | *0,7* | *0,2* |
| | Boulogne-sur-S. *0,6* | *0,6* | *0,2* | *0,6* |
| | Paris *0,9* | *0,4* | *0,2* | *0,5* |
| | Neuilly-sur-Seine *0,4* | *0,0* | - | *0,0* |
| | Asnières *0,2* | *0,5* | *0,4* | *0,3* |
| | Saint-Ouen *0,8* | *0,3* | *0,3* | *0,3* |
| | Vincennes *0,4* | *0,1* | - | *0,1* |
| | Troyes *0,6* | - | - | *0,9* |
| | Nancy *0,6* | *0,6* | - | *0,1* |
| | La Rochelle - | *0,1* | - | *0,3* |
| | Lyon *0,7* | *0,1* | *0,3* | *0,0* |
| | Montauban *0,7* | *0,3* | *0,3* | *0,1* |

STATISTIQUE SANITAIRE DES VILLES DE FRANCE

# VIII

# DÉCÈS PAR SCARLATINE

## DE 1901 A 1905

et comparaison avec les trois périodes précédentes.

## NOMBRES ABSOLUS ET PROPORTIONNELS

***Villes de plus de 5.000 habitants.***

I. — RÉPARTITION GÉNÉRALE ANNUELLE PAR GROUPES DE VILLES

***Villes de plus de 30.000 habitants.***

II. — RÉPARTITION ANNUELLE PAR GROUPES DE VILLES ET PAR AGES

III. — RÉPARTITION PAR VILLES

IV. — RÉSULTATS GÉNÉRAUX ET RÉCAPITULATIFS

# DECÈS PAR SCARLATINE DE 1901 A 1905

| GROUPES DE VILLES | D'AGE | 1901 Nombre absolu. | 1901 Proportion. | 1902 Nombre absolu. | 1902 Proportion. | 1903 Nombre absolu. | 1903 Proportion. | 1904 Nombre absolu. | 1904 Proportion. | 1905 Nombre absolu. | 1905 Proportion. |
|---|---|---|---|---|---|---|---|---|---|---|---|
| **I. — RÉPARTITION GÉNÉRALE PAR GROUPES DE VILLES DE PLUS DE 5.000 HABITANTS** | | | | | | | | | | | |
| PROPORTIONS POUR 10.000 HABITANTS | | | | | | | | | | | |
| I. Paris | | 115 | *0,4* | 132 | *0,5* | 137 | *0,5* | 76 | *0,3* | 43 | *0,2* |
| II. Villes de 100.001 à 518.000 habitants | | 84 | *0,3* | 90 | *0,3* | 112 | *0,4* | 85 | *0,3* | 74 | *0,3* |
| III. Villes de 30.001 à 100.000 habitants | | 116 | *0,4* | 76 | *0,3* | 92 | *0,3* | 87 | *0,3* | 47 | *0,2* |
| IV. Villes de 20.001 à 30.000 habitants | | 41 | *0,3* | 41 | *0,3* | 40 | *0,3* | 24 | *0,2* | 32 | *0,2* |
| V. Villes de 10.001 à 20.000 habitants | | 68 | *0,3* | 71 | *0,3* | 61 | *0,3* | 56 | *0,3* | 43 | *0,2* |
| VI. Villes de 5.001 à 10.000 habitants | | 126 | *0,5* | 101 | *0,4* | 54 | *0,2* | 82 | *0,3* | 69 | *0,3* |
| Totaux généraux | Villes de plus de 10.000 h. | 424 | *0,4* | 410 | *0,4* | 442 | *0,4* | 328 | *0,3* | 239 | *0,2* |
| | Villes de plus de 5.000 h. | 550 | *0,4* | 511 | *0,4* | 496 | *0,4* | 410 | *0,3* | 308 | *0,2* |
| **II. — RÉPARTITION PAR GROUPES D'AGES DANS LES VILLES DE PLUS DE 30.000 HABITANTS** | | | | | | | | | | | |
| PROPORTIONS POUR 10.000 INDIVIDUS DE CHAQUE GROUPE | | | | | | | | | | | |
| I. Paris | de 0 à 1 an | 5 | *1,4* | 5 | *1,4* | 3 | *0,8* | 2 | *0,5* | 5 | *1,1* |
| | de 1 à 19 ans | 82 | *1,2* | 102 | *1,5* | 121 | *1,8* | 55 | *0,8* | 33 | *0,5* |
| | de 20 à 39 ans | 24 | *0,2* | 21 | *0,2* | 11 | *0,1* | 14 | *0,1* | 5 | *0,0* |
| | de 40 à 59 ans | 3 | *0,0* | 4 | *0,1* | 2 | *0,0* | 4 | *0,1* | - | - |
| | de 60 ans et au-dessus | 1 | *0,0* | - | - | - | - | 1 | *0,0* | - | - |
| II. Villes de 100.001 à 518.000 habit. | de 0 à 1 an | 6 | *1,3* | 9 | *1,9* | 2 | *0,4* | 7 | *1,3* | 5 | *0,9* |
| | de 1 à 19 ans | 54 | *0,7* | 56 | *0,7* | 89 | *1,1* | 68 | *0,9* | 59 | *0,7* |
| | de 20 à 39 ans | 22 | *0,2* | 23 | *0,2* | 18 | *0,2* | 8 | *0,1* | 9 | *0,1* |
| | de 40 à 59 ans | 2 | *0,0* | 2 | *0,0* | 3 | *0,0* | 2 | *0,0* | 1 | *0,0* |
| | de 60 ans et au-dessus | - | - | - | - | - | - | - | - | - | - |
| III. Villes de 30.001 à 100.000 habit. | de 0 à 1 an | 23 | *5,1* | 14 | *3,0* | 6 | *1,2* | 10 | *2,0* | 4 | *0,8* |
| | de 1 à 19 ans | 63 | *0,7* | 50 | *0,6* | 67 | *0,8* | 65 | *0,8* | 40 | *0,5* |
| | de 20 à 39 ans | 26 | *0,3* | 11 | *0,1* | 18 | *0,2* | 11 | *0,1* | 3 | *0,3* |
| | de 40 à 59 ans | 4 | *0,1* | 1 | *0,0* | 1 | *0,0* | 1 | *0,0* | - | - |
| | de 60 ans et au-dessus | - | - | - | - | - | - | - | - | - | - |

| | Années. | 0 à 1 an. | 1 à 19 ans. | 20 à 39 ans. | 40 à 59 ans. | 60 ans et au-dessus. |
|---|---|---|---|---|---|---|
| Récapitulation par périodes (Nombres absolus.) | 1901 | 34 | 199 | 72 | 9 | 1 |
| | 1902 | 28 | 208 | 55 | 7 | - |
| | 1903 | 11 | 277 | 47 | 6 | - |
| | 1904 | 19 | 188 | 33 | 7 | 1 |
| | 1905 | 14 | 132 | 17 | 1 | - |
| Totaux | (5 ans.) | 106 | 1.004 | 224 | 30 | 2 |

## MORTALITÉ PAR SCARLATINE DE 1901 A 1905



### III. — RÉPARTITION DANS LES VILLES DE PLUS DE 30.000 HABITANTS

PROPORTIONS POUR 10.000 HABITANTS PAR COMPARAISON AVEC LES TROIS PÉRIODES PRÉCÉDENTES

| NUMÉROS D'ORDRE | DÉPARTEMENTS par GROUPEMENT GÉOGRAPHIQUE du nord au sud. | NOMS DES VILLES | NOMBRES ABSOLUS 1901 | 1902 | 1903 | 1904 | 1905 | TOTAL | MOYENNE annuelle | PROPORTION 1886-90 | 1891-95 | 1896-1900 | 1901-05 |
|---|---|---|---|---|---|---|---|---|---|---|---|---|---|
| 1 | | DUNKERQUE | 2 | 3 | 1 | - | - | 6 | 1 | 1,0 | 0,5 | 0,7 | 0,3 |
| 2 | | TOURCOING | 3 | 2 | 2 | - | 5 | 12 | 2 | 0,0 | 0,9 | 0,1 | 0,2 |
| 3 | Nord | ROUBAIX | 4 | 10 | 14 | 27 | 17 | 72 | 14 | 1,3 | 0,3 | 0,1 | 1,1 |
| 4 | | LILLE | 18 | 7 | 1 | 2 | 6 | 34 | 7 | 0,5 | 0,7 | 0,3 | 0,3 |
| 5 | | VALENCIENNES | - | - | - | - | - | - | - | 0,3 | 0,3 | - | - |
| 6 | | DOUAI | 1 | - | - | - | 1 | 2 | 0,4 | 1,0 | 0,6 | 0,0 | 0,1 |
| 7 | Pas-de-Calais | CALAIS | 1 | 1 | - | - | - | 2 | 0,4 | 0,2 | 0,2 | 0,3 | 0,1 |
| 8 | | BOULOGNE-SUR-MER | 1 | - | 4 | 29 | 2 | 36 | 7 | 0,2 | 0,6 | 0,6 | 1,4 |
| 9 | Somme | AMIENS | 2 | 2 | 4 | 1 | - | 9 | 2 | 1,3 | 0,2 | 0,3 | 0,2 |
| 10 | Aisne | SAINT-QUENTIN | - | 1 | 3 | 1 | - | 5 | 1 | 1,0 | 0,2 | 0,0 | 0,2 |
| 11 | Seine-inférieure | LE HAVRE | 4 | 4 | 9 | 1 | 6 | 24 | 5 | 0,6 | 0,3 | 0,2 | 0,4 |
| 12 | | ROUEN | 6 | 5 | 13 | 4 | 1 | 29 | 6 | 0,4 | 0,4 | 0,6 | 0,5 |
| 13 | Calvados | *Caen** | 1 | - | 6 | - | - | 7 | 1 | » | 0,2 | 0,0 | 0,2 |
| 14 | Manche | *Cherbourg** | - | 1 | - | - | - | 1 | 0,2 | » | 0.2 | 0,2 | 0,0 |
| 15 | Ille-et-Vilaine | RENNES | 3 | 4 | - | - | 1 | 8 | 2 | 0,4 | 0,6 | 0,4 | 0,3 |
| 16 | Finistère | BREST | 20 | 3 | 1 | - | - | 24 | 5 | 0,5 | 0,1 | 0,9 | 0,6 |
| 17 | Morbihan | LORIENT | 2 | 2 | - | 3 | 1 | 8 | 2 | 0,5 | 0,0 | 0,7 | 0,4 |
| 18 | Loire-inférieure | SAINT-NAZAIRE | - | - | - | - | - | - | - | 0,4 | 0,0 | 0,3 | - |
| 19 | | NANTES | 1 | - | - | 1 | 1 | 3 | 1 | 0,4 | 0,2 | 0,1 | 0.0 |
| 20 | Maine-et-Loire | *Angers** | 4 | » | » | 1 | » | » | » | » | » | » | » |
| 21 | Mayenne | LAVAL | 1 | - | - | - | 1 | 2 | 0,4 | 0,6 | 0,7 | 0,3 | 0,1 |
| 22 | Sarthe | LE MANS | 1 | 3 | 1 | 1 | 1 | 7 | 1 | 0,3 | 0,5 | 0,5 | 0,2 |
| 23 | Indre-et-Loire | TOURS | - | 3 | - | - | - | 3 | 1 | 0,3 | 0,5 | 0,9 | 0,1 |
| 24 | Loiret | ORLÉANS | 4 | - | - | 4 | 1 | 9 | 2 | 1,6 | 1.2 | 0,3 | 0,3 |
| 25 | Seine-et-Oise | VERSAILLES | 1 | 2 | 3 | - | 1 | 7 | 1 | 0,8 | 1,7 | 1,6 | 0,2 |
| 26 | | BOULOGNE-S-SEINE | 2 | 3 | 3 | 2 | - | 10 | 2 | 1,3 | 0,6 | 0,7 | 0,4 |
| 27 | | PARIS | 115 | 132 | 137 | 76 | 43 | 503 | 101 | 1,0 | 0,7 | 0,6 | 0,4 |
| 28 | | NEUILLY-SUR-SEINE | 3 | - | 2 | 1 | 1 | 7 | 1 | 0,7 | 0,6 | 0,3 | 0,3 |
| 29 | | ASNIÈRES | 3 | 3 | - | - | 1 | 7 | 1 | 0,6 | 0,5 | 0,4 | 0.3 |
| 30 | | LEVALLOIS-PERRET | 1 | 3 | 2 | 2 | 4 | 12 | 2 | 0,5 | 1,4 | 0,2 | 0,3 |
| 31 | Seine | CLICHY | 1 | 4 | 3 | - | 1 | 9 | 2 | 0,7 | 0.6 | 0,5 | 0,5 |
| 32 | | SAINT-OUEN | 14 | 10 | 3 | - | 1 | 28 | 6 | 0,8 | 0,7 | 1,8 | 1,6 |
| 33 | | SAINT-DENIS | 1 | 2 | 3 | 3 | 1 | 10 | 2 | 1,2 | 0,8 | 1,0 | 0,3 |
| 34 | | AUBERVILLIERS | 5 | 7 | 2 | 3 | - | 17 | 3 | 1,3 | - | 1,0 | 0,9 |
| 35 | | VINCENNES | 1 | - | 5 | 1 | - | 7 | 1 | 0,4 | 0,4 | 0,3 | 0,3 |
| 36 | | MONTREUIL-S<sup>s</sup>-BOIS | 2 | 2 | 5 | 2 | 2 | 13 | 3 | 0,4 | 0,8 | 0.3 | 0,9 |
| 37 | Aube | TROYES | 1 | - | - | - | 1 | 2 | 0,4 | 0,2 | 0,2 | 0,0 | 0,1 |
| 38 | Marne | REIMS | 3 | 14 | 9 | 1 | 5 | 32 | 6 | 1,4 | 0,3 | 0,2 | 0,5 |
| 39 | Meurthe-et-Moselle | NANCY | 14 | 17 | 8 | - | 6 | 45 | 9 | 0,6 | 1,3 | 0,7 | 0.8 |
| 40 | Haut-Rhin | BELFORT | 1 | - | - | - | - | 1 | 0,2 | 0,4 | 1,5 | 0,1 | 0,0 |
| 41 | Doubs | BESANÇON | 7 | - | - | - | - | 7 | 1 | 2,6 | 0,7 | 0,3 | 0,2 |
| 42 | Côte-d'Or | DIJON | - | 2 | - | - | 3 | 5 | 1 | 1,1 | 0,4 | 1,0 | 0,1 |
| 43 | Cher | BOURGES | 3 | - | 2 | - | - | 5 | 1 | 1,8 | 0,0 | 1,1 | 0,2 |
| 44 | Vienne | *Poitiers** | 2 | 1 | - | - | - | 3 | 1 | » | » | » | 0,2 |
| 45 | Charente-inférieure | ROCHEFORT | - | - | 1 | 6 | 3 | 10 | 2 | 0,9 | 0,6 | 0,6 | 0,5 |
| 46 | | LA ROCHELLE | - | - | 1 | 1 | - | 2 | 0,4 | 0,4 | 0,3 | - | 0,1 |
| 47 | Gironde | BORDEAUX | 5 | 6 | 8 | 3 | 3 | 25 | 5 | 0,4 | 0,3 | 0,3 | 0,2 |
| 48 | Dordogne | PÉRIGUEUX | 1 | - | - | 2 | - | 3 | 1 | 0,3 | 0,6 | 0,6 | 0,3 |
| 49 | Charente | ANGOULÊME | 3 | - | - | - | - | 3 | 1 | 0,8 | 1,6 | 0,8 | 0,3 |
| 50 | Haute-Vienne | LIMOGES | 3 | 4 | 8 | 3 | 1 | 19 | 4 | 0,8 | 0,9 | 0,4 | 0,5 |
| 51 | Puy-de-Dôme | CLERMONT-FERRAND | 1 | 1 | 1 | 1 | - | 4 | 1 | 1,0 | 0,8 | 1,0 | 0,2 |
| 52 | Allier | MONTLUÇON | 1 | - | 1 | - | - | 2 | 0,4 | 1,0 | 0,3 | 0,3 | 0,1 |
| 53 | Saône-et-Loire | LE CREUSOT | 1 | - | 8 | 1 | 2 | 12 | 2 | 2,2 | 1,3 | 1,3 | 0.6 |
| 54 | Loire | ROANNE | - | 1 | 3 | - | 1 | 5 | 1 | 1,3 | 1,2 | 0,3 | 0,3 |
| 55 | | SAINT-ÉTIENNE | 4 | 2 | 5 | 6 | 1 | 18 | 4 | 1,1 | 0,9 | 0,8 | 0,3 |
| 56 | Rhône | LYON | 10 | 8 | 12 | 17 | 12 | 59 | 12 | 0,8 | 0,6 | 0,5 | 0,3 |
| 57 | Isère | GRENOBLE | 3 | 1 | 6 | 8 | 1 | 19 | 4 | 0,9 | 0,6 | 0,7 | 0,6 |
| 58 | Alpes-maritimes | NICE | 2 | 2 | 7 | 7 | 3 | 21 | 4 | 0,5 | 0,2 | 0,0 | 0,3 |
| 59 | | CANNES | 1 | - | - | 3 | 3 | 7 | 1 | 0,4 | 0,3 | 0,1 | 0,3 |
| 60 | Var | TOULON | - | - | 1 | 7 | 6 | 14 | 3 | 0,4 | 0,5 | 0,5 | 0,3 |
| 61 | Vaucluse | AVIGNON | - | - | 3 | 2 | - | 5 | 1 | 0,5 | 0,9 | 0,2 | 0,3 |
| 62 | Gard | NIMES | 1 | 1 | 1 | 1 | 1 | 5 | 1 | 0,3 | 0,5 | 0,4 | 0,1 |
| 63 | Bouches-du-Rhône | MARSEILLE | 8 | 9 | 18 | 7 | 7 | 49 | 10 | 0,3 | 0,6 | 0,4 | 0,2 |
| 64 | | MONTPELLIER | 2 | 3 | 1 | - | 2 | 8 | 2 | 0,3 | -0,5 | 0,7 | 0,3 |
| 65 | Hérault | CETTE | - | - | 1 | - | - | 1 | 0,2 | 0,0 | 0,3 | 0,6 | 0,0 |
| 66 | | BÉZIERS | - | - | - | 1 | 1 | 2 | 0,4 | 0,7 | 0,0 | 0,2 | 0,1 |
| 67 | Pyrénées-orientales | PERPIGNAN | - | - | 1 | 2 | 1 | 4 | 1 | 0,9 | 0,3 | 0,3 | 0,3 |
| 68 | Aude | CARCASSONNE | - | - | - | - | 1 | 1 | 0,2 | 0,7 | 0,7 | 0,7 | 0,1 |
| 69 | Haute-Garonne | TOULOUSE | 5 | 6 | 7 | 2 | - | 20 | 4 | 0,3 | 0,6 | 0,2 | 0,3 |
| 70 | Tarn-et-Garonne | MONTAUBAN | 1 | 1 | - | - | - | | 0,4 | 0,3 | 0,3 | 0,7 | 0,1 |
| 71 | Basses-Pyrénées | PAU | 4 | - | 1 | 2 | 1 | 8 | 2 | 0,6 | 0,3 | 0,1 | 0,6 |

(*) Renseignements incomplets pour tout ou partie des périodes.

## IV. — RÉSULTATS GÉNÉRAUX ET RÉCAPITULATIFS PAR PÉRIODES

| | PÉRIODE 1886-90 5 ans (sauf exceptions indiquées). | | | PÉRIODE 1891-95 5 ans. | | | PÉRIODE 1896-1900 5 ans. | | | PÉRIODE 1901-05 5 ans. | | |
|---|---|---|---|---|---|---|---|---|---|---|---|---|
| | NOMBRES ABSOLUS | | Proportion pour 10.000 habit. | NOMBRES ABSOLUS | | Proportion pour 10.000 habit. | NOMBRES ABSOLUS | | Proportion pour 10.000 habit. | NOMBRES ABSOLUS | | Proportion pour 10.000 habit. |
| | Total. | Moyenne annuelle. | | Total. | Moyenne annuelle. | | Total. | Moyenne annuelle. | | Total. | Moyenne annuelle. | |
| **I Répartition générale par périodes.** | | | | | | | | | | | | |
| Vil. de plus de 30.000 h. | 2.584 | 517 | *0,8* | 2.152 | 430 | *0,6* | 1.837 | 367 | *0,5* | 1.366 | 273 | *0,3* |
| Vil. de 10.001 à 30.000 h. | 1.166 | 233 | *0,8* | 1.331 | 266 | *0,5* | 1.230 | 246 | *0,4* | 909 | 182 | *0,3* |
| Vil. de 5.001 à 10.000 h. (*) 2 ans. | *288 | 144 | *0,6* | | | | | | | | | |
| TOTAUX | 4.038 | 894 | *0,7* | 3.483 | 696 | *0,5* | 3.067 | 613 | *0,5* | 2.275 | 455 | *0,3* |
| Proportions extrêmes. | 0,9 — 0,6 | | | 0,6 — 0,5 | | | 0,6 — 0,3 | | | 0,4 — 0,2 | | |
| Proportion par rapport au nombre des décès de toutes causes. | 0,3 0/0 1 sur 323,6 | | | 0,2 0/0 1 sur 420 | | | 0,2 0/0 1 sur 462,5 | | | 0,16 0/0 1 sur 621,3 | | |
| **II Répartition par groupes de villes.** | | | | | | | | | | | | |
| I. Paris | 1.213 | 243 | *1,0* | 866 | 173 | *0,7* | 753 | 150 | *0,6* | 503 | 101 | *0,4* |
| II. V. de 100.001 à 518.000 h | 651 | 130 | *0,6* | 590 | 118 | *0,5* | 438 | 88 | *0,4* | 445 | 89 | *0,3* |
| III. V. de 30.001 à 100.000 h | 720 | 144 | *0,7* | 696 | 139 | *0,6* | 646 | 129 | *0,5* | 418 | 84 | *0,3* |
| IV. V. de 20.001 à 30.000 h. | 474 | 95 | *0,8* | 346 | 69 | *0,5* | 285 | 57 | *0,4* | 178 | 35 | *0,3* |
| V. V. de 10.001 à 20.000 h. | 692 | 138 | *0,7* | 477 | 95 | *0,5* | 381 | 76 | *0,4* | 299 | 60 | *0,3* |
| VI. V. de 5.001 à 10.000 h.. (*) 2 ans. | *288 | 144 | *0,6* | 508 | 102 | *0,4* | 564 | 113 | *0,5* | 432 | 86 | *0,3* |
| **III Répart. p. gr. d'âges** dans les v. de plus de 30.000 h. Proport. p. 10.000 de ch. groupe. | | | | | | | | | | | | |
| de 0 à 1 an | *164 | 41 | *4,6* | 116 | 23 | *2,3* | 86 | 17 | *1,6* | 106 | 21 | *1,5* |
| de 1 à 19 ans | 1.337 | 334 | *1,8* | 1.543 | 309 | *1,5* | 1.279 | 256 | *1,2* | 1.004 | 201 | *0,9* |
| de 20 à 39 ans | 319 | 80 | *0,3* | 434 | 87 | *0,3* | 408 | 81 | *0,3* | 224 | 45 | *0,1* |
| de 40 à 59 ans | 50 | 12 | *0,1* | 47 | 9 | *0,0* | 48 | 10 | *0,0* | 30 | 6 | *0,0* |
| de 60 et au-dessus. | 10 | 2 | *0,0* | 12 | 2 | *0,0* | 16 | 3 | *0,0* | 2 | 0,4 | *0,0* |

(*) 1re période : 4 ans (1887-90).

| **IV Répartition par villes** de plus de 30.000 habit. Moyennes annuelles et proportions pour 10.000 habitants. | PÉRIODE 1886-90 | PÉRIODE 1891-95 | PÉRIODE 1896-1900 | PÉRIODE 1901-05 |
|---|---|---|---|---|
| Moyenne générale annuelle | de 0 décès à 2,6 | de 0 décès à 1,7 | de 0 décès à 1,8 | de 0 décès à 1,6 |
| Villes ayant présenté une moyenne supérieure à 1,0 | Roubaix *1,3* | | | Roubaix *1,1* |
| | | | | Boulogne-sur-Mer *1,4* |
| | Amiens *1,3* | | | |
| | Orléans *1,6* | Orléans *1,2* | | |
| | Boulogne-s-Seine *1,3* | | | |
| | | Versailles *1,7* | Versailles *1,6* | |
| | | | Saint-Ouen *1,8* | Saint-Ouen *1,6* |
| | Saint-Denis *1,2* | | | |
| | Reims *1,4* | | | |
| | | Levallois *1,4* | | |
| | | Nancy *1,3* | | |
| | Besançon *2,6* | | | |
| | Dijon *1,1* | | | |
| | Bourges *1,8* | | Bourges *1,1* | |
| | | Angoulême *1,6* | | |
| | Le Creusot *2,2* | Le Creusot *1,3* | Le Creusot *1,3* | |
| | Roanne *1,3* | Roanne *1,2* | | |
| | Saint-Étienne *1,1* | | | |
| Villes ayant présenté une moyenne inférieure à 0,2 ou n'ayant eu aucun décès | Tourcoing *0,0* | | Tourcoing *0,1* | |
| | | | Valenciennes - | Valenciennes - |
| | | Brest *0,1* | Douai *0,0* | Douai *0,1* |
| | | Lorient *0,0* | Roubaix *0,1* | Calais *0,1* |
| | | | Saint-Quentin *0,0* | Cherbourg *0,0* |
| | | Saint-Nazaire *0,0* | | Saint-Nazaire - |
| | | | Nantes *0,1* | Nantes *0,0* |
| | | Aubervilliers - | | Laval *0,1* |
| | | Bourges *0,0* | | Tours *0,1* |
| | | | Troyes *0,0* | Troyes *0,1* |
| | | | Belfort *0,1* | Belfort *0,0* |
| | | | | Dijon *0,1* |
| | | | La Rochelle - | La Rochelle *0,1* |
| | | | | Montluçon *0,1* |
| | | | Nice *0,0* | Nîmes *0,1* |
| | Cette *0,0* | | | Cette *0,0* |
| | | Béziers *0,0* | | Béziers *0,1* |
| | | | Cannes *0,1* | Carcassonne *0,1* |
| | | | Pau *0,1* | Montauban *0,1* |

# IX

# DÉCÈS PAR COQUELUCHE

## DE 1901 A 1905

et comparaison avec les trois périodes précédentes.

## NOMBRES ABSOLUS ET PROPORTIONNELS

***Villes de plus de 5.000 habitants.***

I. — RÉPARTITION GÉNÉRALE ANNUELLE PAR GROUPES DE VILLES

***Villes de plus de 30.000 habitants.***

II. — RÉPARTITION ANNUELLE PAR GROUPES DE VILLES ET PAR AGES
III. — RÉPARTITION PAR VILLES
IV. — RÉSULTATS GÉNÉRAUX ET RÉCAPITULATIFS

## DÉCÈS PAR COQUELUCHE DE 1901 A 1905

| GROUPES DE VILLES | GROUPES D'AGE | 1901 Nombre absolu. | 1901 Proportion. | 1902 Nombre absolu. | 1902 Proportion. | 1903 Nombre absolu. | 1903 Proportion. | 1904 Nombre absolu. | 1904 Proportion. | 1905 Nombre absolu. | 1905 Proportion. |
|---|---|---|---|---|---|---|---|---|---|---|---|
| **I. — RÉPARTITION GÉNÉRALE PAR GROUPES DE VILLES DE PLUS DE 5.000 HABITANTS** | | | | | | | | | | | |
| PROPORTIONS POUR 10.000 HABITANTS | | | | | | | | | | | |
| I. Paris | | 377 | *1,4* | 490 | *1,8* | 204 | *0,7* | 313 | *1,2* | 309 | *1,1* |
| II. Villes de 100.001 à 518.000 habitants | | 265 | *1,0* | 354 | *1,3* | 256 | *1,0* | 218 | *0,8* | 242 | *0,9* |
| III. Villes de 30.001 à 100.000 habitants | | 244 | *0,9* | 376 | *1,4* | 288 | *1,0* | 202 | *0,7* | 150 | *0,5* |
| IV. Villes de 20.001 à 30.000 habitants | | 107 | *0,8* | 126 | *1,0* | 74 | *0,6* | 80 | *0,6* | 49 | *0,4* |
| V. Villes de 10.001 à 20.000 habitants | | 168 | *0,8* | 158 | *0,8* | 159 | *0,8* | 196 | *1,0* | 101 | *0,5* |
| VI. Villes de 5.001 à 10.000 habitants | | 343 | *1,4* | 333 | *1,4* | 273 | *1,1* | 238 | *1,0* | 202 | *0,8* |
| Totaux généraux. | Villes de plus de 10.000 h. | 1.161 | *1,0* | 1.504 | *1,3* | 981 | *0,9* | 1.009 | *0,9* | 851 | *0,7* |
| | Villes de plus de 5.000 h. | 1.504 | *1,1* | 1.837 | *1,3* | 1.254 | *0,9* | 1.247 | *0,9* | 1.053 | *0,7* |
| **II. — RÉPARTITION PAR GROUPES D'AGES DANS LES VILLES DE PLUS DE 30.000 HABITANTS** | | | | | | | | | | | |
| PROPORTIONS POUR 10.000 INDIVIDUS DE CHAQUE GROUPE | | | | | | | | | | | |
| I. Paris | de 0 à 1 an | 137 | *39,4* | 172 | *47,1* | 50 | *13,1* | 109 | *27,3* | 117 | *28,0* |
| | de 1 à 19 ans | 240 | *3,5* | 318 | *4,7* | 154 | *2,3* | 203 | *3,0* | 192 | *2,8* |
| | de 20 à 39 ans | - | - | - | - | - | - | 1 | *0,0* | - | - |
| | de 40 à 59 ans | - | - | - | - | - | - | - | - | - | - |
| | de 60 ans et au-dessus | - | - | - | - | - | - | - | - | - | - |
| II. Villes de 100.001 à 518.000 habit. | de 0 à 1 an | 136 | *30,7* | 170 | *36,3* | 138 | *27,9* | 105 | *20,2* | 129 | *23,6* |
| | de 1 à 19 ans | 129 | *1,6* | 184 | *2,3* | 117 | *1,5* | 113 | *1,4* | 113 | *1,4* |
| | de 20 à 39 ans | - | - | - | - | - | - | - | - | - | - |
| | de 40 à 59 ans | - | - | - | - | 1 | *0,0* | - | - | - | - |
| | de 60 ans et au-dessus | - | - | - | - | - | - | - | - | - | - |
| III. Villes de 30.001 à 100.000 habit. | de 0 à 1 an | 121 | *26,6* | 192 | *41,0* | 150 | *31,1* | 113 | *22,8* | 77 | *15,1* |
| | de 1 à 19 ans | 123 | *1,5* | 183 | *2,2* | 138 | *1,6* | 89 | *1,0* | 73 | *0,9* |
| | de 20 à 39 ans | - | - | 1 | *0,0* | - | - | - | - | - | - |
| | de 40 à 59 ans | - | - | - | - | - | - | - | - | - | - |
| | de 60 ans et au-dessus | - | - | - | - | - | - | - | - | - | - |

| | Années. | 0 à 1 an. | 1 à 19 ans. | 20 à 39 ans. | 40 à 59 ans. | 60 ans et au-dessus. |
|---|---|---|---|---|---|---|
| Récapitulation par périodes (Nombres absolus.) | 1901 | 394 | 492 | - | - | - |
| | 1902 | 534 | 685 | 1 | - | - |
| | 1903 | 338 | 409 | - | 1 | - |
| | 1904 | 327 | 405 | 1 | - | - |
| | 1905 | 323 | 378 | - | - | - |
| Totaux | (5 ans.) | 1.916 | 2.369 | 2 | 1 | - |

## III. — RÉPARTITION DANS LES VILLES DE PLUS DE 30.000 HABITANTS

PROPORTIONS POUR 10.000 HABITANTS PAR COMPARAISON AVEC LES TROIS PÉRIODES PRÉCÉDENTES

| NUMÉROS D'ORDRE | DÉPARTEMENTS par GROUPEMENT GÉOGRAPHIQUE du nord au sud. | NOMS DES VILLES | NOMBRES ABSOLUS | | | | | | | PROPORTION | | | |
|---|---|---|---|---|---|---|---|---|---|---|---|---|---|
| | | | 1901 | 1902 | 1903 | 1904 | 1905 | TOTAL | MOYENNE annuelle | 1886-90 | 1891-95 | 1896-1900 | 1901-05 |
| 1 | Nord | DUNKERQUE | 18 | 13 | 26 | 8 | 12 | 77 | 15 | 8,6 | 7,9 | 5,0 | 3,9 |
| 2 | | TOURCOING | 9 | 8 | 15 | 6 | 1 | 39 | 8 | 3,8 | 3,2 | 2,3 | 1,0 |
| 3 | | ROUBAIX | 36 | 30 | 41 | 11 | 31 | 149 | 30 | 4,4 | 3,3 | 2,2 | 2,4 |
| 4 | | LILLE | 57 | 118 | 47 | 41 | 51 | 314 | 63 | 3,7 | 3,6 | 3,0 | 3,0 |
| 5 | | VALENCIENNES | - | 2 | – | – | - | 2 | 0,4 | 1,1 | 0,7 | 1,0 | 0,1 |
| 6 | | DOUAI | 3 | 9 | 11 | 8 | - | 31 | 6 | 4,0 | 4,8 | 3,3 | 1,8 |
| 7 | Pas-de-Calais | CALAIS | 5 | 21 | 29 | 2 | - | 57 | 11 | 2,6 | 1,8 | 2,1 | 1,7 |
| 8 | | BOULOGNE-SUR-MER | 12 | 13 | 18 | 1 | 1 | 45 | 9 | 2,9 | 3,0 | 2,3 | 1,8 |
| 9 | Somme | AMIENS | - | 9 | 6 | 4 | 2 | 21 | 4 | 1,2 | 0,6 | 0,2 | 0,4 |
| 10 | Aisne | SAINT-QUENTIN | 2 | 14 | 12 | 12 | 1 | 41 | 8 | 6,5 | 1,0 | 0,4 | 1,5 |
| 11 | Seine-inférieure | LE HAVRE | 13 | 72 | 16 | 18 | 22 | 141 | 28 | 1,9 | 2,2 | 1,9 | 2,1 |
| 12 | | ROUEN | 9 | 6 | 15 | 6 | 15 | 51 | 10 | 0,6 | 1,2 | 1,0 | 0,8 |
| 13 | Calvados | *Caen** | - | 1 | 1 | – | - | 2 | 0,4 | » | 0,6 | 0,7 | 0,1 |
| 14 | Manche | *Cherbourg** | – | – | 3 | – | - | 3 | 1 | » | 1,2 | 0,7 | 0,2 |
| 15 | Ille-et-Vilaine | RENNES | 2 | 12 | 2 | 4 | – | 20 | 4 | 1,0 | 0,9 | 1,0 | 0,5 |
| 16 | Finistère | BREST | 6 | 4 | 8 | 2 | 9 | 29 | 6 | 1,1 | 0,7 | 0,5 | 0,7 |
| 17 | Morbihan | LORIENT | 1 | 16 | 8 | 2 | - | 27 | 5 | 2,4 | 1,7 | 1,6 | 1,1 |
| 18 | Loire-inférieure | SAINT-NAZAIRE | 5 | 5 | 6 | 8 | 1 | 25 | 5 | 2,5 | 2,3 | 0,9 | 1,4 |
| 19 | | NANTES | 11 | 9 | 11 | 3 | 5 | 39 | 8 | 0,9 | 1,0 | 0,7 | 0,6 |
| 20 | Maine-et-Loire | *Angers** | 4 | 3 | 2 | 13 | 2 | 24 | 5 | » | » | » | 0,6 |
| 21 | Mayenne | LAVAL | – | 2 | – | – | 2 | 4 | 1 | 0,1 | 1,0 | 0,3 | 0,3 |
| 22 | Sarthe | LE MANS | 4 | 11 | 2 | 3 | 2 | 22 | 4 | 0,3 | 0,5 | 0,8 | 0,6 |
| 23 | Indre-et-Loire | TOURS | – | 6 | 1 | 4 | 1 | 12 | 2 | 1,2 | 0,5 | 0,1 | 0,3 |
| 24 | Loiret | ORLÉANS | 11 | 8 | 14 | 9 | 2 | 44 | 9 | 0,8 | 1,1 | 0,4 | 1,3 |
| 25 | Seine-et-Oise | VERSAILLES | 13 | 2 | 1 | 6 | 5 | 27 | 5 | 1,2 | 0,6 | 0,7 | 0,9 |
| 26 | Seine | BOULOGNE-SUR-SEINE | 2 | 33 | 8 | 9 | 9 | 61 | 12 | 2,3 | 1,7 | 2,4 | 2,5 |
| 27 | | PARIS | 377 | 490 | 204 | 313 | 309 | 1.693 | 339 | 1,9 | 1,5 | 1,2 | 1,3 |
| 28 | | NEUILLY-SUR-SEINE | 5 | 7 | 3 | 3 | 2 | 20 | 4 | 1,8 | 1,6 | 0,9 | 1,0 |
| 29 | | ASNIÈRES | 6 | 6 | 1 | 6 | 2 | 21 | 4 | 0,6 | 1,4 | 1,4 | 1,2 |
| 30 | | LEVALLOIS-PERRET | 6 | 12 | 6 | 1 | 9 | 34 | 7 | 1,3 | 0,7 | 0,6 | 1,2 |
| 31 | | CLICHY | 5 | 23 | 8 | 11 | 8 | 55 | 11 | 4,6 | 2,2 | 2,5 | 2,7 |
| 32 | | SAINT-OUEN | 8 | 10 | 4 | 3 | 5 | 30 | 6 | 4,3 | 1,8 | 2,7 | 1,6 |
| 33 | | SAINT-DENIS | 6 | 17 | 7 | 5 | 2 | 37 | 7 | 3,3 | 2,3 | 2,9 | 1,1 |
| 34 | | AUBERVILLIERS | 3 | 14 | 2 | 9 | 1 | 29 | 6 | 2,6 | 1,5 | 2,0 | 1,8 |
| 35 | | VINCENNES | 9 | 3 | 7 | 1 | 6 | 26 | 5 | 1,7 | 0,4 | 1,0 | 1,5 |
| 36 | | MONTREUIL-SOUS-BOIS | 7 | 8 | 4 | 1 | 4 | 24 | 5 | 3,1 | 1,6 | 0,7 | 1,5 |
| 37 | Aube | TROYES | 4 | 1 | 2 | – | 1 | 8 | 2 | 1,2 | 0,2 | 0,4 | 0,4 |
| 38 | Marne | REIMS | 8 | 30 | 16 | 21 | 13 | 88 | 18 | 3,3 | 2,1 | 1,7 | 1,6 |
| 39 | Meurthe-et-Moselle | NANCY | 9 | 7 | 11 | 17 | 16 | 60 | 12 | 1,6 | 0,9 | 1,1 | 1,1 |
| 40 | Haut-Rhin | BELFORT | 9 | – | 2 | 1 | - | 12 | 2 | 0,8 | 0,4 | 0,6 | 0,6 |
| 41 | Doubs | BESANÇON | – | 3 | 1 | – | 1 | 5 | 1 | 1,1 | 0,7 | 0,2 | 0,2 |
| 42 | Côte-d'Or | DIJON | 1 | 7 | 2 | 3 | - | 13 | 3 | 0,8 | 0,3 | 0,3 | 0,4 |
| 43 | Cher | BOURGES | - | 9 | – | 3 | - | 12 | 2 | 1,6 | 0,7 | 0,4 | 0,4 |
| 44 | Vienne | *Poitiers** | 2 | 1 | – | - | - | 3 | 1 | » | » | 1,3 | 0,2 |
| 45 | Charente-inférieure | ROCHEFORT | 2 | – | 1 | 2 | - | 5 | 1 | 0,3 | 0,3 | 0,0 | 0,3 |
| 46 | | LA-ROCHELLE | 1 | 6 | – | – | 1 | 8 | 2 | 0,1 | 0,3 | 0,3 | 0,6 |
| 47 | Gironde | BORDEAUX | 16 | 15 | 27 | 40 | 11 | 109 | 22 | 1,8 | 1,1 | 0,8 | 0,9 |
| 48 | Dordogne | PÉRIGUEUX | 14 | 2 | 2 | 1 | 6 | 25 | 5 | 2,7 | 2,2 | 1,3 | 1,6 |
| 49 | Charente | ANGOULÊME | – | 9 | 1 | 4 | 7 | 21 | 4 | 0,8 | 1,3 | 1,0 | 1,1 |
| 50 | Haute-Vienne | LIMOGES | 8 | 4 | 29 | 8 | 21 | 70 | 14 | 2,1 | 2,6 | 1,5 | 1,6 |
| 51 | Puy-de-Dôme | CLERMONT-FERRAND | 7 | 1 | 1 | 5 | 1 | 15 | 3 | 0,8 | 0,2 | - | 0,5 |
| 52 | Allier | MONTLUÇON | 14 | 8 | 6 | 4 | - | 32 | 6 | 2,2 | 2,6 | 3,0 | 1,7 |
| 53 | Saône-et-Loire | LE CREUSOT | – | - | – | – | 6 | 6 | 1 | 0,7 | 2,0 | 1,0 | 0,3 |
| 54 | Loire | ROANNE | 2 | 2 | 5 | - | – | 9 | 2 | 0,7 | 1,2 | 0,6 | 0,6 |
| 55 | | SAINT-ÉTIENNE | 21 | 9 | 3 | 6 | 19 | 58 | 12 | 1,0 | 0,8 | 0,8 | 0,8 |
| 56 | Rhône | LYON | 23 | 14 | 25 | 6 | 22 | 90 | 18 | 0,8 | 0,7 | 0,5 | 0,4 |
| 57 | Isère | GRENOBLE | 2 | 3 | – | 6 | - | 11 | 2 | 0,7 | 1,1 | 1,2 | 0,3 |
| 58 | Alpes-maritimes | NICE | – | 5 | 7 | 3 | 7 | 22 | 4 | 1,0 | 0,6 | 0,7 | 0,3 |
| 59 | | CANNES | – | 1 | – | 1 | - | 2 | 0,4 | 0.8 | 0,3 | 0,1 | 0,1 |
| 60 | Var | TOULON | 4 | 1 | 5 | 4 | 1 | 15 | 3 | 0,7 | 0,7 | 0,6 | 0,3 |
| 61 | Vaucluse | AVIGNON | 1 | 9 | 2 | 1 | 4 | 17 | 3 | 1,4 | 0,7 | 1,3 | 0,6 |
| 62 | Gard | NIMES | 4 | 5 | 3 | 1 | - | 13 | 3 | 1,3 | 0,9 | 0,6 | 0,4 |
| 63 | Bouches-du-Rhône | MARSEILLE | 43 | 28 | 30 | 23 | 21 | 145 | 29 | 1,4 | 1,1 | 0,5 | 0,6 |
| 64 | Hérault | MONTPELLIER | 2 | – | 10 | 2 | - | 14 | 3 | 0,1 | 0,8 | 0,7 | 0,4 |
| 65 | | CETTE | 4 | 1 | 1 | 6 | 2 | 14 | 3 | 0,8 | 0,9 | 0,9 | 0,9 |
| 66 | | BÉZIERS | 11 | – | - | 2 | 4 | 17 | 3 | 3,2 | 0,6 | 1,6 | 0,6 |
| 67 | Pyrénées-orientales | PERPIGNAN | 1 | 3 | 3 | 6 | - | 13 | 3 | 0,9 | 0,6 | 0,6 | 0,8 |
| 68 | Aude | CARCASSONNE | 1 | 8 | – | 4 | 6 | 19 | 4 | 1,1 | 0,7 | 0,3 | 1,3 |
| 69 | Haute-Garonne | TOULOUSE | 15 | 10 | 2 | 19 | 8 | 54 | 11 | 0.6 | 0,5 | 0,7 | 0,7 |
| 70 | Tarn-et-Garonne | MONTAUBAN | 1 | 1 | – | – | 1 | 3 | 1 | 0,7 | 0,3 | 0,7 | 0,3 |
| 71 | Basses-Pyrénées | PAU | 1 | – | 2 | 1 | - | 4 | 1 | 0,6 | 0,6 | 0,6 | 0,3 |

(*) Renseignements incomplets pour tout ou partie des périodes.

## IV. — RÉSULTATS GÉNÉRAUX ET RÉCAPITULATIFS PAR PÉRIODES

| | PÉRIODE 1886-90 5 ans (sauf exceptions indiquées). Nombres absolus | | | PÉRIODE 1891-95 5 ans. Nombres absolus | | | PÉRIODE 1896-1900 5 ans. Nombres absolus | | | PÉRIODE 1901-05 5 ans. Nombres absolus | | |
|---|---|---|---|---|---|---|---|---|---|---|---|---|
| | Total. | Moyenne annuelle. | Proportion pour 10.000 habit. | Total. | Moyenne annuelle. | Proportion pour 10.000 habit. | Total. | Moyenne annuelle. | Proportion pour 10.000 habit. | Total. | Moyenne annuelle. | Proportion pour 10.000 habit. |
| **I Répartition générale par périodes.** | | | | | | | | | | | | |
| Vil. de plus de 30.000 hab. | 5.561 | 1.112 | *1,7* | 4.885 | 977 | *1,4* | 4.147 | 829 | *1,1* | 4.288 | 858 | *1,0* |
| Vil. de 10.001 à 30.000 hab. | 2.460 | 492 | *1,6* | 3.655 | 731 | *1,3* | 3.005 | 601 | *1,0* | 2.607 | 521 | *0,9* |
| Vil. de 5.001 à 10.000 hab. (*) 2 ans. | *1.094 | 547 | *2,4* | | | | | | | | | |
| TOTAUX | 9.115 | 2.151 | *1,8* | 8.540 | 1.708 | *1,4* | 7.152 | 1.430 | *1,1* | 6.895 | 1.379 | *1,0* |
| Proportions extrêmes | 1,9 en 1886-90<br>1,7 en 1889 | | | 1,5 en 1891<br>1,3 en 1892-94-95 | | | 1,3 en 1899<br>0,8 en 1900 | | | 1,3 en 1902<br>0,7 en 1905 | | |
| Proportion par rapport au nombre des décès de toutes causes | 0,7 0/0<br>1 sur 134,5 | | | 0,6 0/0<br>1 sur 171,1 | | | 0,5 0/0<br>1 sur 198,3 | | | 0,5 0/0<br>1 sur 205,0 | | |
| **II Répartition par groupes de villes.** | | | | | | | | | | | | |
| I. Paris | 2.259 | 452 | *1,9* | 1.852 | 370 | *1,5* | 1.531 | 306 | *1,2* | 1.693 | 339 | *1,3* |
| II. V. de 100.001 à 518.000 h | 1.758 | 352 | *1,7* | 1.580 | 316 | *1,4* | 1.257 | 251 | *1,0* | 1.335 | 267 | *1,0* |
| III. V. de 30.001 à 100.000 h. | 1.544 | 309 | *1,5* | 1.453 | 291 | *1,2* | 1.359 | 272 | *1,1* | 1.260 | 252 | *0,9* |
| IV. V de 20.001 à 30.000 h. | 1.183 | 236 | *1,9* | 716 | 143 | *1,1* | 544 | 108 | *0,8* | 436 | 87 | *0,7* |
| V. V. de 10.001 à 20.000 h. | 1.277 | 255 | *1,4* | 991 | 198 | *1,1* | 717 | 145 | *0,7* | 782 | 156 | *0,8* |
| VI. V. de 5.001 à 10.000 h. (*) 2 ans. | *1.094 | 547 | *2,4* | 1.948 | 390 | *1,7* | 1.744 | 348 | *1,5* | 1.389 | 278 | *1,1* |
| **III Répart. p. gr. d'âges dans les vil. de plus de 30.000 h. proport. p. 10.000 de ch. groupe.** | | | | | | | | | | | | |
| de 0 à 1 an | *2.001 | 500 | *56,2* | 2.226 | 445 | *44,9* | 1.949 | 390 | *36,8* | 1.916 | 383 | *28,2* |
| de 1 à 19 ans | 2.287 | 572 | *3,1* | 2.651 | 530 | *2,6* | 2.190 | 438 | *2,0* | 2.369 | 474 | *2,0* |
| de 20 à 39 ans | 6 | 1 | *0,0* | 6 | 1 | *0,0* | 3 | 0,6 | *0,0* | 2 | 0,4 | *0,0* |
| de 40 à 59 ans | 2 | 0,5 | *0,0* | 2 | 0,4 | *0,0* | 4 | 1 | *0,0* | 1 | 0,2 | *0,0* |
| de 60 et au-dessus | - | - | - | - | - | - | 1 | 0,2 | *0,0* | - | - | - |
| (*) 1re période : 4 ans (1887-90). | | | | | | | | | | | | |

**IV Répartition par villes de plus de 30.000 habit. Moyennes annuelles et proportions pour 10.000 habitants.**

| | PÉRIODE 1886-90 | PÉRIODE 1891-95 | PÉRIODE 1896-1900 | PÉRIODE 1901-05 |
|---|---|---|---|---|
| Moyenne générale annuelle | de 0,1 à 8,6 | de 0,2 à 7,9 | de 0 décès à 5,0 | de 0,1 décès à 3,9 |
| Villes ayant présenté une moyenne supérieure à 2,9 | Dunkerque 8,6 | Dunkerque 7,9 | Dunkerque 5,0 | Dunkerque 3,9 |
| | Tourcoing 3,8 | Tourcoing 3,2 | | |
| | Roubaix 4,4 | Roubaix 3,3 | | |
| | Lille 3,7 | Lille 3,6 | Lille 3,0 | Lille 3,0 |
| | Douai 4,0 | Douai 4,8 | Douai 3,3 | |
| | | Boulogne-s-mer 3,0 | | |
| | Saint-Quentin 6,5 | | Montluçon 3,0 | |
| | Clichy 4,6 | | | |
| | Saint-Ouen 4,3 | | | |
| | Saint-Denis 3,3 | | | |
| | Reims 3,3 | | | |
| | Béziers 3,2 | | | Valenciennes 0,1 |
| Villes ayant présenté une moyenne inférieure à 0,5 ou n'ayant eu aucun décès | | | Amiens 0,2 | Amiens 0,4 |
| | Le Mans 0,3 | | Saint-Quentin 0,4 | Caen 0,1 |
| | | | | Cherbourg 0,2 |
| | Laval 0,1 | | Laval 0,3 | Laval 0,3 |
| | | | Tours 0,1 | Tours 0,3 |
| | | | Orléans 0,4 | |
| | | Troyes 0,2 | Troyes 0,4 | Troyes 0,4 |
| | | | Besançon 0,2 | Besançon 0,2 |
| | | Belfort 0,4 | | |
| | | Dijon 0,3 | Dijon 0,3 | Dijon 0,4 |
| | | | Bourges 0,4 | Bourges 0,4 |
| | | | | Poitiers 0,2 |
| | Rochefort 0,3 | Rochefort 0,3 | Rochefort 0,0 | Rochefort 0,3 |
| | | | | Le Creusot 0,3 |
| | La Rochelle 0,1 | La Rochelle 0,3 | La Rochelle 0,3 | |
| | | Clermont-Ferrand 0,2 | Clermont-Ferrand - | |
| | | | | Lyon 0,4 |
| | | | | Grenoble 0,3 |
| | | | | Nice 0,3 |
| | | Cannes 0,3 | Cannes 0,1 | Cannes 0,1 |
| | | | | Toulon 0,3 |
| | | | | Nîmes 0,4 |
| | Montpellier 0,1 | | | Montpellier 0,4 |
| | | Montauban 0,3 | | Montauban 0,3 |
| | | | Carcassonne 0,3 | Pau 0,3 |

# X

# DÉCÈS PAR MALADIES ÉPIDÉMIQUES

(ENSEMBLE DES DÉCÈS CAUSÉS PAR LA FIÈVRE TYPHOÏDE, LA DIPHTÉRIE, LA ROUGEOLE, LA VARIOLE, LA SCARLATINE ET LA COQUELUCHE)

**DE 1901 A 1905**

et comparaison avec les trois périodes précédentes

## NOMBRES ABSOLUS ET PROPORTIONNELS

***Villes de plus de 5.000 habitants.***

I. — RÉPARTITION GÉNÉRALE ANNUELLE PAR GROUPES DE VILLES

***Villes de plus de 30.000 habitants.***

II. — RÉPARTITION ANNUELLE PAR GROUPES DE VILLES ET PAR AGES

III. — RÉPARTITION PAR VILLES

IV. — RÉSULTATS GÉNÉRAUX ET RÉCAPITULATIFS

# DÉCÈS PAR MALADIES ÉPIDÉMIQUES DE 1901 À 1905

(ENSEMBLE DES DÉCÈS CAUSÉS PAR LA FIÈVRE TYPHOÏDE, LA DIPHTÉRIE, LA ROUGEOLE, LA VARIOLE, LA SCARLATINE ET LA COQUELUCHE)

| GROUPES DE VILLES | GROUPES D'AGE | 1901 Nombre absolu. | 1901 Proportion. | 1902 Nombre absolu. | 1902 Proportion. | 1903 Nombre absolu. | 1903 Proportion. | 1904 Nombre absolu. | 1904 Proportion. | 1905 Nombre absolu. | 1905 Proportion. |
|---|---|---|---|---|---|---|---|---|---|---|---|
| **I. — RÉPARTITION GÉNÉRALE PAR GROUPES DE VILLES DE PLUS DE 5.000 HABITANTS** | | | | | | | | | | | |
| PROPORTIONS POUR 10.000 HABITANTS | | | | | | | | | | | |
| I. Paris | | 2.554 | *9,6* | 2.453 | *9,2* | 1.505 | *5,6* | 1.653 | *6,1* | 1.337 | *4,9* |
| II. Villes de 100.001 à 518.000 habitants | | 1.935 | *7,3* | 3.902 | *14,7* | 3.433 | *12,9* | 1.670 | *6,2* | 1.568 | *5,8* |
| III. Villes de 30.001 à 100.000 habitants | | 2.163 | *7,9* | 2.272 | *8,3* | 2.220 | *8,1* | 1.900 | *6,9* | 1.332 | *4,8* |
| IV. Villes de 20.001 à 30.000 habitants | | 889 | *6,8* | 834 | *6,4* | 774 | *5,9* | 713 | *5,4* | 572 | *4,3* |
| V. Villes de 10.001 à 20.000 habitants | | 1.103 | *5,5* | 1.071 | *5,3* | 1.242 | *6,1* | 1.132 | *5,5* | 762 | *3,7* |
| VI. Villes de 5.001 à 10.000 habitants | | 1.501 | *6,2* | 1.604 | *6,6* | 1.440 | *5,9* | 1.293 | *5,3* | 1.194 | *4,9* |
| Totaux généraux | Villes de plus de 10.000 h. | 8.644 | *7,6* | 10.532 | *9,2* | 9.174 | *8,0* | 7.068 | *6,1* | 5.571 | *4,8* |
| | Villes de plus de 5.000 h. | 10.145 | *7,4* | 12.136 | *8,8* | 10.614 | *7,6* | 8.361 | *6,0* | 6.765 | *4,8* |
| **II. — RÉPARTITION PAR GROUPES D'AGES DANS LES VILLES DE PLUS DE 30.000 HABITANTS** | | | | | | | | | | | |
| PROPORTIONS POUR 10.000 INDIVIDUS DE CHAQUE GROUPE | | | | | | | | | | | |
| I. Paris | de 0 à 1 an | 421 | *121,2* | 418 | *114,6* | 205 | *53,6* | 290 | *72,5* | 270 | *64,7* |
| | de 1 à 19 ans | 1.511 | *22,1* | 1.675 | *24,6* | 1.051 | *15,4* | 1.037 | *15,3* | 792 | *11,7* |
| | de 20 à 39 ans | 403 | *3,7* | 271 | *2,5* | 187 | *1,7* | 245 | *2,2* | 186 | *1,7* |
| | de 40 à 59 ans | 173 | *2,7* | 77 | *1,2* | 54 | *0,8* | 69 | *1,0* | 73 | *1,1* |
| | de 60 ans et au-dessus | 46 | *2,2* | 12 | *0,6* | 8 | *0,4* | 12 | *0,5* | 16 | *0,7* |
| II. Villes de 101.001 à 518.000 habit. | de 0 à 1 an | 314 | *71,0* | 635 | *135,6* | 549 | *111,1* | 252 | *48,4* | 274 | *50,2* |
| | de 1 à 19 ans | 1.112 | *14,0* | 2.059 | *25,9* | 1.833 | *23,1* | 868 | *10,9* | 850 | *10,7* |
| | de 20 à 39 ans | 409 | *4,2* | 835 | *8,6* | 762 | *7,8* | 407 | *4,1* | 342 | *3,5* |
| | de 40 à 59 ans | 87 | *1,5* | 296 | *4,9* | 225 | *3,7* | 113 | *1,9* | 79 | *1,3* |
| | de 60 ans et au-dessus | 13 | *0,5* | 77 | *3,2* | 64 | *2,6* | 30 | *1,2* | 23 | *0,9* |
| III. Villes de 30.001 à 100.000 habit. | de 0 à 1 an | 348 | *76,6* | 419 | *89,5* | 389 | *80,8* | 346 | *69,9* | 239 | *47,0* |
| | de 1 à 19 ans | 1.145 | *13,6* | 1.179 | *14,0* | 1.111 | *13,2* | 919 | *10,9* | 726 | *8,6* |
| | de 20 à 39 ans | 504 | *5,1* | 487 | *4,9* | 540 | *5,4* | 454 | *4,5* | 283 | *2,8* |
| | de 40 à 59 ans | 133 | *2,3* | 144 | *2,4* | 138 | *2,3* | 137 | *2,3* | 69 | *1,1* |
| | de 60 ans et au-dessus | 33 | *1,3* | 43 | *1,6* | 42 | *1,6* | 44 | *1,6* | 15 | *0,6* |

| | Années. | 0 à 1 an. | 1 à 19 ans. | 20 à 39 ans. | 40 à 59 ans. | 60 ans et au-dessus. |
|---|---|---|---|---|---|---|
| Récapitulation par périodes (Nombres absolus.) | 1901 | 1.083 | 3.768 | 1.316 | 393 | 92 |
| | 1902 | 1.472 | 4.913 | 1.593 | 517 | 132 |
| | 1903 | 1.143 | 3.995 | 1.489 | 417 | 114 |
| | 1904 | 888 | 2.824 | 1.106 | 319 | 86 |
| | 1905 | 783 | 2.368 | 811 | 221 | 54 |
| Totaux | (5 ans.) | 5.369 | 17.868 | 6.315 | 1.867 | 478 |

# MORTALITÉ PAR MALADIES ÉPIDÉMIQUES DE 1901 À 1905

## III. — RÉPARTITION DANS LES VILLES DE PLUS DE 30.000 HABITANTS

PROPORTIONS POUR 10.000 HABITANTS PAR COMPARAISON AVEC LES TROIS PÉRIODES PRÉCÉDENTES

| NUMÉROS D'ORDRE | DÉPARTEMENTS par GROUPEMENT GÉOGRAPHIQUE du nord au sud. | NOMS DES VILLES | NOMBRES ABSOLUS | | | | | | | PROPORTION | | | |
|---|---|---|---|---|---|---|---|---|---|---|---|---|---|
| | | | 1901 | 1902 | 1903 | 1904 | 1905 | TOTAL | MOYENNE annuelle | 1886-90 | 1891-95 | 1896-1900 | 1901-05 |
| 1 | Nord | DUNKERQUE | 36 | 44 | 65 | 15 | 62 | 222 | 44 | 24,1 | 28,5 | 14,1 | 11,4 |
| 2 | | TOURCOING | 34 | 63 | 66 | 50 | 36 | 249 | 50 | 19,3 | 20,5 | 9,7 | 6,2 |
| 3 | | ROUBAIX | 75 | 155 | 106 | 129 | 81 | 546 | 109 | 18,2 | 20,0 | 11,6 | 8,9 |
| 4 | | LILLE | 208 | 898 | 282 | 144 | 170 | 1.702 | 340 | 20,2 | 18,9 | 10,5 | 16,3 |
| 5 | | *Valenciennes** | 4 | 26 | 9 | 34 | 6 | 79 | 16 | » | 9,6 | 4,6 | 5,1 |
| 6 | | DOUAI | 13 | 40 | 23 | 23 | 10 | 109 | 22 | 19,0 | 13,8 | 7,9 | 6,6 |
| 7 | Pas-de-Calais | CALAIS | 64 | 37 | 44 | 28 | 4 | 177 | 35 | 25,1 | 11,3 | 10,2 | 5,5 |
| 8 | | BOULOGNE-SUR-MER | 81 | 44 | 51 | 42 | 28 | 246 | 49 | 22,1 | 17,5 | 10,6 | 9,7 |
| 9 | Somme | AMIENS | 78 | 78 | 57 | 127 | 65 | 405 | 81 | 21,2 | 8,8 | 6,1 | 8,9 |
| 10 | Aisne | SAINT-QUENTIN | 21 | 80 | 20 | 141 | 20 | 282 | 56 | 16,4 | 5,8 | 4,6 | 10,9 |
| 11 | Seine-inférieure | LE HAVRE | 155 | 225 | 112 | 89 | 139 | 720 | 144 | 34,2 | 23,7 | 17,0 | 11,0 |
| 12 | | ROUEN | 84 | 74 | 241 | 115 | 62 | 576 | 115 | 19,6 | 22,7 | 9,3 | 9,8 |
| 13 | Calvados | *Caen** | 6 | 25 | 23 | 12 | 4 | 70 | 14 | » | 8,5 | 5,3 | 3,1 |
| 14 | Manche | *Cherbourg** | 16 | 35 | 60 | 23 | 26 | 160 | 32 | » | 22,0 | 18,3 | 7,4 |
| 15 | Ille-et-Vilaine | RENNES | 61 | 68 | 29 | 42 | 45 | 245 | 49 | 17,2 | 11,2 | 9,5 | 6,5 |
| 16 | Finistère | BREST | 75 | 85 | 197 | 131 | 43 | 531 | 106 | 33,2 | 21,4 | 10,5 | 12,5 |
| 17 | Morbihan | LORIENT | 44 | 97 | 30 | 37 | 42 | 250 | 50 | 51,6 | 17,4 | 19,5 | 10,9 |
| 18 | Loire-inférieure | SAINT-NAZAIRE | 17 | 17 | 45 | 21 | 5 | 105 | 21 | 28,3 | 11,1 | 7,2 | 5,9 |
| 19 | | NANTES | 57 | 84 | 176 | 57 | 66 | 440 | 88 | 14,6 | 11,3 | 7,6 | 6,6 |
| 20 | Maine-et-Loire | *Angers** | 82 | 30 | 26 | 54 | 18 | » | » | » | » | » | » |
| 21 | Mayenne | LAVAL | 15 | 22 | 13 | 8 | 26 | 84 | 17 | 11,5 | 12,9 | 4,7 | 5,7 |
| 22 | Sarthe | LE MANS | 27 | 37 | 19 | 25 | 17 | 125 | 25 | 14,3 | 8,1 | 6,3 | 3,9 |
| 23 | Indre-et-Loire | TOURS | 67 | 39 | 27 | 13 | 20 | 166 | 33 | 20,9 | 11,2 | 8,4 | 5,0 |
| 24 | Loiret | ORLÉANS | 43 | 62 | 41 | 50 | 32 | 228 | 46 | 12,1 | 10,8 | 6,9 | 6,8 |
| 25 | Seine-et-Oise | VERSAILLES | 40 | 34 | 19 | 42 | 22 | 157 | 31 | 13,9 | 10,4 | 7,9 | 5,7 |
| 26 | Seine | BOULOGNE-S-SEINE | 27 | 120 | 34 | 44 | 23 | 248 | 50 | 22,7 | 17,3 | 12,5 | 10,6 |
| 27 | | PARIS | 2.554 | 2.453 | 1.505 | 1.653 | 1.337 | 9.502 | 1.900 | 20,4 | 12,7 | 8,3 | 7,1 |
| 28 | | NEUILLY-SUR-SEINE | 20 | 21 | 11 | 13 | 9 | 74 | 15 | 13,0 | 10,8 | 5,7 | 3,9 |
| 29 | | ASNIÈRES | 40 | 32 | 17 | 20 | 20 | 129 | 26 | 16,3 | 11,1 | 7,9 | 7,8 |
| 30 | | LEVALLOIS-PERRET | 41 | 76 | 29 | 22 | 47 | 215 | 43 | 25,7 | 16,3 | 6,3 | 7,2 |
| 31 | | CLICHY | 59 | 60 | 43 | 42 | 39 | 243 | 49 | 30,9 | 18,5 | 14,0 | 12,2 |
| 32 | | SAINT-OUEN | 54 | 48 | 26 | 17 | 18 | 163 | 33 | 29,1 | 15,6 | 14,5 | 9,1 |
| 33 | | SAINT-DENIS | 30 | 59 | 49 | 37 | 28 | 203 | 41 | 26,5 | 15,3 | 11,3 | 6,6 |
| 34 | | AUBERVILLIERS | 53 | 53 | 24 | 30 | 22 | 182 | 36 | 27,8 | 19,9 | 11,6 | 11,1 |
| 35 | | VINCENNES | 26 | 20 | 16 | 10 | 21 | 93 | 19 | 18,6 | 9,7 | 5,8 | 5,9 |
| 36 | | MONTREUIL-SOUS-BOIS | 26 | 31 | 21 | 13 | 24 | 115 | 23 | 23,2 | 13,1 | 6,2 | 6,8 |
| 37 | Aube | TROYES | 16 | 14 | 3 | 38 | 14 | 85 | 17 | 17,2 | 10,5 | 9,1 | 3,2 |
| 38 | Marne | REIMS | 90 | 116 | 94 | 61 | 101 | 462 | 92 | 27,2 | 18,1 | 10,2 | 8,4 |
| 39 | Meurthe-et-Moselle | NANCY | 67 | 108 | 71 | 41 | 94 | 381 | 76 | 13,4 | 17,1 | 10,0 | 7,1 |
| 40 | Haut-Rhin | BELFORT | 49 | 25 | 17 | 25 | 4 | 120 | 24 | 8,9 | 11,1 | 6,2 | 7,1 |
| 41 | Doubs | BESANÇON | 32 | 29 | 38 | 34 | 18 | 151 | 30 | 22,3 | 11,7 | 5,1 | 5,4 |
| 42 | Côte-d'Or | DIJON | 33 | 32 | 14 | 25 | 9 | 113 | 23 | 9,0 | 7,3 | 6,8 | 3,2 |
| 43 | Cher | BOURGES | 18 | 31 | 11 | 12 | 6 | 78 | 16 | 17,9 | 5,2 | 5,3 | 3,5 |
| 44 | Vienne | *Poitiers** | 43 | 6 | 8 | 4 | 4 | 65 | 13 | » | » | 10,4 | 3,3 |
| 45 | Charente-inférieure | ROCHEFORT | 55 | 6 | 21 | 19 | 22 | 123 | 25 | 25,5 | 11,3 | 8,2 | 6,8 |
| 46 | | LA ROCHELLE | 42 | 29 | 8 | 10 | 24 | 113 | 23 | 11,7 | 11,1 | 5,0 | 7,0 |
| 47 | Gironde | BORDEAUX | 106 | 138 | 184 | 86 | 86 | 600 | 120 | 17,0 | 12,6 | 6,5 | 4,7 |
| 48 | Dordogne | PÉRIGUEUX | 37 | 7 | 14 | 15 | 11 | 84 | 17 | 21,3 | 17,4 | 6,7 | 5,4 |
| 49 | Charente | ANGOULÊME | 29 | 20 | 26 | 12 | 21 | 108 | 22 | 26,3 | 14,0 | 9,8 | 5,8 |
| 50 | Haute-Vienne | LIMOGES | 65 | 55 | 82 | 59 | 70 | 331 | 66 | 16,6 | 21,9 | 7,3 | 7,6 |
| 51 | Puy-de-Dôme | CLERMONT-FERRAND | 33 | 14 | 34 | 28 | 41 | 150 | 30 | 15,0 | 10,4 | 4,8 | 5,4 |
| 52 | Allier | MONTLUÇON | 34 | 22 | 38 | 9 | 15 | 118 | 24 | 15,1 | 10,3 | 7,5 | 6,9 |
| 53 | Saône-et-Loire | LE CREUSOT | 5 | 28 | 20 | 3 | 10 | 66 | 13 | 25,4 | 8,6 | 5,1 | 4,1 |
| 54 | Loire | ROANNE | 17 | 15 | 15 | 7 | 9 | 63 | 13 | 10,6 | 13,2 | 3,8 | 3,7 |
| 55 | | SAINT-ÉTIENNE | 88 | 113 | 83 | 91 | 107 | 482 | 96 | 20,5 | 11,5 | 8,7 | 6,5 |
| 56 | Rhône | LYON | 205 | 242 | 176 | 211 | 145 | 979 | 196 | 13,1 | 9,4 | 5,9 | 4,2 |
| 57 | Isère | GRENOBLE | 65 | 40 | 30 | 24 | 23 | 182 | 36 | 27,7 | 10,6 | 7,5 | 5,1 |
| 58 | Alpes-maritimes | NICE | 101 | 462 | 91 | 62 | 101 | 817 | 163 | 28,0 | 8,9 | 9,9 | 13,6 |
| 59 | | CANNES | 31 | 38 | 38 | 14 | 8 | 129 | 26 | 9,4 | 10,2 | 5,0 | 8,7 |
| 60 | Var | TOULON | 136 | 440 | 207 | 102 | 100 | 985 | 197 | 24,5 | 21,2 | 20,9 | 19,1 |
| 61 | Vaucluse | AVIGNON | 46 | 34 | 140 | 53 | 28 | 301 | 60 | 21,6 | 11,5 | 12,0 | 12,6 |
| 62 | Gard | NIMES | 69 | 48 | 115 | 74 | 29 | 335 | 67 | 18,6 | 15,5 | 9,2 | 8,3 |
| 63 | Bouches-du-Rhône | MARSEILLE | 493 | 778 | 1.522 | 412 | 269 | 3.474 | 695 | 46,8 | 28,2 | 7,8 | 13,8 |
| 64 | Hérault | MONTPELLIER | 71 | 84 | 178 | 132 | 51 | 516 | 103 | 31,9 | 15,6 | 14,2 | 13,5 |
| 65 | | CETTE | 57 | 79 | 76 | 18 | 13 | 243 | 49 | 50,6 | 21,5 | 27,1 | 14,6 |
| 66 | | BÉZIERS | 59 | 48 | 57 | 36 | 40 | 240 | 48 | 41,8 | 12,5 | 10,2 | 9,2 |
| 67 | Pyrénées-orientales | PERPIGNAN | 12 | 24 | 49 | 49 | 28 | 162 | 32 | 29,4 | 12,2 | 11,0 | 8,5 |
| 68 | Aude | CARCASSONNE | 19 | 30 | 33 | 17 | 40 | 139 | 28 | 20,4 | 10,4 | 11,4 | 9,1 |
| 69 | Haute-Garonne | TOULOUSE | 70 | 69 | 88 | 70 | 47 | 344 | 69 | 19,0 | 7,6 | 6,4 | 4,6 |
| 70 | Tarn-et-Garonne | MONTAUBAN | 5 | 15 | 12 | 4 | 2 | 38 | 8 | 13,7 | 9,0 | 5,6 | 2,7 |
| 71 | Basses-Pyrénées | PAU | 21 | 16 | 9 | 13 | 10 | 69 | 14 | 10,8 | 7,3 | 5,6 | 4,0 |

(*) Renseignements incomplets pour tout ou partie des périodes.

# DÉCÈS PAR MALADIES ÉPIDÉMIQUES DE 1886 A 1905

## (FIÈVRE TYPHOÏDE, DIPHTÉRIE, ROUGEOLE, VARIOLE, SCARLATINE ET COQUELUCHE)

## IV. — RÉSULTATS GÉNÉRAUX ET RÉCAPITULATIFS PAR PÉRIODES

| | | PÉRIODE 1886-90 5 ans (sauf exceptions indiquées). | | | PÉRIODE 1891-95 5 ans. | | | PÉRIODE 1896-1900 5 ans. | | | PÉRIODE 1901-05 5 ans | | |
|---|---|---|---|---|---|---|---|---|---|---|---|---|---|
| | | NOMBRES ABSOLUS | | Proportion pour 10.000 habit. | NOMBRES ABSOLUS | | Proportion pour 10.000 habit. | NOMBRES ABSOLUS | | Proportion pour 10.000 habit. | NOMBRES ABSOLUS | | Proportion pour 10 000 habit. |
| | | Total. | Moyenne annuelle. | | Total. | Moyenne annuelle. | | Total. | Moyenne annuelle. | | Total. | Moyenne annuelle | |
| I Répartition générale par périodes. | Vil. de plus de 30.000 h. | 71.431 | 14.286 | *22,1* | 50.179 | 10.036 | *14,2* | 34.988 | 6.998 | *9,4* | 31.897 | 6.379 | *7,9* |
| | Vil. de 10.001 à 30.000 h. | 28.722 | 5.744 | *18,8* | 32.428 | 6.485 | *12,0* | 20.753 | 4.150 | *7,3* | 16.124 | 3.225 | *5,6* |
| | Vil. de 5.001 à 10.000 h. | (*) 7.786 | 3.893 | *17,1* | | | | | | | | | |
| | (*) 2 ans. | | | | | | | | | | | | |
| | TOTAUX..... | 107.939 | 23.923 | *20,3* | 82.607 | 16.521 | *13,3* | 55.741 | 11.148 | *8,5* | 48.021 | 9.604 | *6,9* |
| | Proportions extrêmes. | 25,0 en 1887<br>17,4 en 1889 | | | 15,8 en 1891<br>8,8 en 1895 | | | 9,5 en 1899<br>7,2 en 1897 | | | 8,8 en 1902<br>4,8 en 1905 | | |
| | Proportion par rapport au nombre des décès de toutes causes | 8,3 0/0<br>1 sur 12,1 | | | 5.6 0/0<br>1 sur 17,7 | | | 3,9 0/0<br>1 sur 25,4 | | | 3,4 0/0<br>1 sur 29,4 | | |
| II Répartition par groupes de villes. | I Paris................ | 23.930 | 4.786 | *20,6* | 15.662 | 3.132 | *12,7* | 10.776 | 2.155 | *8,4* | 9.502 | 1.900 | *7,1* |
| | II. V. de 100 001 à 518.000 h. | 24.906 | 4.981 | *24,2* | 18.587 | 3.717 | *17,0* | 12.480 | 2.496 | *10,4* | 12.508 | 2.502 | *9,4* |
| | III. V. de 30.001 à 100.000 h | 22.595 | 4.519 | *21,9* | 15 930 | 3.186 | *13,3* | 11.732 | 2.346 | *9,4* | 9.887 | 1.977 | *7,2* |
| | IV. V. de 20.001 à 30.000 h. | 12.087 | 2.417 | *19,9* | 8.058 | 1.612 | *13,0* | 5.413 | 1.083 | *7.7* | 3.782 | 756 | *5,7* |
| | V. V. de 10.0001 à 20.000 h | 16.635 | 3.327 | *18,1* | 10.504 | 2.119 | *11,5* | 6.761 | 1.352 | *7,0* | 5.310 | 1.062 | *5,2* |
| | VI. V. de 5.001 à 10.000 h. | (*) 7.786 | 3.893 | *17,1* | 13.776 | 2.755 | *11,9* | 8.579 | 1.716 | *7,3* | 7.032 | 1.406 | *5,8* |
| | (*) 2 ans. | | | | | | | | | | | | |
| III Répart. p. gr. d'âges dans les v. de plus de 30.000 habit. Proport. p. 10.000 de ch. groupe. | de 0 à 1 an..... | (*) 8.525 | 2.131 | *239,7* | 7.277 | 1.455 | *147,0* | 5.658 | 1.132 | *106,9* | 5.369 | 1.074 | *79,1* |
| | de 1 à 19 ans... | 35.990 | 8.997 | *48,6* | 32.030 | 6.406 | *31,7* | 20.282 | 4.056 | *19,0* | 17.868 | 3.574 | *15,4* |
| | de 20 à 39 ans.. | 9.041 | 2.260 | *9,1* | 8.123 | 1.625 | *6,0* | 7.120 | 1.424 | *5,0* | 6.315 | 1.263 | *4,1* |
| | de 40 à 59 ans.. | 2.411 | 603 | *4,1* | 2.152 | 430 | *2,7* | 1.551 | 310 | *1,8* | 1.867 | 373 | *2,0* |
| | de 60 et au-dessus. | 767 | 192 | *3,3* | 597 | 119 | *1,9* | 377 | 75 | *1,1* | 478 | 96 | *1,3* |
| | (*) 1re période : 4 ans (1887-90). | | | | | | | | | | | | |

| IV Répartition par villes de plus de 30.000 habit. Moyennes annuelles et proportions pour 10.000 habit. | PÉRIODE 1886-90 | PÉRIODE 1891-95 | PÉRIODE 1896-1900 | PÉRIODE 1901-05 |
|---|---|---|---|---|
| Moyenne générale annuelle............... | de 8,9 à 51,6. | de 5,2 à 28,5 | de 3,8 à 27,1 | de 2,7 à 19,1 |
| Villes ayant présenté une moyenne supérieure à 26,0........ | Le Havre......... *34,2*<br>Brest............ *33,2*<br>Lorient.......... *51,6*<br>Saint-Nazaire..... *28,3*<br>Clichy........... *30,9*<br>Saint-Ouen....... *29,1*<br>Saint-Denis....... *26,5*<br>Reims............ *27,2*<br>Angoulême........ *26,3*<br>Grenoble......... *27,7*<br>Nice............. *28,0*<br>Marseille......... *46,8*<br>Montpellier....... *31,9*<br>Cette............ *50,6*<br>Béziers.......... *41,8*<br>Perpignan........ *29,4* | Dunkerque....... *28,5*<br>Marseille......... *28,2* | Cette............ *27,1* | |
| Villes ayant présenté une moyenne inférieure à 5,0......... | | | Valenciennes..... *4,6*<br>Saint-Quentin.... *4,6*<br>Laval............ *4,7*<br>Clermont-Ferrand. *4,8*<br>Roanne.......... *3,8* | Caen............ *3,1*<br>Le Mans........ *3,9*<br>Neuilly-sur-Seine *3,9*<br>Troyes.......... *3,2*<br>Dijon........... *3,2*<br>Bourges......... *3,5*<br>Poitiers......... *3,3*<br>Bordeaux ..... .. *4,7*<br>Le Creusot...... *4.1*<br>Roanne......... *3.7*<br>Lyon............ *4.2*<br>Toulouse........ *4,6*<br>Montauban...... *2,7*<br>Pau............. *4,0* |

# XI

# DÉCÈS PAR PHTISIE PULMONAIRE

(TUBERCULOSE DES POUMONS)

**DE 1901 A 1905**

et comparaison avec les trois périodes précédentes.

## NOMBRES ABSOLUS ET PROPORTIONNELS

***Villes de plus de 5.000 habitants.***

I. — RÉPARTITION GÉNÉRALE ANNUELLE PAR GROUPES DE VILLES

***Villes de plus de 30.000 habitants.***

II. — RÉPARTITION ANNUELLE PAR GROUPES DE VILLES ET PAR AGES

III. — RÉPARTITION MENSUELLE

IV. — RÉPARTITION PAR VILLES

V. — RÉSULTATS GÉNÉRAUX ET RÉCAPITULATIFS

## DÉCÈS PAR PHTISIE PULMONAIRE DE 1901 A 1905.

| GROUPES de villes | GROUPES d'âges | 1901 Nombre absolu. | 1901 Proportion. | 1902 Nombre absolu. | 1902 Proportion. | 1903 Nombre absolu. | 1903 Proportion. | 1904 Nombre absolu. | 1904 Proportion. | 1905 Nombre absolu. | 1905 Proportion. |
|---|---|---|---|---|---|---|---|---|---|---|---|
| **I. — RÉPARTITION GÉNÉRALE PAR GROUPES DE VILLES DE PLUS DE 5.000 HABITANTS** | | | | | | | | | | | |
| PROPORTIONS POUR 10.000 HABITANTS | | | | | | | | | | | |
| I. Paris | | 10.085 | *40,2* | 10.526 | *39,2* | 10.390 | *38,7* | 10.403 | *38,6* | 10.348 | *38,2* |
| II. Villes de 100.001 à 518.000 habitants | | 7.703 | *29,4* | 7.687 | *29,0* | 7.788 | *29,2* | 7.524 | *28,1* | 7.488 | *27,8* |
| III. Villes de 30.001 à 100.000 habitants | | 7.208 | *26,5* | 7.257 | *26,5* | 7.266 | *26,4* | 7.300 | *26,4* | 7.331 | *26,4* |
| IV. Villes de 20.001 à 30.000 habitants | | 3.221 | *24,8* | 3.418 | *26,1* | 3.312 | *25,1* | 3.406 | *25,7* | 3.281 | *24,5* |
| V. Villes de 10.001 à 20.000 habitants | | 4.070 | *20,4* | 4.135 | *20,5* | 4.254 | *20,9* | 4.357 | *21,1* | 4.450 | *21,6* |
| VI. Villes de 5.001 à 10.000 habitants | | 4.207 | *17,5* | 4.400 | *18,1* | 4.493 | *18,5* | 4.615 | *18,9* | 4.744 | *19,3* |
| Totaux généraux | Villes de plus de 10.000 habitants | 32.953 | *29,1* | 33.023 | *29,0* | 33.010 | *28,8* | 32.098 | *28,6* | 32.898 | *28,4* |
| Totaux généraux | Villes de plus de 5.000 habitants | 37.160 | *27,1* | 37.483 | *27,2* | 37.512 | *27,0* | 37.613 | *26,9* | 37.642 | *26,8* |
| **II. — RÉPARTITION PAR GROUPES D'AGES DANS LES VILLES DE PLUS DE 30.000 HABITANTS** | | | | | | | | | | | |
| PROPORTIONS POUR 10.000 INDIVIDUS DE CHAQUE GROUPE | | | | | | | | | | | |
| I. Paris | de 0 à 1 an | 84 | *24,2* | 72 | *19,7* | 109 | *28,5* | 73 | *18,3* | 57 | *13,7* |
| | de 1 à 19 ans | 960 | *14,1* | 966 | *14,2* | 1.027 | *15,1* | 1.020 | *15,0* | 949 | *14,0* |
| | de 20 à 39 ans | 5.098 | *47,1* | 4.993 | *45,3* | 4.885 | *44,7* | 4.919 | *44,8* | 4.799 | *43,5* |
| | de 40 à 59 ans | 3.755 | *58,9* | 3.755 | *58,4* | 3.604 | *56,6* | 3.631 | *55,6* | 3.813 | *57,9* |
| | de 60 ans et au-dessus | 788 | *37,3* | 741 | *34,7* | 714 | *33,1* | 761 | *35,0* | 731 | *33,3* |
| II. Villes de 100.001 à 518.000 habitants | de 0 à 1 an | 80 | *20,1* | 91 | *19,4* | 69 | *14,0* | 90 | *17,8* | 52 | *11,3* |
| | de 1 à 19 ans | 1.121 | *14,1* | 1.035 | *13,0* | 1.052 | *13,2* | 1.049 | *13,2* | 885 | *11,1* |
| | de 20 à 39 ans | 3.707 | *39,0* | 3.774 | *38,9* | 3.853 | *39,5* | 3.640 | *37,2* | 3.677 | *37,4* |
| | de 40 à 59 ans | 2.299 | *38,6* | 2.292 | *38,2* | 2.242 | *37,1* | 2.207 | *36,3* | 2.300 | *37,6* |
| | de 60 ans et au-dessus | 487 | *20,4* | 495 | *20,6* | 572 | *23,6* | 538 | *22,1* | 555 | *22,6* |
| III. Villes de 30.001 à 100.000 habitants | de 0 à 1 an | 48 | *10,6* | 65 | *13,9* | 59 | *12,2* | 67 | *13,5* | 63 | *12,4* |
| | de 1 à 19 ans | 1.062 | *12,4* | 1.003 | *11,9* | 1.048 | *12,4* | 1.103 | *13,1* | 1.003 | *11,9* |
| | de 20 à 39 ans | 3.628 | *36,6* | 3.644 | *36,6* | 3.639 | *36,5* | 3.700 | *37,0* | 3.635 | *36,2* |
| | de 40 à 59 ans | 2.061 | *35,4* | 2.074 | *35,2* | 2.075 | *34,7* | 2.002 | *33,1* | 2.152 | *35,1* |
| | de 60 ans et au-dessus | 420 | *16,6* | 471 | *18,0* | 445 | *16,9* | 434 | *16,3* | 478 | *17,8* |

| | ANNÉES | 0 A 1 AN | 1 A 19 ANS | 20 A 39 ANS | 40 A 59 ANS | 60 ANS ET AU-DESSUS |
|---|---|---|---|---|---|---|
| Récapitulation par périodes. (Nombres absolus.) | 1901 | 221 | 3.123 | 12.493 | 8.415 | 1.704 |
| | 1902 | 228 | 3.003 | 12.411 | 8.121 | 1.707 |
| | 1903 | 237 | 3.127 | 12.377 | 7.981 | 1.731 |
| | 1904 | 230 | 3.172 | 12.259 | 7.841 | 1.783 |
| | 1905 | 183 | 2.837 | 12.111 | 8.273 | 1.704 |
| Totaux | (5 ans.) | 1.098 | 15.262 | 61.651 | 40.331 | 8.630 |

## III. — REPARTITION MENSUELLE POUR L'ENSEMBLE DES VILLES AYANT PLUS DE 30.000 HABITANTS (Groupes I, II et III réunis).

PROPORTIONS POUR 100.000 HABITANTS

| MOIS | 1901 | | 1902 | | 1903 | | 1904 | | 1905 | |
|---|---|---|---|---|---|---|---|---|---|---|
| | Nombre. | Proportion. | Nombre. | Proportion. | Nombre. | Proportion. | Nombre. | Proportion. | Nombre. | Proportion. |
| Janvier | 2.073 | ..... | 2.064 | ..... | 2.127 | ..... | 2.250 | ..... | 2.335 | ..... |
| | ..... | 25,86 | ..... | 25,61 | ..... | 26,26 | ..... | 27,63 | ..... | 28,53 |
| Février | 2.237 | ..... | 2.195 | ..... | 2.153 | ..... | 2.115 | ..... | 2.185 | ..... |
| | ..... | 27,91 | ..... | 27,24 | ..... | 26,58 | ..... | 25,98 | ..... | 26,69 |
| Mars | 2.566 | ..... | 2.503 | ..... | 2.431 | ..... | 2.558 | ..... | 2.324 | ..... |
| | ..... | 32,01 | ..... | 31,06 | ..... | 30,01 | ..... | 31,42 | ..... | 28,39 |
| Avril | 2.406 | ..... | 2.307 | ..... | 2.349 | ..... | 2.406 | ..... | 2.411 | ..... |
| | ..... | 30,02 | ..... | 28,63 | ..... | 29,00 | ..... | 29,55 | ..... | 29,46 |
| Mai | 2.389 | ..... | 2.332 | ..... | 2.288 | ..... | 2.268 | ..... | 2.331 | ..... |
| | ..... | 29,80 | ..... | 28,94 | ..... | 28,25 | ..... | 27,85 | ..... | 28,48 |
| Juin | 2.041 | ..... | 2.101 | ..... | 2.153 | ..... | 1.981 | ..... | 1.974 | ..... |
| | ..... | 25,46 | ..... | 26,07 | ..... | 26,58 | ..... | 24,33 | ..... | 24,12 |
| Juillet | 1.924 | ..... | 1.898 | ..... | 2.077 | ..... | 2.120 | ..... | 2.006 | ..... |
| | ..... | 24,00 | ..... | 23,55 | ..... | 25,64 | ..... | 26,04 | ..... | 24,51 |
| Aout | 2.015 | ..... | 1.949 | ..... | 1.947 | ..... | 1.871 | ..... | 1.879 | ..... |
| | ..... | 25,14 | ..... | 24,19 | ..... | 24,04 | ..... | 22,98 | ..... | 22,96 |
| Septembre | 1.814 | ..... | 1.860 | ..... | 1.844 | ..... | 1.760 | ..... | 1.750 | ..... |
| | ..... | 22,63 | ..... | 23,08 | ..... | 22,76 | ..... | 21,62 | ..... | 21,38 |
| Octobre | 2.043 | ..... | 2.044 | ..... | 1.954 | ..... | 1.821 | ..... | 2.008 | ..... |
| | ..... | 25,49 | ..... | 25,37 | ..... | 24,12 | ..... | 22,36 | ..... | 24,53 |
| Novembre | 2.058 | ..... | 2.030 | ..... | 1.957 | ..... | 2.014 | ..... | 1.907 | ..... |
| | ..... | 25,68 | ..... | 25,19 | ..... | 24,16 | ..... | 24,73 | ..... | 23,30 |
| Décembre | 2.090 | ..... | 2.187 | ..... | 2.173 | ..... | 2.071 | ..... | 2.057 | ..... |
| | ..... | 26,07 | ..... | 27,14 | ..... | 26,83 | ..... | 25,43 | ..... | 25,13 |
| Totaux | 25.656 | ...... | 25.470 | ...... | 25.453 | ...... | 25.235 | ...... | 25.167 | ...... |
| | ...... | 320,08 | ...... | 316,09 | ...... | 314,23 | ...... | 309,92 | ...... | 307,48 |

## IV. — RÉPARTITION DANS LES VILLES DE PLUS DE 30.000 HABITANTS

### PROPORTIONS POUR 10.000 HABITANTS PAR COMPARAISON AVEC LES TROIS PÉRIODES PRÉCÉDENTES

| NUMÉROS D'ORDRE | DÉPARTEMENTS par GROUPEMENT GÉOGRAPHIQUE du nord au sud. | NOMS DES VILLES | NOMBRES ABSOLUS | | | | | | | PROPORTION | | | |
|---|---|---|---|---|---|---|---|---|---|---|---|---|---|
| | | | 1901 | 1902 | 1903 | 1904 | 1905 | TOTAL | MOYENNE annuelle | 1887-90 | 1891-95 | 1896-1900 | 1901-05 |
| 1 | Nord | DUNKERQUE | 108 | 92 | 75 | 80 | 102 | 457 | 91 | 28,2 | 24,0 | 27,3 | 23,6 |
| 2 | | TOURCOING | 158 | 171 | 169 | 171 | 151 | 820 | 164 | 14,7 | 13,7 | 15,2 | 20,4 |
| 3 | | ROUBAIX | 338 | 310 | 312 | 352 | 327 | 1.639 | 328 | 27,9 | 26,8 | 25,8 | 26,7 |
| 4 | | LILLE | 702 | 704 | 679 | 700 | 656 | 3.441 | 688 | 32,7 | 30,1 | 35,2 | 33,0 |
| 5 | | VALENCIENNES | 69 | 135 | 100 | 106 | 95 | 505 | 101 | 25,6 | 28,0 | 32,7 | 32,2 |
| 6 | | DOUAI | 106 | 101 | 101 | 98 | 114 | 520 | 104 | 29,7 | 29,9 | 31,4 | 31,1 |
| 7 | Pas-de-Calais | CALAIS | 178 | 179 | 203 | 170 | 146 | 876 | 175 | 33,0 | 29,8 | 33,9 | 27,7 |
| 8 | | BOULOGNE-SUR-MER | 140 | 103 | 91 | 131 | 129 | 594 | 119 | 19,9 | 25,0 | 26,3 | 23,5 |
| 9 | Somme | AMIENS | 230 | 229 | 209 | 239 | 209 | 1.116 | 223 | 26,0 | 27,1 | 27,2 | 24,5 |
| 10 | Aisne | SAINT-QUENTIN | 107 | 163 | 144 | 154 | 157 | 725 | 145 | 23,4 | 18,0 | 20,6 | 28,1 |
| 11 | Seine-inférieure | LE HAVRE | 653 | 571 | 638 | 593 | 528 | 2.983 | 597 | 48,7 | 50,1 | 50,2 | 45,5 |
| 12 | | ROUEN | 563 | 471 | 525 | 494 | 475 | 2.528 | 506 | 39,4 | 43,1 | 44,3 | 43,1 |
| 13 | Calvados | *Caen** | 102 | 98 | 115 | 105 | 103 | 523 | 105 | 15,2 | 13,5 | 24,6 | 23,5 |
| 14 | Manche | CHERBOURG | 88 | 109 | 82 | 86 | 107 | 472 | 94 | 14,0 | 25,6 | 21,9 | 21,7 |
| 15 | Ille-et-Vilaine | RENNES | 266 | 205 | 232 | 213 | 223 | 1.139 | 228 | 25,1 | 28,0 | 26,3 | 30,3 |
| 16 | Finistère | BREST | 286 | 249 | 302 | 318 | 231 | 1.386 | 277 | 23,9 | 22,7 | 29,1 | 32,7 |
| 17 | Morbihan | *Lorient** | 26 | 7 | 17 | 41 | » | » | » | 25,1 | 15,7 | » | » |
| 18 | Loire-inférieure | SAINT-NAZAIRE | 125 | 134 | 122 | 112 | 126 | 619 | 124 | 24,3 | 24,5 | 26,0 | 34,6 |
| 19 | | NANTES | 507 | 478 | 474 | 485 | 475 | 2.419 | 484 | 23,4 | 28,2 | 33,6 | 36,4 |
| 20 | Maine-et-Loire | *Angers** | 179 | 218 | 193 | 202 | 205 | 997 | 199 | » | » | » | 24,1 |
| 21 | Mayenne | LAVAL | 120 | 100 | 108 | 105 | 100 | 533 | 107 | 30,9 | 28,5 | 31,0 | 35,6 |
| 22 | Sarthe | LE MANS | 203 | 225 | 239 | 211 | 242 | 1.120 | 224 | 19,0 | 27,1 | 31,0 | 34,8 |
| 23 | Indre-et-Loire | TOURS | 170 | 146 | 130 | 139 | 113 | 698 | 140 | 13,1 | 18,4 | 20,3 | 21,2 |
| 24 | Loiret | ORLÉANS | 173 | 190 | 171 | 170 | 172 | 876 | 175 | 22,4 | 22,2 | 23,8 | 25,7 |
| 25 | Seine-et-Oise | VERSAILLES | 187 | 188 | 190 | 192 | 182 | 939 | 188 | 23,2 | 30,4 | 31,8 | 34,4 |
| 26 | Seine | BOULOGNE-S-SEINE | 231 | 217 | 227 | 259 | 237 | 1.171 | 234 | 44,8 | 50,5 | 45,6 | 49,7 |
| 27 | | PARIS | 10.685 | 10.526 | 10.399 | 10.405 | 10.348 | 52.363 | 10.473 | 43,7 | 40,7 | 37,6 | 38,9 |
| 28 | | NEUILLY-SUR-SEINE | 103 | 97 | 106 | 89 | 100 | 495 | 99 | 22,1 | 24,5 | 26,5 | 25,6 |
| 29 | | ASNIÈRES | 93 | 91 | 91 | 91 | 121 | 487 | 97 | 24,5 | 30,0 | 29,6 | 29,0 |
| 30 | | LEVALLOIS-PERRET | 180 | 161 | 222 | 196 | 186 | 945 | 189 | 43,3 | 36,9 | 37,5 | 31,7 |
| 31 | | CLICHY | 173 | 215 | 199 | 170 | 177 | 934 | 187 | 32,6 | 38,5 | 44,4 | 46,4 |
| 32 | | SAINT-OUEN | 139 | 121 | 102 | 101 | 115 | 578 | 116 | 45,4 | 33,7 | 43,7 | 31,9 |
| 33 | | SAINT-DENIS | 293 | 244 | 248 | 262 | 289 | 1.336 | 267 | 45,2 | 15,8 | 34,3 | 42,8 |
| 34 | | AUBERVILLIERS | 142 | 134 | 112 | 129 | 126 | 643 | 129 | 41,9 | 35,6 | 38,6 | 39,7 |
| 35 | | VINCENNES | 78 | 98 | 76 | 63 | 72 | 387 | 77 | 26,0 | 22,8 | 19,5 | 23,9 |
| 36 | | MONTREUIL-S'-BOIS | 143 | 156 | 169 | 150 | 122 | 740 | 148 | 37,9 | 27,5 | 22,0 | 44,0 |
| 37 | Aube | TROYES | 109 | 148 | 133 | 128 | 148 | 666 | 133 | 25,5 | 26,8 | 22,3 | 24,9 |
| 38 | Marne | REIMS | 317 | 335 | 312 | 313 | 312 | 1.589 | 318 | 27,2 | 27,4 | 29,4 | 29,2 |
| 39 | Meurthe-et-Moselle | NANCY | 282 | 263 | 271 | 262 | 292 | 1.370 | 274 | 33,1 | 31,6 | 31,6 | 25,7 |
| 40 | Haut-Rhin | *Belfort** | 36 | 43 | 55 | 24 | 22 | » | » | » | » | » | » |
| 41 | Doubs | BESANÇON | 161 | 199 | 170 | 180 | 164 | 874 | 175 | 27,1 | 33,0 | 27,9 | 31,3 |
| 42 | Côte-d'Or | DIJON | 138 | 176 | 181 | 161 | 201 | 857 | 171 | 22,7 | 24,3 | 17,6 | 23,5 |
| 43 | Cher | BOURGES | 69 | 58 | 68 | 83 | 89 | 367 | 73 | 15,9 | 15,5 | 12,8 | 16,1 |
| 44 | Vienne | *Poitiers** | 50 | 22 | 28 | 20 | 20 | » | » | » | » | » | » |
| 45 | Charente-inférieure | ROCHEFORT | 88 | 79 | 71 | 99 | 90 | 427 | 85 | 13,3 | 15,5 | 16,7 | 23,2 |
| 46 | | LA ROCHELLE | 44 | 52 | 55 | 41 | 52 | 244 | 49 | 9,0 | 9,0 | 7,7 | 15,0 |
| 47 | Gironde | BORDEAUX | 702 | 715 | 649 | 639 | 628 | 3.333 | 667 | 33,8 | 27,5 | 22,5 | 26,2 |
| 48 | Dordogne | PÉRIGUEUX | 47 | 49 | 50 | 43 | 43 | 232 | 46 | 9,0 | 8,0 | 12,7 | 14,5 |
| 49 | Charente | ANGOULÊME | 55 | 53 | 43 | 87 | 82 | 320 | 64 | 31,7 | 25,0 | 16,9 | 17,0 |
| 50 | Haute-Vienne | LIMOGES | 265 | 291 | 312 | 319 | 342 | 1.529 | 306 | 35,8 | 39,7 | 42,0 | 35,4 |
| 51 | Puy-de-Dôme | CLERMONT-FERRAND | 83 | 92 | 108 | 105 | 118 | 506 | 101 | 14,8 | 10,9 | 9,5 | 18,1 |
| 52 | Allier | *Montluçon** | 38 | 47 | 79 | 94 | 91 | 349 | 70 | 12,6 | 14,3 | 14,4 | 20,2 |
| 53 | Saône-et-Loire | LE CREUSOT | 54 | 46 | 52 | 55 | 64 | 271 | 54 | 11,6 | 14,0 | 18,0 | 16,9 |
| 54 | Loire | *Roanne** | 69 | 78 | 89 | 74 | 113 | 423 | 85 | » | 19,1 | 13,4 | 24,1 |
| 55 | | SAINT-ÉTIENNE | 407 | 425 | 421 | 400 | 462 | 2.115 | 423 | 31,4 | 24,6 | 26,2 | 28,8 |
| 56 | Rhône | LYON | 1.264 | 1.403 | 1.360 | 1.260 | 1.358 | 6.645 | 1.329 | 29,5 | 30,3 | 29,8 | 28,5 |
| 57 | Isère | GRENOBLE | 188 | 165 | 156 | 139 | 138 | 786 | 157 | 25,6 | 27,5 | 25,4 | 22,2 |
| 58 | Alpes-maritimes | NICE | 313 | 280 | 397 | 334 | 366 | 1.690 | 338 | 26,3 | 17,1 | 24,3 | 28,2 |
| 59 | | CANNES | 58 | 64 | 68 | 75 | 58 | 323 | 65 | 22,1 | 13,7 | 12,8 | 21,7 |
| 60 | Var | TOULON | 185 | 231 | 217 | 198 | 176 | 1.007 | 201 | 8,8 | 14,6 | 12,0 | 19,5 |
| 61 | Vaucluse | AVIGNON | 133 | 127 | 124 | 143 | 134 | 661 | 132 | 23,3 | 23,2 | 25,8 | 27,7 |
| 62 | Gard | NIMES | 189 | 171 | 172 | 183 | 174 | 889 | 178 | 21,7 | 24,0 | 21,4 | 22,1 |
| 63 | Bouches-du-Rhône | MARSEILLE | 1.123 | 1.134 | 1.164 | 1.067 | 1.057 | 5.545 | 1.109 | 27,0 | 20,1 | 17,1 | 22,0 |
| 64 | Hérault | MONTPELLIER | 179 | 171 | 183 | 167 | 212 | 912 | 182 | 24,6 | 22,8 | 26,9 | 23,8 |
| 65 | | CETTE | 106 | 80 | 91 | 89 | 80 | 446 | 89 | 31,5 | 25,6 | 29,8 | 26,5 |
| 66 | | BÉZIERS | 166 | 183 | 164 | 163 | 159 | 835 | 167 | 27,8 | 29,8 | 27,0 | 31,9 |
| 67 | Pyrénées-orientales | PERPIGNAN | 84 | 83 | 84 | 91 | 92 | 434 | 87 | 13,8 | 22,4 | 22,8 | 23,2 |
| 68 | Aude | *Carcassonne** | 76 | 57 | 70 | 66 | 78 | 347 | 69 | » | 19,1 | 18,4 | 22,4 |
| 69 | Haute-Garonne | TOULOUSE | 407 | 367 | 369 | 427 | 376 | 1.946 | 389 | 20,7 | 16,3 | 18,9 | 26,0 |
| 70 | Tarn-et-Garonne | MONTAUBAN | 29 | 32 | 26 | 27 | 22 | 136 | 27 | 10,4 | 12,7 | 13,0 | 9,1 |
| 71 | Basses-Pyrénées | PAU | 98 | 105 | 89 | 97 | 93 | 482 | 96 | 33,3 | 29,9 | 28,8 | 27,7 |

(*) Renseignements incomplets pour tout ou partie des périodes.

# DÉCÈS PAR PHTISIE PULMONAIRE DE 1887 A 1905
## (TUBERCULOSE DES POUMONS)
## V. — RÉSULTATS GÉNÉRAUX ET RÉCAPITULATIFS PAR PÉRIODES

| | PÉRIODE 1887-90, 4 ans (sauf exceptions indiquées). | | | PÉRIODE 1891-95, 5 ans. | | | PÉRIODE 1896-1900, 5 ans. | | | PÉRIODE 1901-05, 5 ans. | | |
|---|---|---|---|---|---|---|---|---|---|---|---|---|
| | NOMBRES ABSOLUS | | Proportion pour 10.000 habit. | NOMBRES ABSOLUS | | Proportion pour 10.000 habit. | NOMBRES ABSOLUS | | Proportion pour 10.000 habit. | NOMBRES ABSOLUS | | Proportion pour 10.000 habit. |
| | Total. | Moyenne annuelle. | | Total. | Moyenne annuelle. | | Total. | Moyenne annuelle. | | Total. | Moyenne annuelle. | |
| **I. Répartition générale par périodes.** | | | | | | | | | | | | |
| Vil. de plus de 30.000 h. | 85.769 | 21.442 | *33,0* | 108.885 | 21.777 | *30,9* | 112.203 | 22.441 | *30,1* | 126.981 | 25.396 | *31,3* |
| Vil. de 10.001 à 30.000 h. | 24.056 | 6.014 | *19,6* | 49.788 | 9.957 | *18,5* | 51.483 | 10.296 | *18,1* | 60.429 | 12.086 | *20,9* |
| Vil. de 5.001 à 10.000 h. (*) 2 ans. | *6.966 | 3.483 | *15,3* | | | | | | | | | |
| TOTAUX | 116.791 | 30.939 | *26,1* | 158.673 | 31.734 | *25,5* | 163.686 | 32.737 | *24,9* | 187.410 | 37.482 | *27,0* |
| Proportions extrêmes. | 29,0 en 1887<br>24,8 en 1889 | | | 26,2 en 1891<br>24,9 en 1893 | | | 25,6 en 1900<br>24,1 en 1897 | | | 27,2 en 1902<br>26,8 en 1905 | | |
| Proportion par rapport au nombre des décès de toutes causes. | 10,8 0/0<br>1 sur 9,2 | | | 10,8 0/0<br>1 sur 9,2 | | | 11,5 0/0<br>1 sur 8,7 | | | 13,3 0/0<br>1 sur 7,5 | | |
| **II. Répartition par groupes de villes.** | | | | | | | | | | | | |
| I. Paris | 40.916 | 10.229 | *43,7* | 50.302 | 10.060 | *40,9* | 48.685 | 9.737 | *37,9* | 52.363 | 10.473 | *39,0* |
| II. V. de 100.001 à 518.000 h | 25.202 | 6.300 | *30,4* | 30.755 | 6.151 | *28,1* | 33.117 | 6.623 | *27,7* | 38.250 | 7.650 | *28,7* |
| III. V. de 30.001 à 100.000 h. | 19.651 | 4.913 | *23,7* | 27.828 | 5.566 | *23,2* | 30.401 | 6.080 | *24,5* | 36.368 | 7.273 | *26,4* |
| IV. V. de 20.001 à 30.000 h. | 9.868 | 2.467 | *20,2* | 12.793 | 2.559 | *20,7* | 13.941 | 2.788 | *19,9* | 16.638 | 3.328 | *25,3* |
| V. V. de 10.001 à 20.000 h. | 14.188 | 3.547 | *19,2* | 17.683 | 3.536 | *19,2* | 17.476 | 3.495 | *18,2* | 21.272 | 4.254 | *20,9* |
| VI. V. de 5.001 à 10.000 h. (*) 2 ans. | *6.966 | 3.483 | *15,3* | 19.312 | 3.862 | *16,7* | 20.066 | 4.013 | *17,0* | 22.519 | 4.504 | *18,5* |
| **III. Répart. p. gr. d'âges dans les v. de plus de 30.000 h.** (Proport. p. 10.000 de ch. groupe.) | | | | | | | | | | | | |
| de 0 à 1 an | 648 | 162 | *18,2* | 879 | 176 | *17,8* | 784 | 157 | *14,8* | 1.098 | 220 | *16,2* |
| de 1 à 19 ans | 11.209 | 2.802 | *15,1* | 14.798 | 2.960 | *14,7* | 14.005 | 2.801 | *13,1* | 15.262 | 3.052 | *13,2* |
| de 20 à 39 ans | 44.241 | 11.060 | *44,5* | 54.470 | 10.894 | *40,4* | 56.277 | 11.255 | *39,5* | 61.651 | 12.330 | *40,2* |
| de 40 à 59 ans | 24.637 | 6.159 | *41,8* | 32.164 | 6.433 | *40,3* | 34.067 | 6.813 | *40,4* | 40.331 | 8.066 | *43,6* |
| de 60 et au-dessus | 5.034 | 1.258 | *21,6* | 6.574 | 1.315 | *20,9* | 7.070 | 1.414 | *21,4* | 8.639 | 1.728 | *24,0* |
| **IV. Répart. p. saisons dans les v. de plus de 30.000 h.** | | | | | | | | | | | | |
| Hiver (déc., jan., fév.). (*) Moins décemb. 1886. | *21.433 | 5.827 | *9,0* | 28.228 | 5.646 | *8,0* | 28.291 | 5.658 | *7,6* | 32.060 | 6.412 | *7,9* |
| Printemps (m., a., m.). | 23.773 | 5.943 | *9,1* | 30.529 | 6.106 | *8,7* | 31.438 | 6.288 | *8,4* | 35.869 | 7.174 | *8,8* |
| Été (juin, juil., août). | 19.169 | 4.792 | *7,4* | 25.050 | 5.010 | *7,1* | 26.050 | 5.210 | *7,0* | 29.936 | 5.987 | *7,4* |
| Automne (s., o., n.). | 19.497 | 4.874 | *7,5* | 25.246 | 5.049 | *7,2* | 26.348 | 5.270 | *7,1* | 28.864 | 5.773 | *7,1* |

**V. Répartition par villes de plus de 30.000 hab.** Moyennes annuelles et proportions pour 10.000 hab.

| | 1887-90 | | 1891-95 | | 1896-1900 | | 1901-05 | |
|---|---|---|---|---|---|---|---|---|
| Moyenne générale annuelle | de 8,8 48,7 | | de 8,0 à 50,5 | | de 7,7 à 50,2 | | de 9,1 à 49,7 | |
| Villes ayant présenté une moyenne supérieure à 33,0 | | | | | Lille | *35,2* | Le Havre | *45,5* |
| | | | | | Calais | *33,9* | Rouen | *43,1* |
| | Le Havre | *48,7* | Le Havre | *50,1* | Le Havre | *50,2* | Saint-Nazaire | *34,6* |
| | Rouen | *39,4* | Rouen | *43,1* | Rouen | *44,3* | Nantes | *36,4* |
| | | | | | Nantes | *33,6* | Laval | *35,6* |
| | Boulogne-s-Seine | *44,8* | Boulogne-s-Seine | *50,5* | Boulogne-s-Seine | *45,6* | Le Mans | *34,8* |
| | Paris | *43,7* | Paris | *40,7* | Paris | *37,6* | Versailles | *34,4* |
| | Levallois-Perret | *43,3* | Levallois-Perret | *36,9* | Levallois-Perret | *37,5* | Boulogne-s/-Seine | *49,7* |
| | | | Clichy | *38,5* | Clichy | *44,4* | Paris | *38,9* |
| | Saint-Ouen | *45,4* | Saint-Ouen | *33,7* | Saint-Ouen | *43,7* | Clichy | *46,4* |
| | Saint-Denis | *45,2* | Saint-Denis | ? | Saint-Denis | *34,3* | Saint-Denis | *42,8* |
| | Aubervilliers | *41,9* | Aubervilliers | *35,6* | Aubervilliers | *38,6* | Aubervilliers | *39,7* |
| | Montreuil-s/-Bois | *37,9* | | | | | Montreuil-s/-Bois | *44,0* |
| | Nancy | *33,1* | | | | | | |
| | Bordeaux | *33,8* | | | | | | |
| | Limoges | *35,8* | Limoges | *39,7* | Limoges | *42,0* | Limoges | *35,4* |
| | Pau | *33,3* | | | | | | |
| Villes ayant présenté une moyenne inférieure à 14,6 | Cherbourg | *14,0* | | | | | | |
| | Tours | *13,1* | | | | | | |
| | Rochefort | *13,3* | Tourcoing | *13,7* | Tourcoing | *15,2* | | |
| | | | | | Bourges | *12,8* | | |
| | La Rochelle | *9,0* | La Rochelle | *9,0* | La Rochelle | *7,7* | | |
| | Périgueux | *9,0* | Périgueux | *8,0* | Périgueux | *12,7* | Périgueux | *14,5* |
| | | | Clermont-Ferrand | *10,9* | Clermont-Ferrand | *9,5* | | |
| | Montluçon | *12,6* | Montluçon | *14,3* | Montluçon | *14,4* | | |
| | Le Creusot | *11,6* | Le Creusot | *14,0* | | | | |
| | Toulon | *8,8* | | | Roanne | *13,4* | | |
| | Perpignan | *13,8* | Cannes | *13,7* | Cannes | *12,8* | | |
| | Montauban | *10,4* | Montauban | *12,7* | Montauban | *13,0* | Montauban | *9,1* |

# XII

# DÉCÈS PAR TUBERCULOSE

## DES ORGANES AUTRES QUE LES POUMONS

## (MÉNINGITE TUBERCULEUSE ET AUTRES TUBERCULOSES)

## DE 1901 A 1905

et comparaison avec les trois périodes précédentes.

## RÉCAPITULATION POUR L'ENSEMBLE DES DÉCÈS PAR TUBERCULOSE DES DIVERS ORGANES

## NOMBRES ABSOLUS ET PROPORTIONNELS

***Villes de plus de 5.000 habitants.***

I. — RÉPARTITION GÉNÉRALE ANNUELLE PAR GROUPES DE VILLES

***Villes de plus de 30.000 habitants.***

II. — RÉPARTITION ANNUELLE PAR GROUPES DE VILLES ET PAR AGES

III. — RÉPARTITION PAR VILLES

IV. — RÉSULTATS GÉNÉRAUX ET RÉCAPITULATIFS

## DÉCÈS PAR TUBERCULOSE DES ORGANES AUTRES QUE LES POUMONS DE 1901 A 1905

| GROUPES DE VILLES | GROUPES D'AGE | 1901 Nombre absolu. | 1901 Proportion. | 1902 Nombre absolu. | 1902 Proportion. | 1903 Nombre absolu. | 1903 Proportion. | 1904 Nombre absolu. | 1904 Proportion. | 1905 Nombre absolu. | 1905 Proportion. |
|---|---|---|---|---|---|---|---|---|---|---|---|
| **I. — RÉPARTITION GÉNÉRALE PAR GROUPES DE VILLES DE PLUS DE 5.000 HABITANTS** | | | | | | | | | | | |
| PROPORTIONS POUR 10.000 HABITANTS | | | | | | | | | | | |
| I. Paris | | 1.734 | *6,5* | 1.758 | *6,6* | 1.873 | *7,0* | 1.773 | *6,6* | 1.796 | *6,6* |
| II. Villes de 100.001 à 518.000 habitants | | 1.259 | *4,8* | 1.305 | *4,9* | 1.292 | *4,8* | 1.309 | *4,9* | 1.381 | *5,1* |
| III. Villes de 30.001 à 100.000 habitants | | 1.607 | *5,9* | 1.735 | *6,3* | 1.656 | *6,0* | 1.694 | *6,1* | 1.617 | *5,8* |
| IV. Villes de 20.001 à 30.000 habitants | | 734 | *5,6* | 663 | *5,1* | 680 | *5,2* | 641 | *4,8* | 612 | *4,6* |
| V. Villes de 10.001 à 20.000 habitants | | 1.046 | *5,2* | 1.051 | *5,2* | 1.047 | *5,1* | 1.061 | *5,2* | 993 | *4,8* |
| VI. Villes de 5.001 à 10.000 habitants | | 1.100 | *4,6* | 1.084 | *4,5* | 1.134 | *4,7* | 1.256 | *5,1* | 1.272 | *5,2* |
| Totaux généraux | Villes de plus de 10.000 h. | 6.380 | *5,6* | 6.512 | *5,7* | 6.548 | *5,7* | 6.478 | *5,6* | 6.399 | *5,5* |
| | Villes de plus de 5.000 h. | 7.480 | *5,4* | 7.596 | *5,5* | 7.682 | *5,5* | 7.734 | *5,5* | 7.671 | *5,5* |
| **II. — RÉPARTITION PAR GROUPES D'AGES DANS LES VILLES DE PLUS DE 30.000 HABITANTS** | | | | | | | | | | | |
| PROPORTIONS POUR 10.000 INDIVIDUS DE CHAQUE GROUPE | | | | | | | | | | | |
| I. Paris | de 0 à 1 an | 221 | *63,6* | 180 | *49,3* | 185 | *48,4* | 170 | *42,5* | 181 | *43,4* |
| | de 1 à 19 ans | 837 | *12,3* | 880 | *12,9* | 883 | *13,0* | 892 | *13,1* | 855 | *12,6* |
| | de 20 à 39 ans | 381 | *3,5* | 368 | *3,4* | 412 | *3,8* | 402 | *3,7* | 381 | *2,5* |
| | de 40 à 59 ans | 226 | *3,5* | 274 | *4,3* | 313 | *4,8* | 250 | *3,8* | 306 | *4,6* |
| | de 60 ans et au-dessus | 69 | *3,3* | 56 | *2,6* | 80 | *3,7* | 59 | *2,7* | 73 | *3,3* |
| II. Villes de 100.001 à 518.000 habit. | de 0 à 1 an | 109 | *24,6* | 134 | *28,6* | 108 | *21,8* | 104 | *20,0* | 107 | *19,6* |
| | de 1 à 19 ans | 519 | *6,5* | 616 | *7,8* | 593 | *7,5* | 539 | *6,8* | 550 | *6,9* |
| | de 20 à 39 ans | 336 | *3,5* | 277 | *2,8* | 313 | *3,2* | 320 | *3,3* | 387 | *3,9* |
| | de 40 à 59 ans | 203 | *3,4* | 190 | *3,2* | 185 | *3,1* | 236 | *3,9* | 246 | *4,0* |
| | de 60 ans et au-dessus | 92 | *3,9* | 88 | *3,7* | 93 | *3,8* | 110 | *4,5* | 91 | *3,7* |
| III. Villes de 30.001 à 100.000 habit. | de 0 à 1 an | 129 | *28,4* | 179 | *38,2* | 147 | *30,5* | 151 | *30,5* | 150 | *29,5* |
| | de 1 à 19 ans | 650 | *7,7* | 728 | *8,6* | 686 | *8,1* | 729 | *8,6* | 662 | *7,8* |
| | de 20 à 39 ans | 438 | *4,4* | 470 | *4,7* | 430 | *4,3* | 422 | *4,2* | 428 | *4,3* |
| | de 40 à 59 ans | 271 | *4,6* | 263 | *4,5* | 284 | *4,7* | 256 | *4,2* | 272 | *4,4* |
| | de 60 ans et au-dessus | 119 | *4,6* | 95 | *3,6* | 109 | *4,1* | 136 | *5,1* | 105 | *3,9* |

| | Années. | 0 à 1 an. | 1 à 19 ans. | 20 à 39 ans. | 40 à 59 ans. | 60 ans et au-dessus. |
|---|---|---|---|---|---|---|
| Récapitulation par périodes (Nombres absolus.) | 1901 | 459 | 2.006 | 1.155 | 700 | 280 |
| | 1902 | 493 | 2.224 | 1.115 | 727 | 239 |
| | 1903 | 440 | 2.162 | 1.155 | 782 | 282 |
| | 1904 | 425 | 2.160 | 1.144 | 742 | 305 |
| | 1905 | 438 | 2.067 | 1.196 | 824 | 269 |
| Totaux | (5 ans.) | 2.255 | 10.619 | 5.765 | 3.775 | 1.375 |

# MORTALITÉ PAR TUBERCULOSE
# DES ORGANES AUTRES QUE LES POUMONS DE 1901 À 1905

## III. — RÉPARTITION DANS LES VILLES DE PLUS DE 30.000 HABITANTS

PROPORTIONS POUR 10.000 HABITANTS PAR COMPARAISON AVEC LES TROIS PÉRIODES PRÉCÉDENTES

| NUMÉROS D'ORDRE | DÉPARTEMENTS par GROUPEMENT GÉOGRAPHIQUE du nord au sud. | NOMS DES VILLES | NOMBRES ABSOLUS | | | | | | | PROPORTION | | | |
|---|---|---|---|---|---|---|---|---|---|---|---|---|---|
| | | | 1901 | 1902 | 1903 | 1904 | 1905 | TOTAL | MOYENNE annuelle | 1887-90 | 1891-95 | 1896-1900 | 1901-05 |
| 1 | Nord | DUNKERQUE | 24 | 33 | 37 | 36 | 65 | 195 | 39 | 4,3 | 8,7 | 7,3 | 10,1 |
| 2 | | TOURCOING | 47 | 46 | 30 | 41 | 35 | 199 | 40 | 14,4 | 12,1 | 6,8 | 5,0 |
| 3 | | ROUBAIX | 46 | 80 | 48 | 61 | 44 | 279 | 56 | 6,3 | 6,7 | 5,5 | 4,6 |
| 4 | | LILLE | 103 | 138 | 143 | 94 | 121 | 599 | 120 | 5,0 | 7,1 | 6,3 | 5,8 |
| 5 | | VALENCIENNES | 20 | 8 | 21 | 27 | 23 | 99 | 20 | 11,4 | 12,0 | 4,6 | 6,4 |
| 6 | | DOUAI | 42 | 49 | 38 | 37 | 27 | 193 | 39 | 9,7 | 21,9 | 14,9 | 11,7 |
| 7 | Pas-de-Calais | CALAIS | 53 | 87 | 52 | 62 | 52 | 306 | 61 | 3,3 | 7,2 | 7,7 | 9,6 |
| 8 | | BOULOGNE-SUR-MER | 42 | 31 | 30 | 34 | 43 | 180 | 36 | 17,3 | 12,2 | 7,3 | 7,1 |
| 9 | Somme | AMIENS | 46 | 54 | 46 | 45 | 38 | 229 | 46 | 1,0 | 2,5 | 6,4 | 5,1 |
| 10 | Aisne | SAINT-QUENTIN | 26 | 29 | 20 | 34 | 16 | 125 | 25 | 9,5 | 8,9 | 5,4 | 4,8 |
| 11 | Seine-inférieure | LE HAVRE | 46 | 80 | 64 | 62 | 77 | 329 | 66 | 1,1 | 5,7 | 5,3 | 5,0 |
| 12 | | ROUEN | 69 | 88 | 71 | 73 | 75 | 376 | 75 | 3,2 | 4,9 | 4,5 | 6,4 |
| 13 | Calvados | *Caen** | 7 | 7 | 11 | 5 | 3 | 33 | 7 | 1,1 | 7,2 | 3,8 | 1,6 |
| 14 | Manche | CHERBOURG | 18 | 11 | 12 | 13 | 30 | 84 | 17 | 1,6 | 3,2 | 5,9 | 3,9 |
| 15 | Ille-et-Vilaine | RENNES | 33 | 41 | 49 | 39 | 34 | 196 | 39 | 3,1 | 4,9 | 7,5 | 5,2 |
| 16 | Finistère | BREST | 60 | 43 | 28 | 21 | 24 | 176 | 35 | 5,8 | 7,5 | 10,7 | 4,1 |
| 17 | Morbihan | *Lorient** | 25 | 30 | 41 | 27 | » | » | » | » | 7,1 | 5,1 | » |
| 18 | Loire-inférieure | SAINT-NAZAIRE | 10 | 12 | 24 | 29 | 14 | 89 | 18 | 8,3 | 12,1 | 8,4 | 5,0 |
| 19 | | NANTES | 107 | 109 | 99 | 64 | 80 | 459 | 92 | 7,4 | 11,8 | 8,4 | 6,9 |
| 20 | Maine-et-Loire | *Angers** | 30 | 40 | 38 | 42 | 40 | 190 | 38 | » | » | » | 4,6 |
| 21 | Mayenne | LAVAL | 33 | 30 | 28 | 24 | 29 | 144 | 29 | 10,2 | 16,6 | 16,7 | 9,6 |
| 22 | Sarthe | LE MANS | 44 | 26 | 39 | 33 | 35 | 177 | 35 | 10,9 | 9,6 | 10,4 | 5,4 |
| 23 | Indre-et-Loire | TOURS | 62 | 46 | 71 | 139 | 127 | 445 | 89 | 27,0 | 25,6 | 16,4 | 13,5 |
| 24 | Loiret | ORLÉANS | 30 | 49 | 56 | 42 | 36 | 213 | 43 | 6,9 | 7,0 | 6,0 | 6,3 |
| 25 | Seine-et-Oise | VERSAILLES | 45 | 50 | 38 | 36 | 44 | 213 | 43 | 9,5 | 7,4 | 6,8 | 7,9 |
| 26 | Seine | BOULOGNE-SUR-SEINE | 38 | 30 | 26 | 32 | 34 | 160 | 32 | 5,8 | 8,9 | 8,3 | 6,8 |
| 27 | | PARIS | 1.734 | 1.758 | 1.873 | 1.773 | 1.796 | 8.934 | 1.787 | 5,4 | 7,5 | 9,0 | 6,6 |
| 28 | | NEUILLY-SUR-SEINE | 18 | 25 | 18 | 24 | 23 | 108 | 22 | 6,9 | 6,2 | 5,5 | 5,7 |
| 29 | | ASNIÈRES | 14 | 12 | 8 | 15 | 22 | 71 | 14 | 21,0 | 6,9 | 6,5 | 4,2 |
| 30 | | LEVALLOIS-PERRET | 76 | 105 | 78 | 73 | 69 | 401 | 80 | 3,2 | 8,1 | 12,6 | 13,4 |
| 31 | | CLICHY | 11 | 19 | 33 | 17 | 22 | 102 | 20 | 17,4 | 11,3 | 4,6 | 5,0 |
| 32 | | SAINT-OUEN | 60 | 52 | 44 | 42 | 34 | 232 | 46 | 12,8 | 30,5 | 20,9 | 12,6 |
| 33 | | SAINT-DENIS | 46 | 50 | 50 | 54 | 51 | 251 | 50 | 15,2 | 44,9 | 16,9 | 8,0 |
| 34 | | AUBERVILLIERS | 22 | 33 | 28 | 34 | 27 | 144 | 29 | 14,5 | 10,7 | 9,9 | 8,9 |
| 35 | | VINCENNES | 10 | 4 | 11 | 16 | 8 | 49 | 10 | 7,8 | 3,9 | 4,8 | 3,1 |
| 36 | | MONTREUIL-SOUS-BOIS | 20 | 27 | 20 | 28 | 31 | 126 | 25 | 3,6 | 13,9 | 20,6 | 7,4 |
| 37 | Aube | TROYES | 62 | 73 | 74 | 53 | 69 | 331 | 66 | 3,1 | 4,7 | 8,5 | 12,4 |
| 38 | Marne | REIMS | 66 | 68 | 72 | 71 | 79 | 356 | 71 | 5,1 | 4,9 | 6,0 | 6,5 |
| 39 | Meurthe-et-Moselle | NANCY | 83 | 72 | 50 | 67 | 63 | 335 | 67 | 8,5 | 7,7 | 8,0 | 6,3 |
| 40 | Haut-Rhin | *Belfort** | 7 | 5 | 7 | 4 | 4 | » | » | » | » | » | » |
| 41 | Doubs | BESANÇON | 36 | 42 | 31 | 33 | 37 | 179 | 36 | 10,1 | 6,6 | 4,9 | 6,4 |
| 42 | Côte-d'Or | DIJON | 43 | 40 | 33 | 31 | 25 | 172 | 34 | 6,6 | 4,4 | 8,1 | 4,7 |
| 43 | Cher | BOURGES | 37 | 19 | 16 | 16 | 22 | 110 | 22 | 5,9 | 8,3 | 6,4 | 4,8 |
| 44 | Vienne | *Poitiers** | 13 | 16 | 40 | 34 | 27 | » | » | » | » | » | » |
| 45 | Charente-inférieure | ROCHEFORT | 11 | 19 | 11 | 8 | 13 | 62 | 12 | 3,1 | 4,5 | 4,8 | 3,3 |
| 46 | | LA-ROCHELLE | 23 | 23 | 21 | 22 | 18 | 107 | 21 | 5,8 | 8,6 | 15,3 | 6,4 |
| 47 | Gironde | BORDEAUX | 135 | 93 | 112 | 181 | 238 | 759 | 152 | 7,1 | 9,7 | 11,9 | 6,0 |
| 48 | Dordogne | PÉRIGUEUX | 26 | 17 | 17 | 27 | 20 | 107 | 21 | 12,3 | 10,3 | 8,9 | 6,6 |
| 49 | Charente | ANGOULÊME | 34 | 31 | 18 | 20 | 14 | 117 | 23 | 3,9 | 9,4 | 8,7 | 6,1 |
| 50 | Haute-Vienne | LIMOGES | 24 | 53 | 45 | 51 | 50 | 223 | 45 | 2,0 | 2,5 | 3,0 | 5,2 |
| 51 | Puy-de-Dôme | CLERMONT-FERRAND | 31 | 39 | 37 | 31 | 43 | 181 | 36 | 8,1 | 6,0 | 5,4 | 6,5 |
| 52 | Allier | *Montluçon** | 12 | 5 | 17 | 14 | 14 | 62 | 12 | 4,0 | 3,0 | 4,5 | 3,5 |
| 53 | Saône-et-Loire | LE CREUSOT | 15 | 14 | 15 | 16 | 17 | 77 | 15 | 3,6 | 6,3 | 7,0 | 4,7 |
| 54 | Loire | *Roanne** | 8 | 13 | 8 | 3 | 1 | 33 | 7 | » | 3,1 | 7,6 | 2,0 |
| 55 | | SAINT-ÉTIENNE | 57 | 55 | 46 | 46 | 44 | 248 | 50 | 3,4 | 3,1 | 3,9 | 3,4 |
| 56 | Rhône | LYON | 326 | 296 | 348 | 317 | 259 | 1.546 | 309 | 8,8 | 6,9 | 5,9 | 6,6 |
| 57 | Isère | GRENOBLE | 30 | 30 | 45 | 51 | 33 | 189 | 38 | 7,0 | 3,5 | 3,6 | 5,4 |
| 58 | Alpes-maritimes | NICE | 44 | 33 | 65 | 54 | 58 | 254 | 51 | 2,6 | 1,7 | 2,4 | 4,3 |
| 59 | | CANNES | 12 | 13 | 13 | 16 | 20 | 74 | 15 | 18,3 | 13,7 | 7,4 | 5,0 |
| 60 | Var | TOULON | 41 | 26 | 17 | 30 | 39 | 153 | 31 | 8,7 | 9,0 | 12,9 | 3,0 |
| 61 | Vaucluse | AVIGNON | 17 | 21 | 20 | 19 | 13 | 90 | 18 | 5,5 | 5,3 | 3,5 | 3,8 |
| 62 | Gard | NIMES | 31 | 24 | 26 | 21 | 20 | 122 | 24 | 5,6 | 5,9 | 4,9 | 3,0 |
| 63 | Bouches-du-Rhône | MARSEILLE | 102 | 98 | 128 | 143 | 131 | 602 | 120 | 2,8 | 7,1 | 6,5 | 2,4 |
| 64 | Hérault | MONTPELLIER | 38 | 22 | 28 | 23 | 23 | 134 | 27 | 6,3 | 11,7 | 4,7 | 3,5 |
| 65 | | *Cette** | 4 | » | » | » | 2 | » | » | » | 1,4 | » | » |
| 66 | | *Béziers** | 32 | 63 | 51 | 34 | 29 | 209 | 42 | 2,5 | 0,9 | 2,6 | 8,0 |
| 67 | Pyrénées-orientales | PERPIGNAN | 23 | 24 | 26 | 26 | 23 | 122 | 24 | 14,1 | 7,9 | 5,4 | 6,4 |
| 68 | Aude | *Carcassonne** | 10 | 16 | 6 | 9 | 14 | 55 | 11 | » | 6,6 | 5,3 | 3,6 |
| 69 | Haute-Garonne | TOULOUSE | 34 | 69 | 29 | 46 | 73 | 251 | 50 | 7,2 | 9,5 | 7,6 | 3,3 |
| 70 | Tarn-et-Garonne | MONTAUBAN | 5 | 14 | 9 | 7 | 9 | 44 | 9 | 12,4 | 7,3 | 5,0 | 3,0 |
| 71 | Basses-Pyrénées | PAU | 11 | 20 | 17 | 24 | 21 | 93 | 19 | 6,7 | 5,2 | 4,4 | 5,5 |

(*) Renseignements incomplets pour tout ou partie des périodes. — Dans certaines villes, notamment à Saint-Denis et Saint-Ouen pendant la période 1891-95, un nombre indéterminé de décès appartenant en réalité à la phtisie pulmonaire a été porté par erreur sous la rubrique générale « tuberculose » et se trouve compris dans le tableau ci-dessus. Le résumé de la page 60 donne les résultats fournis par le groupement général des décès dus aux tuberculoses des divers organes.

(PHTISIE, MÉNINGITE ET AUTRES).

## IV. — RÉSULTATS GÉNÉRAUX ET RÉCAPITULATIFS PAR PÉRIODES (1)

| | PÉRIODE 1887-90 4 ans (sauf exceptions indiquées). | | | PÉRIODE 1891-95 5 ans. | | | PÉRIODE 1896-1900 5 ans. | | | PÉRIODE 1901-05 5 ans | | |
|---|---|---|---|---|---|---|---|---|---|---|---|---|
| | NOMBRES ABSOLUS | | Proportion pour 10.000 habit. | NOMBRES ABSOLUS | | Proportion pour 10.000 habit. | NOMBRES ABSOLUS | | Proportion pour 10.000 habit. | NOMBRES ABSOLUS | | Proportion pour 10.000 habit. |
| | Total. | Moyenne annuelle. | | Total. | Moyenne annuelle. | | Total. | Moyenne annuelle. | | Total | Moyenne annuelle | |
| **I Répartition générale par périodes.** | | | | | | | | | | | | |
| Vil. de plus de 30.000 h. | 101.017 | 25.254 | *38,9* | 135.696 | 27.139 | *38,5* | 140.922 | 28.185 | *37,8* | 150.770 | 30.154 | *37,2* |
| Vil. de 10.001 à 30.000 h. | 32.085 | 8.021 | *26,1* | 69.778 | 13.955 | *25,9* | 72.187 | 14.437 | *25,4* | 74.803 | 14.961 | *25,9* |
| Vil. de 5.001 à 10.000 h. (*) 2 ans. | *9.066 | 4.533 | *19,9* | | | | | | | | | |
| Totaux | 142.168 | 37.808 | *31,9* | 205.474 | 41.094 | *33,0* | 213.109 | 42.622 | *32,5* | 225.573 | 45.115 | *32,5* |
| Proportions extrêmes. | 35,3 en 1887<br>30,1 en 1889 | | | 34,1 en 1895<br>31,8 en 1892 | | | 33,4 en 1900<br>31,4 en 1899 | | | 32,7 en 1902<br>32,3 en 1905 | | |
| Proportion par rapport au nombre des décès de toutes causes | 13,2 0/0<br>1 sur 7,6 | | | 14,0 0/0<br>1 sur 7,1 | | | 15,0 0/0<br>1 sur 6,6 | | | 15,9 0/0<br>1 sur 6,3 | | |
| **II Répartition par groupes de villes.** | | | | | | | | | | | | |
| I. Paris. | 46.016 | 11.504 | *49,1* | 59.528 | 11.905 | *48,4* | 60.364 | 12.073 | *46,9* | 61.297 | 12.259 | *45,6* |
| II. V. de 100.001 à 518.000 h. | 29.823 | 7.455 | *36,0* | 38.718 | 7.744 | *35,4* | 40.995 | 8.199 | *34,3* | 44.796 | 8.959 | *33,6* |
| III. V. de 30.001 à 100.000 h. | 25.178 | 6.295 | *30,4* | 37.450 | 7.490 | *31,2* | 39.563 | 7.913 | *31,8* | 44.677 | 8.936 | *32,5* |
| IV. V. de 20.001 à 30.000 h. | 13.387 | 3.347 | *27,4* | 17.641 | 3.529 | *28,5* | 19.483 | 3.897 | *27,8* | 19.968 | 3.994 | *30,3* |
| V. V. de 10.001 à 20.000 h. | 18.698 | 4.674 | *25,3* | 24.931 | 4.986 | *27,1* | 24.421 | 4.884 | *25,5* | 26.470 | 5.294 | *26,0* |
| VI. V. de 5.001 à 10.000 h. (*) 2 ans. | 9.066 | 4.533 | *19,9* | 27.206 | 5.441 | *23,5* | 28.283 | 5.656 | *24,0* | 28.365 | 5.673 | *23,3* |
| **III Répart. p. gr. d'âges dans les v. de plus de 30.000 habit. Proport. p. 10.000 de ch. groupe** | | | | | | | | | | | | |
| de 0 à 1 an | 1.932 | 483 | *54,3* | 3.253 | 651 | *65,8* | 3.230 | 646 | *61,0* | 3.353 | 671 | *49,4* |
| de 1 à 19 ans | 17.343 | 4.335 | *23,4* | 25.827 | 5.166 | *25,6* | 25.775 | 5.155 | *24,1* | 25.881 | 5.176 | *22,3* |
| de 20 à 39 ans | 48.473 | 12.118 | *48,7* | 61.818 | 12.363 | *45,8* | 64.119 | 12.824 | *45,0* | 67.416 | 13.483 | *44,0* |
| de 40 à 59 ans | 27.107 | 6.776 | *46,0* | 36.701 | 7.340 | *46,0* | 39.114 | 7.823 | *46,4* | 44.106 | 8.821 | *47,7* |
| de 60 et au-dessus. | 6.162 | 1.540 | *26,4* | 8.097 | 1.620 | *25,7* | 8.684 | 1.737 | *26,3* | 10.014 | 2.003 | *27,8* |

**IV Répartition par villes de plus de 30.000 habit. Moyennes annuelles et proportions pour 10.000 habit.**

| | 1887-90 | | 1891-95 | | 1896-1900 | | 1901-05 | |
|---|---|---|---|---|---|---|---|---|
| Moyenne générale annuelle | 15,0 à 60,4 | | 16,9 à 64,2 | | 14,9 à 64,6 | | de 12,1 à 56,5 | |

| Villes ayant présenté une moyenne supérieure à 41,5 | 1887-90 | | 1891-95 | | 1896-1900 | | 1901-05 | |
|---|---|---|---|---|---|---|---|---|
| | | | Douai | *51,7* | Douai | *46,3* | Douai | *42,8* |
| | | | | | Calais | *41,6* | | |
| | Le Havre | *49,8* | Le Havre | *55,8* | Le Havre | *55,5* | Le Havre | *50,5* |
| | Rouen | *42,6* | Rouen | *48,0* | Rouen | *48,8* | Rouen | *49,5* |
| | | | | | Nantes | *42,0* | Nantes | *43,3* |
| | | | Laval | *45,1* | Laval | *47,7* | Laval | *45,2* |
| | | | Tours | *43,7* | | | | |
| | | | | | | | Versailles | *42,3* |
| | Boulogne-s$^r$-Seine | *50,6* | Boulogne-s$^r$-Seine | *59,4* | Boulogne-s$^r$-Seine | *53,9* | Boulogne-s$^r$-Seine | *56,5* |
| | Paris | *49,1* | Paris | *48,2* | Paris | *46,2* | Paris | *45,5* |
| | Asnières | *45,5* | | | | | | |
| | Levallois-Perret | *46,5* | Levallois-Perret | *45,0* | Levallois-Perret | *50,1* | Levallois-Perret | *45,1* |
| | Clichy | *50,0* | Clichy | *49,8* | Clichy | *49,0* | Clichy | *51,4* |
| | Saint-Ouen | *58,2* | Saint-Ouen | *64,2* | Saint-Ouen | *64,6* | Saint-Ouen | *44,5* |
| | Saint-Denis | *60,4* | Saint-Denis | *60,7* | Saint-Denis | *51,2* | Saint-Denis | *50,8* |
| | Aubervilliers | *56,4* | Aubervillers | *46,3* | Aubervilliers | *48,5* | Aubervilliers | *48,6* |
| | Nancy | *41,6* | | | Montreuil-s$^s$-Bois | *42,6* | Montreuil-s$^s$-Bois | *51,4* |
| | | | Limoges | *42,2* | Limoges | *45,0* | | |
| **Villes ayant présenté une moyenne inférieure à 26,0** | | | | | | | | |
| | | | Tourcoing | *25,8* | Tourcoing | *22,0* | Tourcoing | *25,4* |
| | | | | | Vincennes | *24,3* | Caen | *25,1* |
| | Bourges | *21,8* | Bourges | *23,8* | Bourges | *19,2* | Bourges | *20,9* |
| | | | | | Dijon | *25,7* | Cherbourg | *25,6* |
| | Rochefort | *16,4* | Rochefort | *20,0* | Rochefort | *21,5* | | |
| | La Rochelle | *14,8* | La Rochelle | *17,6* | La Rochelle | *23,0* | La Rochelle | *21,4* |
| | Périgueux | *21,3* | Périgueux | *18,3* | Périgueux | *21,6* | Périgueux | *21,1* |
| | | | | | Angoulême | *25,6* | Angoulême | *23,1* |
| | Clermont-Ferrand | *22,9* | Clermont-Ferrand | *16,9* | Clermont-Ferrand | *14,9* | Clermont-Ferrand | *21,6* |
| | | | Montluçon | *17,3* | Montluçon | *18,9* | Montluçon | *23,7* |
| | Le Creusot | *15,0* | Le Creusot | *20,3* | Le Creusot | *25,0* | Le Creusot | *21,6* |
| | | | Roanne | *22,2* | Roanne | *21,0* | | |
| | | | Nice | *18,8* | Cannes | *20,2* | | |
| | Toulon | *17,5* | Toulon | *23,6* | Toulon | *24,9* | Toulon | *22,5* |
| | | | Carcassonne | *25,7* | Carcassonne | *23,7* | Nîmes | *25,1* |
| | | | Toulouse | *25,8* | Marseille | *23,6* | Marseille | *24,4* |
| | Montauban | *22,8* | Montauban | *20,0* | Montauban | *18,0* | Montauban | *12,1* |

(1) Chapitres XI et XII réunis.

# XIII

# DÉCÈS PAR BRONCHITE CHRONIQUE

## DE 1901 A 1905

et comparaison avec les trois périodes précédentes.

## NOMBRES ABSOLUS ET PROPORTIONNELS

***Villes de plus de 5.000 habitants.***

I. — RÉPARTITION GÉNÉRALE ANNUELLE PAR GROUPES DE VILLES

***Villes de plus de 30.000 habitants.***

II. — RÉPARTITION ANNUELLE PAR GROUPES DE VILLES ET PAR AGES

III. — RÉPARTITION PAR VILLES

IV. — RÉSULTATS GÉNÉRAUX ET RÉCAPITULATIFS

## DÉCÈS PAR BRONCHITE CHRONIQUE DE 1901 À 1905

| GROUPES DE VILLES | GROUPES D'AGE | 1901 Nombre absolu. | 1901 Proportion. | 1902 Nombre absolu. | 1902 Proportion. | 1903 Nombre absolu. | 1903 Proportion. | 1904 Nombre absolu. | 1904 Proportion. | 1905 Nombre absolu. | 1905 Proportion. |
|---|---|---|---|---|---|---|---|---|---|---|---|
| **I. — RÉPARTITION GÉNÉRALE PAR GROUPES DE VILLES DE PLUS DE 5.000 HABITANTS** | | | | | | | | | | | |
| PROPORTIONS POUR 10.000 HABITANTS | | | | | | | | | | | |
| I. Paris | | 1.229 | 4,6 | 925 | 3,5 | 834 | 3,1 | 1.088 | 4,0 | 1.062 | 3,9 |
| II. Villes de 100.001 à 518.000 habitants | | 1.520 | 5,8 | 1.538 | 5,8 | 1.500 | 5,6 | 1.374 | 5,1 | 1.407 | 5,2 |
| III. Villes de 30.001 à 100.000 habitants | | 1.916 | 7,0 | 1.948 | 7,1 | 1.781 | 6,5 | 1.717 | 6,2 | 1.820 | 6,5 |
| IV. Villes de 20.001 à 30.000 habitants | | 878 | 6,8 | 803 | 6,1 | 756 | 5,7 | 796 | 6,0 | 692 | 5,2 |
| V. Villes de 10.001 à 20.000 habitants | | 1.506 | 7,5 | 1.442 | 7,1 | 1.365 | 6,7 | 1.373 | 6,7 | 1.408 | 6,8 |
| VI. Villes de 5.001 à 10.000 habitants | | 1.763 | 7,3 | 1.700 | 7,0 | 1.670 | 6,9 | 1.663 | 6,8 | 1.573 | 6,4 |
| TOTAUX GÉNÉRAUX | Villes de plus de 10.000 h. | 7.049 | 6,2 | 6.656 | 5,8 | 6.236 | 5,4 | 6.348 | 5,5 | 6.389 | 5,5 |
| | Villes de plus de 5.000 h. | 8.812 | 6,4 | 8.356 | 6,1 | 7.906 | 5,7 | 8.011 | 5,7 | 7.962 | 5,7 |
| **II. — RÉPARTITION PAR GROUPES D'AGES DANS LES VILLES DE PLUS DE 30.000 HABITANTS** | | | | | | | | | | | |
| PROPORTIONS POUR 10.000 INDIVIDUS DE CHAQUE GROUPE | | | | | | | | | | | |
| I. Paris | de 0 à 1 an | 21 | 6,0 | 10 | 2,7 | 10 | 2,6 | 15 | 3,7 | 8 | 1,9 |
| | de 1 à 19 ans | 41 | 0,6 | 25 | 0,4 | 26 | 0,4 | 24 | 0,3 | 20 | 0,4 |
| | de 20 à 39 ans | 89 | 0,8 | 59 | 0,5 | 61 | 0,6 | 85 | 0,8 | 76 | 0,7 |
| | de 40 à 59 ans | 261 | 4,1 | 204 | 3,2 | 194 | 3,0 | 210 | 3,2 | 264 | 4,0 |
| | de 60 ans et au-dessus | 817 | 38,6 | 627 | 29,4 | 543 | 25 2 | 754 | 34,7 | 685 | 31,2 |
| II. Villes de 100.001 à 518.000 habit. | de 0 à 1 an | 26 | 5,9 | 25 | 5,3 | 14 | 2,8 | 14 | 2,7 | 14 | 2,6 |
| | de 1 à 19 ans | 58 | 0,7 | 56 | 0,7 | 51 | 0,6 | 51 | 0,6 | 56 | 0,7 |
| | de 20 à 39 ans | 143 | 1,5 | 172 | 1,8 | 158 | 1,6 | 146 | 1,5 | 135 | 1,4 |
| | de 40 à 59 ans | 318 | 5,3 | 371 | 6,2 | 316 | 5,2 | 314 | 5,2 | 309 | 5,0 |
| | de 60 ans et au-dessus | 975 | 40,9 | 914 | 38,1 | 961 | 39,7 | 849 | 34,8 | 893 | 36,4 |
| III. Villes de 30.001 à 100.000 habit. | de 0 à 1 an | 33 | 7,3 | 45 | 9,6 | 28 | 5,8 | 25 | 5,0 | 34 | 6,7 |
| | de 1 à 19 ans | 108 | 1,3 | 115 | 1,4 | 93 | 1,1 | 94 | 1,1 | 73 | 0,9 |
| | de 20 à 39 ans | 347 | 3,5 | 262 | 2,6 | 283 | 2,8 | 277 | 2,8 | 282 | 2,8 |
| | de 40 à 59 ans | 501 | 8,6 | 504 | 8,5 | 443 | 7,4 | 396 | 6,5 | 472 | 7,7 |
| | de 60 ans et au-dessus | 927 | 35,9 | 1.022 | 39,2 | 934 | 35,4 | 925 | 34,8 | 959 | 35,7 |

| | Années. | 0 à 1 an. | 1 à 19 ans. | 20 à 39 ans. | 40 à 59 ans. | 60 ans et au-dessus. |
|---|---|---|---|---|---|---|
| RÉCAPITULATION PAR PÉRIODES (Nombres absolus.) | 1901 | 80 | 207 | 579 | 1.080 | 2.719 |
| | 1902 | 80 | 196 | 493 | 1.079 | 2.563 |
| | 1903 | 52 | 170 | 502 | 953 | 2.438 |
| | 1904 | 54 | 169 | 508 | 920 | 2.528 |
| | 1905 | 56 | 158 | 493 | 1.045 | 2.537 |
| TOTAUX | (5 ans.) | 322 | 900 | 2.575 | 5.077 | 12.785 |

## III. — RÉPARTITION DANS LES VILLES DE PLUS DE 30.000 HABITANTS

PROPORTIONS POUR 10.000 HABITANTS PAR COMPARAISON AVEC LES TROIS PÉRIODES PRÉCÉDENTES

| NUMÉROS D'ORDRE | DÉPARTEMENTS par GROUPEMENT GÉOGRAPHIQUE du nord au sud. | NOMS DES VILLES | NOMBRES ABSOLUS | | | | | | | PROPORTION | | | |
|---|---|---|---|---|---|---|---|---|---|---|---|---|---|
| | | | 1901 | 1902 | 1903 | 1904 | 1905 | TOTAL | MOYENNE annuelle | 1887-90 | 1891-95 | 1896-1900 | 1901-05 |
| 1 | | DUNKERQUE | 13 | 24 | 14 | 10 | 7 | 68 | 14 | 8,1 | 6,4 | 5,8 | 3,6 |
| 2 | | TOURCOING | 40 | 49 | 56 | 65 | 47 | 257 | 51 | 9,6 | 8,8 | 7,7 | 6,3 |
| 3 | Nord | ROUBAIX | 78 | 62 | 60 | 68 | 62 | 330 | 66 | 10,7 | 10,9 | 9,7 | 5,4 |
| 4 | | LILLE | 146 | 171 | 150 | 165 | 178 | 810 | 162 | 11,0 | 9,9 | 8,4 | 7,8 |
| 5 | | VALENCIENNES | 51 | 51 | 58 | 22 | 15 | 197 | 39 | 13,5 | 10,6 | 10,9 | 12,4 |
| 6 | | DOUAI | 5 | 13 | 10 | 9 | 12 | 49 | 10 | 6,0 | 4,8 | 3,3 | 3,0 |
| 7 | Pas-de-Calais | CALAIS | 17 | 16 | 34 | 36 | 40 | 143 | 29 | 14,2 | 14,5 | 9,0 | 4,6 |
| 8 | | BOULOGNE-SUR-MER | 32 | 18 | 21 | 28 | 26 | 125 | 25 | 6,6 | 6,1 | 7,3 | 4,9 |
| 9 | Somme | AMIENS | 38 | 24 | 20 | 27 | 39 | 148 | 30 | 12,5 | 12,4 | 5,2 | 3,3 |
| 10 | Aisne | SAINT-QUENTIN | 30 | 31 | 22 | 20 | 29 | 132 | 26 | 5,1 | 7,7 | 7,3 | 5,0 |
| 11 | Seine-inférieure | LE HAVRE | 67 | 44 | 28 | 41 | 47 | 227 | 45 | 8,9 | 8,4 | 5,1 | 3,4 |
| 12 | | ROUEN | 39 | 44 | 50 | 34 | 31 | 198 | 40 | 7,0 | 7,1 | 5,8 | 3,4 |
| 13 | Calvados | *Caen** | 17 | 12 | 12 | 13 | 47 | 101 | 20 | » | 5,9 | 3,3 | 4,5 |
| 14 | Manche | CHERBOURG | 53 | 70 | 77 | 48 | 30 | 278 | 56 | 29,5 | 17,3 | 10,2 | 12,9 |
| 15 | Ille-et-Vilaine | RENNES | 150 | 192 | 153 | 123 | 153 | 771 | 154 | 21,4 | 18,7 | 16,7 | 20,5 |
| 16 | Finistère | BREST | 164 | 121 | 103 | 134 | 101 | 623 | 125 | 43,8 | 52,1 | 20,2 | 14,7 |
| 17 | Morbihan | LORIENT | 83 | 106 | 65 | 90 | 152 | 496 | 99 | 13,9 | 22,7 | 20,5 | 21,7 |
| 18 | Loire-inférieure | SAINT-NAZAIRE | 44 | 26 | 27 | 12 | 11 | 120 | 24 | 12,3 | 14,4 | 11,5 | 6,7 |
| 19 | | NANTES | 39 | 39 | 51 | 46 | 37 | 212 | 42 | 7,1 | 8,0 | 4,7 | 3,2 |
| 20 | Maine-et-Loire | *Angers** | 13 | 28 | 18 | 9 | 17 | 85 | 17 | » | » | » | 2,0 |
| 21 | Mayenne | LAVAL | 30 | 31 | 10 | 18 | 34 | 123 | 25 | 12,5 | 16,9 | 15,7 | 8,3 |
| 22 | Sarthe | LE MANS | 36 | 42 | 35 | 37 | 24 | 174 | 35 | 4,3 | 8,3 | 6,7 | 5,4 |
| 23 | Indre-et-Loire | TOURS | 63 | 47 | 32 | 25 | 21 | 188 | 38 | 16,2 | 13,4 | 11,1 | 5,7 |
| 24 | Loiret | ORLÉANS | 15 | 32 | 21 | 10 | 12 | 90 | 18 | 5,4 | 4,7 | 2,2 | 2,6 |
| 25 | Seine-et-Oise | VERSAILLES | 6 | 6 | 3 | 8 | 7 | 30 | 6 | 7,2 | 6,5 | 3,3 | 1,1 |
| 26 | | BOULOGNE-SUR-SEINE | 6 | 7 | 6 | 9 | 10 | 38 | 8 | 5,8 | 3,7 | 2,7 | 1,7 |
| 27 | | PARIS | 1.229 | 925 | 834 | 1.088 | 1.062 | 5.138 | 1.028 | 8,6 | 6,9 | 4,6 | 3,8 |
| 28 | | NEUILLY-SUR-SEINE | 13 | 19 | 16 | 15 | 7 | 70 | 14 | 12,3 | 8,8 | 4,3 | 3,6 |
| 29 | | ASNIÈRES | 7 | 2 | 9 | 7 | 4 | 29 | 6 | 4,1 | 5,1 | 2,5 | 1,8 |
| 30 | | *Levallois-Perret** | 15 | 24 | 19 | 22 | 22 | 102 | 20 | 2,2 | 7,4 | 5,8 | 3,4 |
| 31 | Seine | CLICHY | 37 | | 27 | 27 | 20 | 143 | 29 | 15,6 | 12,3 | 7,7 | 7,2 |
| 32 | | SAINT-OUEN | 76 | 71 | 70 | 66 | 83 | 366 | 73 | 11,1 | 22,0 | 21,8 | 20,1 |
| 33 | | SAINT-DENIS | 35 | 22 | 21 | 22 | 23 | 123 | 25 | 8,8 | 8,4 | 7,6 | 4,0 |
| 34 | | AUBERVILLIERS | 32 | 21 | 25 | 29 | 30 | 137 | 27 | 12,0 | 7,3 | 9,2 | 8,3 |
| 35 | | VINCENNES | 17 | 12 | 30 | 21 | 14 | 94 | 19 | 10,8 | 10,1 | 8,9 | 5,9 |
| 36 | | MONTREUIL-SOUS-BOIS | 23 | 22 | 14 | 25 | 12 | 96 | 19 | 13,8 | 11,5 | 9,3 | 5,6 |
| 37 | Aube | TROYES | 41 | 46 | 25 | 21 | 27 | 160 | 32 | 10,6 | 15,0 | 11,3 | 6,0 |
| 38 | Marne | REIMS | 65 | 48 | 40 | 34 | 38 | 225 | 45 | 11,3 | 10,4 | 6,0 | 4,1 |
| 39 | Meurthe-et-Moselle | NANCY | 30 | 42 | 30 | 27 | 34 | 163 | 33 | 4,0 | 2,6 | 1,8 | 3,1 |
| 40 | Haut-Rhin | BELFORT | 20 | 16 | 14 | 13 | 21 | 84 | 17 | 2,9 | 2,6 | 2,3 | 5,0 |
| 41 | Doubs | BESANÇON | 12 | 20 | 11 | 15 | 19 | 77 | 15 | 8,9 | 7,7 | 3,2 | 2,7 |
| 42 | Côte-d'Or | DIJON | 39 | 44 | 41 | 33 | 38 | 195 | 39 | 3,9 | 5,9 | 3,0 | 5,4 |
| 43 | Cher | BOURGES | 43 | 31 | 33 | 53 | 34 | 194 | 39 | 7,0 | 9,6 | 6,2 | 8,6 |
| 44 | Vienne | *Poitiers** | 13 | 19 | 39 | 29 | 16 | 116 | 23 | » | » | » | 5,8 |
| 45 | Charente-inférieure | ROCHEFORT | 31 | 30 | 30 | 31 | 34 | 156 | 31 | 18,3 | 13,1 | 9,4 | 8,5 |
| 46 | | LA ROCHELLE | 8 | 4 | 8 | 4 | 1 | 25 | 5 | 4,7 | 5,0 | 3,0 | 1,5 |
| 47 | Gironde | BORDEAUX | 51 | 75 | 57 | 101 | 106 | 390 | 78 | 9,6 | 4,9 | 2,8 | 3,1 |
| 48 | Dordogne | PÉRIGUEUX | 31 | 37 | 32 | 3[illegible] | 43 | 180 | 36 | 13,3 | 13,2 | 12,7 | 11,4 |
| 49 | Charente | ANGOULÊME | 24 | 30 | 48 | 29 | 26 | 157 | 31 | 4,5 | 7,0 | 7,1 | 8,2 |
| 50 | Haute-Vienne | LIMOGES | 79 | 69 | 81 | 75 | 86 | 390 | 78 | 13,5 | 13,9 | 11,4 | 9,0 |
| 51 | Puy-de-Dôme | CLERMONT-FERRAND | 24 | 30 | 35 | 40 | 35 | 164 | 33 | 10,0 | 7,4 | 4,1 | 5,9 |
| 52 | Allier | *Montluçon** | 26 | 24 | 25 | 39 | 36 | 150 | 30 | » | 8,6 | 9,6 | 8,7 |
| 53 | Saône-et-Loire | LE CREUSOT | 6 | 9 | 6 | 4 | – | 25 | 5 | 4,7 | 7,6 | 8,0 | 1,6 |
| 54 | Loire | *Roanne** | 24 | 23 | 18 | 12 | 16 | 93 | 19 | » | 5,2 | 4,4 | 5,4 |
| 55 | | SAINT-ÉTIENNE | 116 | 114 | 80 | 94 | 99 | 503 | 101 | 13,4 | 11,4 | 7,8 | 6,9 |
| 56 | Rhône | LYON | 354 | 375 | 356 | 288 | 262 | 1.635 | 327 | 14,3 | 11,7 | 8,5 | 7,0 |
| 57 | Isère | GRENOBLE | 24 | 26 | 29 | 20 | 15 | 114 | 23 | 8,9 | 5,9 | 4,2 | 3,2 |
| 58 | Alpes-maritimes | NICE | 87 | 73 | 85 | 82 | 72 | 399 | 80 | 23,6 | 15,5 | 9,1 | 6,7 |
| 59 | | CANNES | 24 | 32 | 24 | 25 | 12 | 117 | 23 | 9,4 | 7,4 | 8,1 | 7,7 |
| 60 | Var | TOULON | 148 | 133 | 144 | 95 | 149 | 669 | 134 | 22,2 | 17,3 | 15,3 | 13,0 |
| 61 | Vaucluse | AVIGNON | 28 | 33 | 35 | 41 | 39 | 176 | 35 | 17,0 | 17,7 | 9,8 | 7,3 |
| 62 | Gard | NIMES | 96 | 78 | 76 | 74 | 115 | 439 | 88 | 13,0 | 14,0 | 11,9 | 10,9 |
| 63 | Bouches-du-Rhône | MARSEILLE | 209 | 240 | 271 | 234 | 220 | 1.174 | 235 | 5,8 | 7,9 | 6,3 | 4,7 |
| 64 | | *Montpellier** | 37 | 39 | 38 | 28 | 43 | 185 | 37 | » | 8,2 | 6,3 | 4,8 |
| 65 | Hérault | *Cette** | 16 | 13 | 17 | 19 | 9 | 74 | 15 | » | » | » | 4,5 |
| 66 | | BÉZIERS | 55 | 57 | 25 | 22 | 22 | 181 | 36 | 17,8 | 4,1 | 3,0 | 6,9 |
| 67 | Pyrénées-orientales | PERPIGNAN | 10 | 10 | 16 | 16 | 22 | 74 | 15 | 10,9 | 7,0 | 2,8 | 4,0 |
| 68 | Aude | *Carcassonne** | 10 | 23 | 15 | 18 | 18 | 84 | 17 | » | 8,0 | 7,4 | 5,5 |
| 69 | Haute-Garonne | TOULOUSE | 91 | 78 | 98 | 65 | 72 | 404 | 81 | 6,0 | 8,9 | 7,8 | 5,4 |
| 70 | Tarn-et-Garonne | MONTAUBAN | 20 | 20 | 22 | 14 | 26 | 102 | 20 | 5,4 | 8,7 | 6,6 | 6,8 |
| 71 | Basses-Pyrénées | PAU | 14 | 14 | 10 | 18 | 18 | 74 | 15 | 6,4 | 5,8 | 4,4 | 4,3 |

(*) Renseignements incomplets pour tout ou partie des périodes.

## IV. — RÉSULTATS GÉNÉRAUX ET RÉCAPITULATIFS PAR PÉRIODES

| | | PÉRIODE 1887-90 4 ans. | | | PÉRIODE 1891-95 5 ans. | | | PÉRIODE 1896-1900 5 ans. | | | PÉRIODE 1901-05 5 ans. | | |
|---|---|---|---|---|---|---|---|---|---|---|---|---|---|
| | | NOMBRES ABSOLUS | | Proportion pour 10.000 habit. | NOMBRES ABSOLUS | | Proportion pour 10.000 habit. | NOMBRES ABSOLUS | | Proportion pour 10.000 habit. | NOMBRES ABSOLUS | | Proportion pour 10.000 habit. |
| | | Total. | Moyenne annuelle. | | Total. | Moyenne annuelle. | | Total. | Moyenne annuelle. | | Total. | Moyenne annuelle | |
| I Répartition générale par périodes. | Vil. de plus de 30.000 h. | 25.741 | 6.435 | *9,9* | 31.149 | 6.230 | *8,8* | 23.783 | 4.757 | *6,4* | 21.659 | 4.332 | *5,3* |
| | Vil. de 10.001 à 30.000 h. | 11.054 | 2.763 | *9,0* | | | | | | | | | |
| | Vil. de 5.001 à 10.000 h. | » | » | » | 25.044 | 5.008 | *9,3* | 22.398 | 4.479 | *7,9* | 19.388 | 3.877 | *6,7* |
| | TOTAUX .... | 36.795 | 9.198 | *9,6* | 56.193 | 11.238 | *9,0* | 46.181 | 9.236 | *7,0* | 41.047 | 8.209 | *5,9* |
| | Proportions extrêmes. | 11,1 en 1890<br>8,8 en 1889 | | | 10,0 en 1891<br>8,2 en 1894 | | | 7,3 en 1900<br>6,8 en 1899 | | | 6,4 en 1901<br>5,7 en 1903-05 | | |
| | Proportion par rapport au nombre des décès de toutes causes. | 3,2 0/0<br>1 sur 31,4 | | | 3,8 0/0<br>1 sur 26 | | | 3,2 0/0<br>1 sur 30,7 | | | 2,9 0/0<br>1 sur 34,4 | | |
| II Répartition par groupes de villes. | I. Paris ............... | 8.047 | 2.012 | *8,6* | 8.547 | 1.709 | *6,9* | 5.942 | 1.188 | *4,6* | 5.138 | 1.027 | *3,8* |
| | II. V. de 100.001 à 518.000 h. | 8.084 | 2.021 | *9,7* | 10.011 | 2.002 | *9,1* | 8.185 | 1.637 | *6,8* | 7.339 | 1.468 | *5,5* |
| | III. V. de 30.001 à 100.000 h. | 9.610 | 2.402 | *11,6* | 12.591 | 2.518 | *10,5* | 9.656 | 1.931 | *7,8* | 9.182 | 1.836 | *6,7* |
| | IV. V. de 20.001 à 30.000 h. | 4.232 | 1.058 | *8,6* | 6.111 | 1.222 | *9,9* | 5.747 | 1.149 | *8,2* | 3.925 | 785 | *6,0* |
| | V. V. de 10.001 à 20.000 h. | 6.822 | 1.705 | *9,2* | 8.890 | 1.778 | *9,7* | 7.889 | 1.578 | *8,2* | 7.094 | 1.419 | *7,0* |
| | VI. V. de 5.001 à 10.000 h. | » | » | » | 10.043 | 2.009 | *8,7* | 8.762 | 1.753 | *7,4* | 8.369 | 1.674 | *6,9* |
| III Répart. p. gr. d'âges dans les v. de plus de 30.000 habit. Prop. p. 10.000 de ch. groupe. | de 0 à 1 an..... | 598 | 149 | *16,8* | 519 | 104 | *10,5* | 393 | 79 | *7,5* | 322 | 65 | *4,8* |
| | de 1 à 19 ans... | 1.616 | 404 | *2,2* | 1.509 | 302 | *1,5* | 1.032 | 206 | *1,0* | 900 | 180 | *0,8* |
| | de 20 à 39 ans... | 3.289 | 822 | *3,3* | 3.479 | 696 | *2,6* | 2.803 | 561 | *2,0* | 2.575 | 515 | *1,7* |
| | de 40 à 59 ans... | 5.885 | 1.471 | *10,0* | 7.014 | 1.403 | *8,8* | 5.632 | 1.126 | *6,7* | 5.077 | 1.015 | *5,5* |
| | de 60 et au-dessus. | 14.353 | 3.588 | *61,6* | 18.623 | 3.725 | *59,2* | 13.923 | 2.785 | *42,2* | 12.785 | 2.557 | *35,5* |

| IV Répartition par villes de plus de 30.000 habit. Moyennes annuelles et proportions pour 10.000 h. | Période 1887-90 | | Période 1891-95 | | Période 1896-1900 | | Période 1901-05 | |
|---|---|---|---|---|---|---|---|---|
| Moyenne générale annuelle............... | 2,9 à 43,8 | | 2,6 à 32,1 | | 1,8 à 21,8 | | de 1,1 à 21,7 | |
| Villes ayant présenté consécutivement pendant les quatre périodes une moyenne supérieure à 10,0..... | Valenciennes ..... | *13,5* | ................ | *10,6* | ................ | *10,9* | ................ | *12,4* |
| | Cherbourg........ | *29,5* | ................ | *17,3* | ................ | *10,2* | ................ | *12,9* |
| | Rennes.......... | *21,4* | ................ | *18,7* | ................ | *16,7* | ................ | *20,5* |
| | Brest ........... | *43,8* | ................ | *32,1* | ................ | *20,2* | ................ | *14,7* |
| | Lorient ......... | *13,9* | ................ | *22,7* | ................ | *20,5* | ................ | *21,7* |
| | Saint-Ouen....... | *11,1* | ................ | *22,0* | ................ | *21,8* | ................ | *20,1* |
| | Périgueux....... | *13,3* | ................ | *13,2* | ................ | *12,7* | ................ | *11,4* |
| | Toulon.......... | *22,2* | ................ | *17,3* | ................ | *15,3* | ................ | *13,0* |
| | Nimes........... | *13,0* | ................ | *14,0* | ................ | *11,9* | ................ | *10,9* |
| Villes ayant présenté pour chaque période une moyenne inférieure à 4,0........... | | | | | | | Dunkerque ...... | *3,6* |
| | | | | | Douai ........... | *3,3* | Douai .......... | *3,0* |
| | | | | | | | Amiens ......... | *3,3* |
| | | | | | | | Le Havre........ | *3,4* |
| | | | | | | | Rouen .......... | *3,4* |
| | | | | | | | Nantes.......... | *3,2* |
| | | | | | | | Augers.......... | *2,0* |
| | | | | | Orléans .......... | *2,2* | Orléans ......... | *2,6* |
| | | | | | Versailles........ | *3,3* | Versailles....... | *1,1* |
| | | | Boulogne-sr-Seine. | *3,7* | Boulogne-sr-Seine. | *2,7* | Boulogne-sr-Seine | *1,7* |
| | | | | | | | Paris .......... | *3,8* |
| | | | | | | | Neuilly-sr-Seine . | *3,6* |
| | | | | | Asnières ......... | *2,5* | Asnières ........ | *1,8* |
| | | | | | | | Levallois-Perret.. | *3,4* |
| | | | Nancy........... | *2,6* | Nancy........... | *1,8* | Nancy.......... | *3,1* |
| | Belfort.........., | *2,9* | Belfort.......... | *2,6* | Belfort.......... | *2,3* | | |
| | | | | | Besançon......... | *3,2* | Besançon........ | *2,7* |
| | | | | | La Rochelle...... | *3,0* | La Rochelle..... | *1,5* |
| | Dijon ........... | *3,9* | | | Dijon............ | *3,0* | | |
| | | | | | Bordeaux......... | *2,8* | Bordeaux........ | *3,1* |
| | | | | | | | Le Creusot...... | *1,6* |
| | | | | | Béziers .......... | *3,0* | | |
| | | | | | Perpignan........ | *2,8* | | |
| | | | | | | | Grenoble........ | *3,2* |

# XIV

# DÉCÈS PAR BRONCHITE AIGUË

## DE 1901 A 1905

et comparaison avec les trois périodes précédentes.

## NOMBRES ABSOLUS ET PROPORTIONNELS

***Villes de plus de 5.000 habitants.***

I. — RÉPARTITION GÉNÉRALE ANNUELLE PAR GROUPES DE VILLES

***Villes de plus de 30.000 habitants.***

II. — RÉPARTITION ANNUELLE PAR GROUPES DE VILLES ET PAR AGES
III. — RÉPARTITION PAR VILLES
IV. — RÉSULTATS GÉNÉRAUX ET RÉCAPITULATIFS

## DÉCÈS PAR BRONCHITE AIGUË DE 1901 A 1905

| GROUPES DE VILLES | GROUPES D'AGE | 1901 Nombre absolu. | 1901 Proportion. | 1902 Nombre absolu. | 1902 Proportion. | 1903 Nombre absolu. | 1903 Proportion. | 1904 Nombre absolu. | 1904 Proportion. | 1905 Nombre absolu. | 1905 Proportion. |
|---|---|---|---|---|---|---|---|---|---|---|---|
| **I. — RÉPARTITION GÉNÉRALE PAR GROUPES DE VILLES DE PLUS DE 5.000 HABITANTS** | | | | | | | | | | | |
| PROPORTIONS POUR 10.000 HABITANTS | | | | | | | | | | | |
| I. Paris | | 612 | *2,3* | 567 | *2,1* | 535 | *2,0* | 488 | *1,8* | 486 | *1,8* |
| II. Villes de 100.001 à 518.000 habitants | | 1.335 | *5,1* | 1.184 | *4,5* | 1.064 | *4,0* | 1.029 | *3,8* | 1.132 | *4,2* |
| III. Villes de 30.001 à 100.000 habitants | | 1.039 | *3,8* | 1.033 | *3,8* | 1.098 | *4,0* | 972 | *3,5* | 963 | *3,5* |
| IV. Villes de 20.001 à 30.000 habitants | | 560 | *4,3* | 520 | *4,0* | 511 | *3,9* | 468 | *3,5* | 488 | *3,6* |
| V. Villes de 10.001 à 20.000 habitants | | 853 | *4,3* | 845 | *4,2* | 729 | *3,6* | 779 | *3,8* | 770 | *3,7* |
| VI. Villes de 5.001 à 10.000 habitants | | 1.103 | *4,6* | 1.057 | *4,4* | 1.102 | *4,5* | 1.057 | *4,3* | 1.083 | *4,4* |
| TOTAUX GÉNÉRAUX | Villes de plus de 10.000 h | 4.399 | *3,9* | 4.149 | *3,6* | 3.937 | *3,4* | 3.736 | *3,2* | 3.830 | *3,3* |
| | Villes de plus de 5.000 h. | 5.502 | *4,0* | 5.206 | *3,8* | 5.039 | *3,6* | 4.793 | *3,4* | 4.922 | *3,5* |
| **II. — RÉPARTITION PAR GROUPES D'AGES DANS LES VILLES DE PLUS DE 30.000 HABITANTS** | | | | | | | | | | | |
| PROPORTIONS POUR 10.000 INDIVIDUS DE CHAQUE GROUPE | | | | | | | | | | | |
| I. Paris | de 0 à 1 an | 297 | *85,5* | 274 | *75,1* | 212 | *55,4* | 245 | *61,3* | 238 | *57,0* |
| | de 1 à 19 ans | 156 | *2,3* | 157 | *2,3* | 129 | *1,9* | 105 | *1,5* | 115 | *1,7* |
| | de 20 à 39 ans | 30 | *0,3* | 12 | *0,1* | 13 | *0,1* | 14 | *0,1* | 10 | *0,1* |
| | de 40 à 59 ans | 37 | *0,6* | 43 | *0,7* | 46 | *0,7* | 28 | *0,4* | 30 | *0,4* |
| | de 60 ans et au-dessus | 92 | *4,3* | 81 | *3,8* | 135 | *6,3* | 96 | *4,4* | 93 | *4,2* |
| II. Villes de 100.001 à 518.000 habit. | de 0 à 1 an | 451 | *102,0* | 435 | *92,9* | 390 | *78,9* | 351 | *67,5* | 396 | *72,5* |
| | de 1 à 19 ans | 323 | *4,1* | 322 | *4,1* | 329 | *4,1* | 281 | *3,5* | 300 | *3,8* |
| | de 20 à 39 ans | 88 | *0,9* | 74 | *0,8* | 63 | *0,6* | 61 | *0,6* | 69 | *0,7* |
| | de 40 à 59 ans | 121 | *2,0* | 147 | *1,9* | 91 | *1,5* | 89 | *1,5* | 121 | *2,0* |
| | de 60 ans et au-dessus | 352 | *14,2* | 236 | *9,8* | 191 | *7,9* | 247 | *10,1* | 246 | *10,0* |
| III. Villes de 30.001 à 100.000 habit. | de 0 à 1 an | 392 | *86,3* | 384 | *82,1* | 376 | *78,1* | 315 | *63,6* | 370 | *72,7* |
| | de 1 à 19 ans | 232 | *2,7* | 258 | *3,1* | 250 | *3,0* | 221 | *2,6* | 211 | *2,5* |
| | de 20 à 39 ans | 102 | *1,0* | 88 | *0,9* | 93 | *0,9* | 88 | *0,9* | 68 | *0,7* |
| | de 40 à 59 ans | 108 | *1,8* | 94 | *1,6* | 119 | *2,0* | 107 | *1,8* | 111 | *1,8* |
| | de 60 ans et au-dessus | 205 | *7,9* | 209 | *8,0* | 254 | *9,6* | 241 | *9,1* | 203 | *7,6* |

| | Années. | 0 à 1 an. | 1 à 19 ans. | 20 à 39 ans. | 40 à 59 ans. | 60 ans et au-dessus. |
|---|---|---|---|---|---|---|
| RÉCAPITULATION PAR PÉRIODES (Nombres absolus.) | 1901 | 1.140 | 711 | 220 | 266 | 649 |
| | 1902 | 1.093 | 737 | 174 | 254 | 526 |
| | 1903 | 978 | 714 | 169 | 256 | 580 |
| | 1904 | 911 | 607 | 163 | 224 | 584 |
| | 1905 | 1.004 | 626 | 147 | 262 | 542 |
| TOTAUX | (5 ans.) | 5.126 | 3.395 | 873 | 1.262 | 2.881 |

## III. — RÉPARTITION DANS LES VILLES DE PLUS DE 30.000 HABITANTS

PROPORTIONS POUR 10.000 HABITANTS PAR COMPARAISON AVEC LES TROIS PÉRIODES PRÉCÉDENTES

| NUMÉROS D'ORDRE | DÉPARTEMENTS par groupement géographique du nord au sud. | NOMS DES VILLES | NOMBRES ABSOLUS 1901 | 1902 | 1903 | 1904 | 1905 | TOTAL | MOYENNE annuelle | PROPORTION 1887-90 | 1891-95 | 1896-1900 | 1901-05 |
|---|---|---|---|---|---|---|---|---|---|---|---|---|---|
| 1 | Nord | DUNKERQUE | 36 | 37 | 48 | 36 | 33 | 190 | 38 | 6,1 | 8,2 | 8,6 | 9,8 |
| 2 | Nord | TOURCOING | 24 | 23 | 31 | 30 | 21 | 129 | 26 | 10,3 | 6,6 | 4,3 | 3,2 |
| 3 | Nord | ROUBAIX | 44 | 102 | 79 | 67 | 51 | 343 | 69 | 12,2 | 15,3 | 7,8 | 5,6 |
| 4 | Nord | LILLE | 66 | 80 | 98 | 68 | 78 | 390 | 78 | 18,4 | 10,1 | 5,3 | 3,7 |
| 5 | Nord | VALENCIENNES | 10 | 7 | 9 | 21 | 30 | 77 | 15 | 4,6 | 3,8 | 6,3 | 4,8 |
| 6 | Nord | DOUAI | 2 | 7 | 3 | 3 | 6 | 21 | 4 | 5,3 | 2,6 | 1,5 | 1,2 |
| 7 | Pas-de-Calais | CALAIS | 43 | 33 | 31 | 46 | 31 | 184 | 37 | 10,2 | 6,9 | 8,6 | 5,9 |
| 8 | Pas-de-Calais | BOULOGNE-SUR-MER | 17 | 24 | 12 | 20 | 14 | 87 | 17 | 6,4 | 5,2 | 3,9 | 3,4 |
| 9 | Somme | AMIENS | 44 | 44 | 35 | 24 | 36 | 183 | 37 | 8,9 | 8,6 | 6,6 | 4,1 |
| 10 | Aisne | SAINT-QUENTIN | 42 | 21 | 26 | 13 | 13 | 115 | 23 | 4,6 | 7,9 | 10,7 | 4,5 |
| 11 | Seine-inférieure | LE HAVRE | 34 | 43 | 31 | 34 | 33 | 175 | 35 | 5,0 | 4,7 | 5,6 | 2,7 |
| 12 | Seine-inférieure | ROUEN | 25 | 26 | 21 | 14 | 28 | 114 | 23 | 5,6 | 3,2 | 2,8 | 2,0 |
| 13 | Calvados | *Caen** | 8 | 6 | 14 | 12 | 1 | » | » | » | » | » | » |
| 14 | Manche | CHERBOURG | 20 | 4 | 8 | 12 | 47 | 91 | 18 | 8,3 | 6,8 | 3,8 | 4,1 |
| 15 | Ille-et-Vilaine | RENNES | 36 | 26 | 21 | 15 | 24 | 122 | 24 | 23,7 | 18,6 | 10,4 | 3,2 |
| 16 | Finistère | BREST | 39 | 32 | 42 | 33 | 19 | 165 | 33 | 6,8 | 6,3 | 3,7 | 3,9 |
| 17 | Morbihan | *Lorient** | 10 | 21 | 22 | 20 | 1 | 74 | 15 | 11,4 | 17,7 | 2,1 | 3,3 |
| 18 | Loire-inférieure | SAINT-NAZAIRE | 15 | 19 | 19 | 1 | 7 | 61 | 12 | 7,3 | 4,9 | 2,4 | 3,3 |
| 19 | Loire-inférieure | NANTES | 23 | 16 | 9 | 10 | 16 | 74 | 15 | 4,4 | 3,6 | 1,2 | 1,1 |
| 20 | Maine-et-Loire | *Angers** | 11 | 17 | 13 | 15 | 16 | 72 | 14 | » | » | » | 1,7 |
| 21 | Mayenne | LAVAL | 10 | 13 | 7 | 9 | 18 | 57 | 11 | 4,9 | 6,0 | 3,7 | 3,7 |
| 22 | Sarthe | LE MANS | 13 | 15 | 9 | 14 | 9 | 60 | 12 | 1,5 | 2,0 | 1,3 | 1,9 |
| 23 | Indre-et-Loire | *Tours** | » | » | » | 1 | » | » | » | 8,5 | 1,3 | » | » |
| 24 | Loiret | ORLÉANS | 9 | 18 | 9 | 15 | 11 | 62 | 12 | 5,1 | 3,8 | 1,5 | 1,8 |
| 25 | Seine-et-Oise | VERSAILLES | 13 | 21 | 14 | 8 | 11 | 67 | 13 | 9,9 | 2,6 | 2,4 | 2,4 |
| 26 | Seine | BOULOGNE-S-SEINE | 20 | 29 | 15 | 19 | 18 | 101 | 20 | 12,6 | 13,3 | 6,4 | 4,2 |
| 27 | Seine | PARIS | 612 | 567 | 535 | 488 | 486 | 2.688 | 538 | 6,5 | 4,8 | 2,8 | 2,0 |
| 28 | Seine | NEUILLY-SUR-SEINE | 16 | 7 | 13 | 13 | 10 | 59 | 12 | 3,6 | 3,6 | 4,3 | 3,1 |
| 29 | Seine | ASNIÈRES | 12 | 19 | 6 | 8 | 6 | 51 | 10 | 3,5 | 3,7 | 2,9 | 3,0 |
| 30 | Seine | LEVALLOIS-PERRET | 7 | 7 | 9 | 8 | 8 | 39 | 8 | 2,2 | 5,8 | 1,5 | 1,3 |
| 31 | Seine | CLICHY | 34 | 20 | 21 | 14 | 27 | 116 | 23 | 11,0 | 12,5 | 11,0 | 5,7 |
| 32 | Seine | SAINT-OUEN | 78 | 111 | 104 | 96 | 107 | 496 | 99 | 13,3 | 25,2 | 31,8 | 27,2 |
| 33 | Seine | SAINT-DENIS | 17 | 26 | 26 | 12 | 8 | 89 | 18 | 9,2 | 3,8 | 2,3 | 2,9 |
| 34 | Seine | AUBERVILLIERS | 16 | 28 | 35 | 32 | 47 | 158 | 32 | 17,1 | 7,7 | 7,2 | 9,8 |
| 35 | Seine | VINCENNES | 7 | 6 | 6 | 4 | 4 | 27 | 5 | 7,8 | 5,0 | 2,7 | 1,5 |
| 36 | Seine | MONTREUIL-S^T-BOIS | 33 | 14 | 17 | 15 | 13 | 92 | 18 | 16,9 | 17,5 | 8,2 | 5,3 |
| 37 | Aube | TROYES | 6 | 6 | 11 | 2 | 9 | 34 | 7 | 6,4 | 4,1 | 2,1 | 1,3 |
| 38 | Marne | REIMS | 54 | 48 | 33 | 44 | 59 | 238 | 48 | 7,3 | 9,9 | 5,2 | 4,4 |
| 39 | Meurthe-et-Moselle | NANCY | 15 | 21 | 15 | 27 | 23 | 101 | 20 | 1,7 | 2,9 | 1,9 | 1,9 |
| 40 | Haut-Rhin | BELFORT | 11 | 12 | 6 | 2 | 8 | 39 | 8 | 2,5 | 2,2 | 1,0 | 2,4 |
| 41 | Doubs | BESANÇON | 18 | 19 | 9 | 20 | 7 | 73 | 15 | 6,5 | 5,1 | 2,6 | 2,7 |
| 42 | Côte-d'Or | DIJON | 26 | 15 | 20 | 21 | 17 | 99 | 20 | 5,4 | 4,8 | 3,7 | 2,7 |
| 43 | Cher | BOURGES | 5 | 21 | 9 | 3 | 16 | 54 | 11 | 6,6 | 4,3 | 1,5 | 2,4 |
| 44 | Vienne | *Poitiers** | 30 | 30 | 41 | 39 | 15 | 155 | 31 | » | » | 6,9 | 7,8 |
| 45 | Charente-inférieure | ROCHEFORT | 15 | 8 | 22 | 19 | 20 | 84 | 17 | 5,3 | 7,4 | 3,4 | 4,6 |
| 46 | Charente-inférieure | LA ROCHELLE | 11 | 4 | 2 | 12 | 3 | 32 | 6 | 2,7 | 2,9 | 2,3 | 1,8 |
| 47 | Gironde | BORDEAUX | 225 | 117 | 70 | 81 | 57 | 550 | 110 | 5,3 | 6,2 | 6,6 | 4,3 |
| 48 | Dordogne | PÉRIGUEUX | 14 | 8 | 19 | 15 | 14 | 70 | 14 | 10,3 | 7,7 | 5,1 | 4,4 |
| 49 | Charente | ANGOULÊME | 11 | 15 | 65 | 15 | 15 | 121 | 24 | 6,2 | 3,8 | 1,8 | 6,4 |
| 50 | Haute-Vienne | LIMOGES | 46 | 38 | 56 | 53 | 38 | 231 | 46 | 12,8 | 12,0 | 5,1 | 5,3 |
| 51 | Puy-de-Dôme | CLERMONT-FERRAND | 33 | 17 | 19 | 25 | 23 | 117 | 23 | 25,4 | 15,2 | 10,7 | 4,1 |
| 52 | Allier | *Montluçon** | 31 | 13 | 20 | 9 | 22 | 95 | 19 | 8,2 | 9,6 | 9,0 | 5,5 |
| 53 | Saône-et-Loire | LE CREUSOT | 19 | 12 | 10 | 10 | 9 | 60 | 12 | 8,7 | 9,0 | 3,8 | 3,7 |
| 54 | Loire | *Roanne** | 18 | 17 | 13 | 12 | 11 | 71 | 14 | » | 4,9 | 2,3 | 4,0 |
| 55 | Loire | SAINT-ÉTIENNE | 73 | 75 | 57 | 66 | 89 | 360 | 72 | 8,4 | 7,2 | 5,3 | 4,9 |
| 56 | Rhône | LYON | 215 | 187 | 184 | 186 | 240 | 1.012 | 202 | 7,9 | 6,8 | 6,3 | 4,3 |
| 57 | Isère | GRENOBLE | 17 | 22 | 29 | 36 | 16 | 120 | 24 | 5,9 | 4,6 | 4,2 | 3,4 |
| 58 | Alpes-maritimes | NICE | 53 | 59 | 84 | 57 | 71 | 324 | 65 | 12,3 | 9,9 | 8,1 | 5,4 |
| 59 | Alpes-maritimes | CANNES | 8 | 7 | 9 | 10 | 7 | 41 | 8 | 6,8 | 3,9 | 2,7 | 2,7 |
| 60 | Var | TOULON | 37 | 63 | 51 | 40 | 86 | 277 | 55 | 6,6 | 5,2 | 4,8 | 5,3 |
| 61 | Vaucluse | AVIGNON | 10 | 26 | 13 | 5 | 5 | 59 | 12 | 7,2 | 4,4 | 3,3 | 2,5 |
| 62 | Gard | NÎMES | 13 | 22 | 11 | 28 | 8 | 82 | 16 | 5,9 | 1,5 | 1,2 | 2,0 |
| 63 | Bouches-du-Rhône | MARSEILLE | 438 | 328 | 285 | 287 | 268 | 1.606 | 321 | 9,2 | 6,7 | 6,5 | 6,4 |
| 64 | Hérault | *Montpellier** | 17 | 19 | 15 | 9 | 31 | 91 | 18 | » | 5,0 | 2,8 | 2,3 |
| 65 | Hérault | CETTE | 18 | 20 | 49 | 40 | 51 | 178 | 36 | 7,1 | 15,1 | 6,7 | 10,7 |
| 66 | Hérault | *Béziers** | 1 | 8 | 1 | » | » | » | » | 16,0 | 18,8 | 10,6 | » |
| 67 | Pyrénées-orientales | PERPIGNAN | 4 | 13 | 8 | 6 | 7 | 38 | 8 | 5,0 | 2,3 | 2,2 | 2,1 |
| 68 | Aude | *Carcassonne** | 2 | » | 1 | 1 | 3 | » | » | » | 1,7 | 1,3 | » |
| 69 | Haute-Garonne | TOULOUSE | 33 | 19 | 47 | 48 | 33 | 180 | 36 | 5,6 | 6,1 | 3,7 | 2,4 |
| 70 | Tarn-et-Garonne | *Montauban** | 3 | 2 | 2 | 2 | » | » | » | 8,4 | 3,7 | 1,3 | » |
| 71 | Basses-Pyrénées | PAU | 10 | 4 | 13 | 9 | 12 | 48 | 10 | 5,7 | 4,3 | 2,1 | 2,9 |

(*) Renseignements incomplets pour tout ou partie des périodes.

## IV — RÉSULTATS GÉNÉRAUX ET RÉCAPITULATIFS PAR PÉRIODES

| | | PÉRIODE 1887-90 4 ans. | | | PÉRIODE 1891-95 5 ans. | | | PÉRIODE 1896-1900 5 ans. | | | PÉRIODE 1901-05 5 ans. | | |
|---|---|---|---|---|---|---|---|---|---|---|---|---|---|
| | | NOMBRES ABSOLUS | | Proportion pour 10.000 habit. | NOMBRES ABSOLUS | | Proportion pour 10.000 habit. | NOMBRES ABSOLUS | | Proportion pour 10.000 habit. | NOMBRES ABSOLUS | | Proportion pour 10.000 habit. |
| | | Total. | Moyenne annuelle. | | Total. | Moyenne annuelle. | | Total. | Moyenne annuelle. | | Total. | Moyenne annuelle. | |
| I Répartition générale par périodes. | Vil. de plus de 30.000 h. | 19.299 | 4.824 | 7,4 | 21.645 | 4.329 | 6,1 | 16.194 | 3.239 | 4,3 | 13.537 | 2.707 | 3,3 |
| | Vil. de 10.001 à 30.000 h. | 8.579 | 2.145 | 7,0 | 16.533 | 3.306 | 6,1 | 12.149 | 2.430 | 4,3 | 11.925 | 2.385 | 4,1 |
| | Vil. de 5.001 à 10.000 h. | » | » | » | | | | | | | | | |
| | TOTAUX | 27.878 | 6.969 | 7,3 | 38.178 | 7.635 | 6,1 | 28.343 | 5.669 | 4,3 | 25.462 | 5.092 | 3,7 |
| | Proportions extrêmes. | 8,1 en 1890<br>6,8 en 1887 | | | 6,8 en 1891<br>5,3 en 1894 | | | 4,5 en 1898<br>4,2 en 1897 et 1900 | | | 4,0 en 1901<br>3,4 en 1904 | | |
| | Proportion par rapport au nombre des décès de toutes causes. | 2,4 0/0<br>1 sur 41,5 | | | 2,6 0/0<br>1 sur 38,3 | | | 2,0 0/0<br>1 sur 50 | | | 1,8 0/0<br>1 sur 55,5 | | |
| II Répartition par groupes de villes. | I. Paris | 6.099 | 1.525 | 6,5 | 5.915 | 1.183 | 4,8 | 3.685 | 737 | 2,9 | 2.688 | 538 | 2,0 |
| | II. V. de 100.001 à 518.000 h. | 6.981 | 1.745 | 8,4 | 7.868 | 1.574 | 7.2 | 6.835 | 1.367 | 5,7 | 5.744 | 1.149 | 4,3 |
| | III. V. de 30.001 à 100.000 h. | 6.219 | 1.555 | 7,5 | 7.862 | 1.572 | 6,5 | 5.674 | 1.135 | 4,6 | 5.105 | 1.021 | 3,7 |
| | IV. V. de 20.001 à 30.000 h. | 3.743 | 936 | 7,6 | 4.337 | 867 | 7,0 | 3.138 | 628 | 4,5 | 2.547 | 509 | 3,9 |
| | V. V. de 10.001 à 20.000 h. | 4.836 | 1.209 | 6,5 | 5.604 | 1.121 | 6,1 | 3.924 | 785 | 4,1 | 3.976 | 795 | 3,9 |
| | VI. V. de 5.001 à 10.000 h. | » | » | » | 6.592 | 1.318 | 5,7 | 5.087 | 1.017 | 4,3 | 5.402 | 1.080 | 4,4 |
| III Répart. p. gr. d'âges dans les v. de plus de 30.000 habit. Proport. p. 10.000 de ch. groupe. | de 0 à 1 an | 7.297 | 1.824 | 205,2 | 8.333 | 1.667 | 168,4 | 6.468 | 1.294 | 122,2 | 5.126 | 1.025 | 75,5 |
| | de 1 à 19 ans | 5.606 | 1.401 | 7,6 | 6.130 | 1.226 | 6,1 | 4.518 | 904 | 4,2 | 3.395 | 679 | 2,9 |
| | de 20 à 39 ans | 1.170 | 292 | 1,2 | 1.175 | 235 | 0,9 | 1.011 | 202 | 0,7 | 873 | 175 | 0,6 |
| | de 40 à 59 ans | 1.784 | 446 | 3,0 | 2.000 | 400 | 2,5 | 1.452 | 290 | 1,7 | 1.262 | 252 | 1,4 |
| | de 60 et au-dessus. | 3.442 | 860 | 14,7 | 4.007 | 801 | 12,7 | 2.745 | 549 | 8,3 | 2.881 | 576 | 8,0 |

| IV Répartition par villes de plus de 30.000 habit. Moyennes annuelles et proportions pour 10.000 habit. | Période 1887-90 | | Période 1891-95 | | Période 1896-1900 | | Période 1901-05 | |
|---|---|---|---|---|---|---|---|---|
| Moyenne générale annuelle | de 1,5 à 25,4 | | de 1,3 à 25,2 | | de 1,0 à 31,8 | | de 1,1 à 27,2 | |
| Villes ayant présenté une moyenne supérieure à 10,5 | Roubaix | 12,2 | Roubaix | 15,3 | | | | |
| | Lille | 18,4 | | | | | | |
| | | | | | Saint-Quentin | 10,7 | | |
| | Rennes | 23,7 | Rennes | 18,6 | | | | |
| | Lorient | 11,4 | Lorient | 17,7 | | | | |
| | Boulogne-s/Seine. | 12,6 | Boulogne-s/Seine. | 13,3 | | | | |
| | Clichy | 11,0 | Clichy | 12,5 | Clichy | 11,0 | | |
| | Saint-Ouen | 13,3 | Saint-Ouen | 25,2 | Saint-Ouen | 31,8 | Saint-Ouen | 27,2 |
| | Limoges | 12,8 | Limoges | 12,0 | | | | |
| | Clermont-Ferrand. | 25,4 | Clermont-Ferrand. | 15,2 | Clermont-Ferrand. | 10,7 | | |
| | Nice | 12,3 | Cette | 15,1 | | | Cette | 10,7 |
| | Béziers | 16,0 | Béziers | 18,8 | Béziers | 10,6 | | |
| Villes ayant présenté une moyenne inférieure à 2,4 | | | | | Douai | 1,5 | Douai | 1,2 |
| | | | | | | | Rouen | 2,0 |
| | | | | | Lorient | 2,1 | | |
| | | | | | Nantes | 1,2 | Nantes | 1,1 |
| | | | | | | | Angers | 1,7 |
| | Le Mans | 1,5 | Le Mans | 2,0 | Le Mans | 1,3 | Le Mans | 1,9 |
| | | | Tours | 1,3 | Orléans | 1,5 | Orléans | 1,8 |
| | | | | | | | Paris | 2,0 |
| | | | | | Levallois-Perret | 1,5 | Levallois-Perret | 1,3 |
| | Levallois-Perret | 2,2 | | | | | Vincennes | 1,5 |
| | | | | | Saint-Denis | 2,3 | | |
| | | | | | Troyes | 2,1 | Troyes | 1,3 |
| | Nancy | 1,7 | | | Nancy | 1,9 | Nancy | 1,9 |
| | | | Belfort | 2,2 | Belfort | 1,0 | | |
| | | | | | Bourges | 1,5 | | |
| | | | | | La Rochelle | 2,3 | La Rochelle | 1,8 |
| | | | | | Angoulême | 1,8 | | |
| | | | | | Roanne | 2,3 | | |
| | | | Nîmes | 1,5 | Nîmes | 1,2 | Nîmes | 2,0 |
| | | | | | | | Montpellier | 2,3 |
| | | | Perpignan | 2,3 | Perpignan | 2,2 | Perpignan | 2,1 |
| | | | Carcassonne | 1,7 | Carcassonne | 1,3 | | |
| | | | | | Montauban | 1,3 | | |
| | | | | | Pau | 2,1 | | |

# XV

# DÉCÈS PAR PNEUMONIE

## ET « AUTRES AFFECTIONS DE L'APPAREIL RESPIRATOIRE »(1)

## DE 1901 A 1905

et comparaison avec les trois périodes précédentes.(2)

## NOMBRES ABSOLUS ET PROPORTIONNELS

***Villes de plus de 5.000 habitants.***

I. — RÉPARTITION GÉNÉRALE ANNUELLE PAR GROUPES DE VILLES

***Villes de plus de 30.000 habitants.***

II. — RÉPARTITION ANNUELLE PAR GROUPES DE VILLES ET PAR AGES
III. — RÉPARTITION PAR VILLES
IV. — RÉSULTATS GÉNÉRAUX ET RÉCAPITULATIFS

(1) Cette rubrique « Autres affections de l'appareil respiratoire » comprend toutes les affections autres que la tuberculose pulmonaire, la bronchite aiguë, la bronchite chronique et la pneumonie. (2) Pour les trois premières périodes les décès relevés portent seulement sur la « pneumonie » et la « broncho-pneumonie »; à partir de 1901 la nomenclature internationale y a ajouté les « Autres affections de l'appareil respiratoire » qui expliquent la majoration sensible des chiffres de la 4e période particulièrement pour le groupe d'âge de 60 ans et au-dessus. La broncho-pneumonie se trouve englobée depuis la même période dans les « autres affections ».

DÉCÈS PAR PNEUMONIE ET « AUTRES AFFECTIONS DE L'APPAREIL RESPIRATOIRE » (1) DE 1901 A 1905

| GROUPES DE VILLES | GROUPES D'AGE | 1901 Nombre absolu. | 1901 Proportion. | 1902 Nombre absolu. | 1902 Proportion. | 1903 Nombre absolu. | 1903 Proportion. | 1904 Nombre absolu. | 1904 Proportion. | 1905 Nombre absolu. | 1905 Proportion. |
|---|---|---|---|---|---|---|---|---|---|---|---|
| **I. — RÉPARTITION GÉNÉRALE PAR GROUPES DE VILLES DE PLUS DE 5.000 HABITANTS** — PROPORTIONS POUR 10.000 HABITANTS | | | | | | | | | | | |
| I. Paris | | 6.533 | *24,5* | 6.258 | *23,4* | 5.594 | *20,8* | 6.046 | *22,4* | 5.992 | *22,1* |
| II. Villes de 100.001 à 518.000 habitants | | 7.188 | *27,3* | 7.659 | *28,9* | 7.204 | *27,0* | 7.436 | *27,8* | 8.219 | *30,5* |
| III. Villes de 30.001 à 100.000 habitants | | 5.463 | *20,1* | 5.539 | *20,2* | 5.389 | *19,6* | 5.592 | *20,2* | 6.150 | *22,1* |
| IV. Villes de 20.001 à 30.000 habitants | | 2.593 | *20,0* | 2.886 | *22,1* | 2.866 | *21,7* | 2.711 | *20,4* | 3.176 | *23,7* |
| V. Villes de 10.001 à 20.000 habitants | | 3.782 | *18,9* | 4.164 | *20,7* | 3.996 | *19,7* | 3.897 | *19,0* | 4.374 | *21,2* |
| VI. Villes de 5.001 à 10.000 habitants | | 4.169 | *17,3* | 4.513 | *18,7* | 4.350 | *17,9* | 4.442 | *18,2* | 4.778 | *19,5* |
| Totaux généraux | Villes de plus de 10.000 h | 25.559 | *22,6* | 26.506 | *23,3* | 25.049 | *21,9* | 25.682 | *22,3* | 27.911 | *24,1* |
| | Villes de plus de 5.000 h. | 29.728 | *21,7* | 31.019 | *22,5* | 29.399 | *21,2* | 30.124 | *21,6* | 32.689 | *23,3* |
| **II. — RÉPARTITION PAR GROUPES D'AGES DANS LES VILLES DE PLUS DE 30.000 HABITANTS** — PROPORTIONS POUR 10.000 INDIVIDUS DE CHAQUE GROUPE | | | | | | | | | | | |
| I. Paris | de 0 à 1 an | 893 | *257,1* | 903 | *247,5* | 735 | *192,2* | 750 | *187,6* | 826 | *197,9* |
| | de 1 à 19 ans | 1.063 | *15,6* | 1.035 | *15,2* | 872 | *12,8* | 926 | *13,6* | 888 | *13,1* |
| | de 20 à 39 ans | 577 | *5,3* | 516 | *4,7* | 455 | *4,2* | 429 | *3,9* | 478 | *4,3* |
| | de 40 à 59 ans | 1.342 | *21,1* | 1.327 | *20,6* | 1.126 | *17,4* | 1.212 | *18,6* | 1.240 | *18,8* |
| | de 60 ans et au-dessus | 2.658 | *125,7* | 2.477 | *116,0* | 2.406 | *111,7* | 2.729 | *125,5* | 2.560 | *116,6* |
| II. Villes de 100.001 à 518.000 habit. | de 0 à 1 an | 974 | *220,3* | 1.227 | *262,1* | 937 | *189,6* | 1.044 | *200,7* | 1.027 | *188,0* |
| | de 1 à 19 ans | 1.078 | *13,6* | 1.437 | *18,1* | 1.221 | *15,4* | 1.085 | *13,6* | 1.122 | *14,1* |
| | de 20 à 39 ans | 596 | *6,2* | 568 | *5,8* | 592 | *6,1* | 581 | *5,9* | 661 | *6,7* |
| | de 40 à 59 ans | 1.348 | *22,7* | 1.298 | *21,6* | 1.238 | *20,5* | 1.259 | *20,7* | 1.553 | *25,3* |
| | de 60 ans et au-dessus | 3.192 | *134,0* | 3.129 | *130,3* | 3.216 | *132,9* | 3.467 | *142,2* | 3.856 | *157,0* |
| III. Villes de 30.001 à 100.000 habit. | de 0 à 1 an | 644 | *141,7* | 811 | *173,3* | 691 | *143,5* | 734 | *148,3* | 833 | *163,8* |
| | de 1 à 19 ans | 717 | *8,5* | 910 | *10,8* | 820 | *9,7* | 848 | *10,0* | 836 | *9,9* |
| | de 20 à 39 ans | 606 | *6,1* | 522 | *5,2* | 471 | *4,7* | 489 | *4,9* | 585 | *5,8* |
| | de 40 à 59 ans | 1.055 | *18,1* | 948 | *16,1* | 958 | *16,0* | 944 | *15,6* | 1.138 | *18,6* |
| | de 60 ans et au-dessus | 2.441 | *94,5* | 2.348 | *90,0* | 2.449 | *93,0* | 2.577 | *96,9* | 2.758 | *102,7* |

| | Années. | 0 à 1 an. | 1 à 19 ans. | 20 à 39 ans. | 40 à 59 ans. | 60 ans et au-dessus. |
|---|---|---|---|---|---|---|
| Récapitulation par périodes (Nombres absolus.) | 1901 | 2.511 | 2.858 | 1.779 | 3.745 | 8.291 |
| | 1902 | 2.941 | 3.382 | 1.606 | 3.573 | 7.954 |
| | 1903 | 2.363 | 2.913 | 1.518 | 3.322 | 8.071 |
| | 1904 | 2.528 | 2.859 | 1.499 | 3.415 | 8.773 |
| | 1905 | 2.686 | 2.846 | 1.724 | 3.931 | 9.174 |
| Totaux | (5 ans.) | 13.029 | 14.858 | 8.126 | 17.986 | 42.263 |

(1) Y compris broncho-pneumonie. Voir note de la page 69.

## III. — RÉPARTITION DANS LES VILLES DE PLUS DE 30.000 HABITANTS

PROPORTIONS POUR 10.000 HABITANTS PAR COMPARAISON AVEC LES TROIS PÉRIODES PRÉCÉDENTES

| NUMÉROS D'ORDRE | DÉPARTEMENTS par GROUPEMENT GÉOGRAPHIQUE du nord au sud. | NOMS DES VILLES | NOMBRES ABSOLUS | | | | | | | PROPORTION | | | |
|---|---|---|---|---|---|---|---|---|---|---|---|---|---|
| | | | 1901 | 1902 | 1903 | 1904 | 1905 | TOTAL | MOYENNE annuelle | 1887-90 | 1891-95 | 1896-1900 | 1901-05 |
| 1 | | DUNKERQUE | 45 | 59 | 57 | 56 | 91 | 308 | 62 | 28,4 | 25,7 | 11,6 | 16,1 |
| 2 | | TOURCOING | 118 | 226 | 171 | 178 | 152 | 845 | 169 | 17,3 | 19,9 | 19,5 | 21,0 |
| 3 | Nord | ROUBAIX | 246 | 251 | 214 | 271 | 290 | 1.272 | 254 | 15,4 | 14,9 | 15,7 | 20,7 |
| 4 | | LILLE | 475 | 598 | 462 | 436 | 552 | 2.523 | 505 | 20,0 | 22,4 | 18,6 | 24,3 |
| 5 | | VALENCIENNES | 68 | 38 | 28 | 65 | 58 | 257 | 51 | 21,0 | 21,2 | 16,5 | 16,3 |
| 6 | | DOUAI | 34 | 43 | 51 | 62 | 44 | 234 | 47 | 11,7 | 15,8 | 14,6 | 14,0 |
| 7 | Pas-de-Calais | CALAIS | 77 | 158 | 106 | 147 | 147 | 635 | 127 | 16,8 | 24,4 | 17,2 | 20,1 |
| 8 | | BOULOGNE-SUR-MER | 105 | 99 | 97 | 84 | 114 | 499 | 100 | 23,9 | 25,1 | 17,2 | 19,8 |
| 9 | Somme | AMIENS | 123 | 171 | 116 | 141 | 205 | 756 | 151 | 13,3 | 15,5 | 10,0 | 16,6 |
| 10 | Aisne | SAINT-QUENTIN | 54 | 81 | 68 | 74 | 64 | 341 | 68 | 17,5 | 9,3 | 9,3 | 13,2 |
| 11 | Seine-inférieure | LE HAVRE | 332 | 353 | 258 | 295 | 334 | 1.572 | 314 | 26,2 | 23,0 | 18,8 | 23,9 |
| 12 | | ROUEN | 421 | 449 | 400 | 423 | 437 | 2.130 | 426 | 27,4 | 28,7 | 16,2 | 36,3 |
| 13 | Calvados | *Caen** | 32 | 47 | 55 | 49 | 35 | 218 | 44 | 8,1 | 12,6 | 8,6 | 9,9 |
| 14 | Manche | *Cherbourg** | 77 | 80 | 89 | 61 | 113 | 420 | 84 | 7,9 | 20,3 | 13,6 | 19,4 |
| 15 | Ille-et-Vilaine | RENNES | 216 | 188 | 150 | 192 | 251 | 997 | 199 | 23,7 | 22,5 | 18,1 | 26,5 |
| 16 | Finistère | BREST | 246 | 207 | 190 | 177 | 153 | 973 | 195 | 29,4 | 42,7 | 23,9 | 23,0 |
| 17 | Morbihan | *Lorient** | 157 | 134 | 129 | 108 | 140 | 668 | 134 | 10,5 | 7,6 | 27,9 | 29,3 |
| 18 | Loire-inférieure | SAINT-NAZAIRE | 82 | 57 | 77 | 52 | 46 | 314 | 63 | 25,8 | 16,0 | 16,6 | 17,6 |
| 10 | | NANTES | 286 | 306 | 270 | 295 | 377 | 1.534 | 307 | 28,5 | 24,7 | 16,3 | 23,1 |
| 20 | Maine-et-Loire | *Angers** | 116 | 128 | 117 | 139 | 158 | 658 | 132 | » | » | » | 16,0 |
| 21 | Mayenne | LAVAL | 57 | 93 | 75 | 100 | 96 | 421 | 84 | 18,7 | 31,5 | 23,7 | 27,9 |
| 22 | Sarthe | LE MANS | 182 | 176 | 154 | 154 | 153 | 819 | 164 | 23,0 | 25,9 | 17,1 | 25,5 |
| 23 | Indre-et-Loire | TOURS | 77 | 105 | 76 | 51 | 85 | 394 | 79 | 15,1 | 18,7 | 15,7 | 11,9 |
| 24 | Loiret | ORLÉANS | 175 | 122 | 145 | 141 | 162 | 745 | 149 | 23,7 | 20,6 | 15,7 | 21,9 |
| 25 | Seine-et-Oise | VERSAILLES | 144 | 125 | 125 | 172 | 149 | 715 | 143 | 26,7 | 24,6 | 23,5 | 26,2 |
| 26 | | BOULOGNE-SUR-SEINE | 90 | 97 | 62 | 84 | 104 | 437 | 87 | 16,5 | 19,9 | 17,4 | 18,5 |
| 27 | | PARIS | 6.533 | 6.258 | 5.594 | 6.046 | 5.992 | 30.423 | 6.085 | 19,6 | 18,9 | 15,5 | 22,6 |
| 28 | | NEUILLY-SUR-SEINE | 69 | 61 | 63 | 69 | 86 | 348 | 70 | 19,6 | 15,7 | 11,2 | 18,1 |
| 29 | | ASNIÈRES | 79 | 60 | 56 | 66 | 97 | 358 | 72 | 13,4 | 14,3 | 21,3 | 21,5 |
| 30 | | LEVALLOIS-PERRET | 109 | 109 | 133 | 137 | 147 | 635 | 127 | 51,1 | 35,8 | 21,2 | 21,3 |
| 31 | Seine | CLICHY | 63 | 62 | 58 | 53 | 98 | 334 | 67 | 22,0 | 21,0 | 14,5 | 16,6 |
| 32 | | SAINT-OUEN | 63 | 91 | 89 | 121 | 146 | 510 | 102 | 25,3 | 21,6 | 20,9 | 28,0 |
| 33 | | SAINT-DENIS | 88 | 86 | 84 | 143 | 137 | 538 | 108 | 19,9 | 24,1 | 22,4 | 17,3 |
| 34 | | AUBERVILLIERS | 52 | 74 | 50 | 33 | 58 | 267 | 53 | 26,9 | 31,8 | 24,9 | 16,3 |
| 35 | | VINCENNES | 74 | 70 | 70 | 66 | 68 | 348 | 70 | 22,5 | 18,6 | 13,7 | 21,7 |
| 36 | | MONTREUIL-SOUS-BOIS | 84 | 66 | 112 | 108 | 125 | 495 | 99 | 16,1 | 21,9 | 26,8 | 29,4 |
| 37 | Aube | TROYES | 153 | 174 | 129 | 158 | 162 | 776 | 155 | 20,7 | 25,8 | 18,7 | 29,1 |
| 38 | Marne | REIMS | 244 | 284 | 207 | 210 | 208 | 1.153 | 231 | 17,7 | 13,6 | 12,8 | 21,2 |
| 39 | Meurthe-et-Moselle | NANCY | 249 | 288 | 228 | 319 | 354 | 1.438 | 288 | 22,2 | 25,8 | 25,0 | 27,0 |
| 40 | Haut-Rhin | BELFORT | 30 | 16 | 21 | 20 | 34 | 121 | 24 | 14,3 | 12,5 | 6,2 | 7,1 |
| 41 | Doubs | BESANÇON | 137 | 154 | 100 | 138 | 123 | 652 | 130 | 19,5 | 24,1 | 26,8 | 23,2 |
| 42 | Côte-d'Or | DIJON | 124 | 167 | 137 | 161 | 186 | 775 | 155 | 18,6 | 22,4 | 15,7 | 21,3 |
| 43 | Cher | BOURGES | 46 | 62 | 51 | 50 | 50 | 259 | 52 | 14,3 | 17,9 | 10,0 | 11,5 |
| 44 | Vienne | *Poitiers** | 34 | 53 | 50 | 60 | 71 | 268 | 54 | » | » | 9,2 | 13,6 |
| 45 | Charente-inférieure | ROCHEFORT | 89 | 50 | 73 | 61 | 59 | 332 | 66 | 19,9 | 19,9 | 18,7 | 18,0 |
| 46 | | LA ROCHELLE | 75 | 70 | 61 | 51 | 63 | 320 | 64 | 14,8 | 18,7 | 16,3 | 19,6 |
| 47 | Gironde | BORDEAUX | 686 | 684 | 656 | 655 | 678 | 3.359 | 672 | 20,5 | 19,7 | 15,2 | 26,4 |
| 48 | Dordogne | PÉRIGUEUX | 57 | 50 | 61 | 45 | 41 | 254 | 51 | 26,9 | 22,8 | 18,4 | 16,1 |
| 49 | Charente | ANGOULÊME | 50 | 50 | 46 | 45 | 60 | 251 | 50 | 14,4 | 20,2 | 17,7 | 13,3 |
| 50 | Haute-Vienne | LIMOGES | 207 | 202 | 240 | 241 | 252 | 1.142 | 228 | 25,8 | 30,5 | 20,4 | 26,4 |
| 51 | Puy-de-Dôme | CLERMONT-FERRAND | 102 | 70 | 104 | 75 | 124 | 475 | 95 | 19,3 | 13,6 | 10,3 | 17,1 |
| 52 | Allier | *Montluçon** | 56 | 49 | 28 | 49 | 43 | 225 | 45 | 14,8 | 13,6 | 8,7 | 13,0 |
| 53 | Saône-et-Loire | LE CREUSOT | 38 | 78 | 102 | 75 | 99 | 392 | 78 | 18,5 | 22,3 | 26,6 | 24,4 |
| 54 | Loire | *Roanne** | 59 | 36 | 44 | 35 | 66 | 240 | 48 | » | 21,2 | 23,3 | 13,6 |
| 55 | | SAINT-ÉTIENNE | 296 | 340 | 299 | 281 | 330 | 1.546 | 309 | 29,3 | 28,2 | 24,8 | 21,1 |
| 56 | Rhône | LYON | 1.204 | 1.364 | 1.063 | 1.245 | 1.368 | 6.244 | 1.249 | 21,2 | 24,0 | 21,5 | 26,8 |
| 57 | Isère | GRENOBLE | 164 | 117 | 102 | 104 | 134 | 621 | 124 | 20,4 | 20,1 | 16,0 | 17,5 |
| 58 | Alpes-maritimes | NICE | 149 | 152 | 238 | 268 | 311 | 1.118 | 224 | 19,5 | 19,9 | 19,6 | 18,7 |
| 59 | | CANNES | 76 | 63 | 89 | 76 | 70 | 374 | 75 | 28,9 | 26,8 | 20,5 | 25,1 |
| 60 | Var | TOULON | 169 | 193 | 173 | 231 | 275 | 1 041 | 208 | 29,9 | 20,7 | 16,2 | 20,2 |
| 61 | Vaucluse | AVIGNON | 95 | 101 | 96 | 110 | 102 | 504 | 101 | 22,7 | 20,9 | 15,3 | 21,2 |
| 62 | Gard | NIMES | 202 | 148 | 241 | 256 | 215 | 1 062 | 212 | 27,7 | 25,3 | 24,6 | 26,4 |
| 63 | Bouches-du-Rhône | MARSEILLE | 2.044 | 2.034 | 2.379 | 2.145 | 2.321 | 10.923 | 2 185 | 35,5 | 31,8 | 39,6 | 43,3 |
| 64 | | MONTPELLIER | 313 | 322 | 302 | 283 | 274 | 1.494 | 299 | 51,8 | 35,4 | 28,9 | 39,1 |
| 65 | Hérault | *Cette** | 71 | 42 | 55 | 77 | 46 | 291 | 58 | 7,1 | 10,8 | 12,5 | 17,3 |
| 66 | | *Béziers** | 108 | 91 | 104 | 58 | 102 | 463 | 93 | 6,8 | 29,2 | 26,4 | 17,8 |
| 67 | Pyrénées-orientales | PERPIGNAN | 53 | 71 | 110 | 89 | 90 | 413 | 83 | 28,5 | 27,1 | 24,0 | 22,1 |
| 98 | Aude | *Carcassonne** | 51 | 73 | 76 | 62 | 81 | 343 | 69 | » | 35,8 | 24,8 | 22,4 |
| 69 | Haute-Garonne | TOULOUSE | 387 | 363 | 357 | 362 | 384 | 1.853 | 371 | 27,4 | 24,4 | 28,7 | 24,8 |
| 70 | Tarn-et-Garonne | MONTAUBAN | 44 | 55 | 42 | 65 | 51 | 257 | 51 | 29,5 | 16,4 | 13,3 | 17,2 |
| 71 | Basses-Pyrénées | PAU | 73 | 62 | 72 | 65 | 70 | 342 | 68 | 15,3 | 18,6 | 20,2 | 19,6 |

(*) Renseignements incomplets pour tout ou partie des périodes.

(1) Voir note de la page 69.

# DÉCÈS PAR PNEUMONIE, ET « AUTRES AFFECTIONS DE L'APPAREIL RESPIRATOIRE » (1) DE 1887 A 1905

## IV. — RÉSULTATS GÉNÉRAUX ET RÉCAPITULATIFS PAR PÉRIODES

| | PÉRIODE 1887-90 4 ans (sauf exceptions indiquées). | | | PÉRIODE 1891-95 5 ans. | | | PÉRIODE 1896-1900 5 ans. | | | PÉRIODE 1901-05 5 ans. | | |
|---|---|---|---|---|---|---|---|---|---|---|---|---|
| | NOMBRES ABSOLUS | | Proportion pour 10.000 habit. | NOMBRES ABSOLUS | | Proportion pour 10.000 habit. | NOMBRES ABSOLUS | | Proportion pour 10.000 habit. | NOMBRES ABSOLUS | | Proportion pour 10.000 habit. |
| | Total. | Moyenne annuelle. | | Total. | Moyenne annuelle. | | Total. | Moyenne annuelle. | | Total. | Moyenne annuelle. | |
| **I Répartition générale par périodes.** | | | | | | | | | | | | |
| Vil. de plus de 30.000 h. | 56.556 | 14.139 | *21,8* | 76.249 | 15.250 | *21,6* | 70.802 | 14.160 | *19,0* | 96.262 | 19.252 | *23,8* |
| Vil. de 10.001 à 30.000 h. | 24.432 | 6.108 | *19,9* | 54.934 | 10.986 | *20,4* | 48.586 | 9.717 | *17,1* | 56.697 | 11.340 | *19,6* |
| Vil. de 5.001 à 10.000 h. | * 6.894 | 3.447 | *15,1* | | | | | | | | | |
| (*) 2 ans. | | | | | | | | | | | | |
| TOTAUX..... | 87.882 | 23.694 | *20,0* | 131.183 | 26.236 | *21,1* | 119.388 | 23.877 | *18,2* | 152.959 | 30.592 | *22,0* |
| Proportions extrêmes. | 24,6 en 1890<br>17,2 en 1889 | | | 22,3 en 1893<br>18,3 en 1894 | | | 20,4 en 1900<br>15,8 en 1897 | | | 23,3 en 1905<br>21,2 en 1903 | | |
| Proportion par rapport au nombre des décès de toutes causes | 8,2 0/0<br>1 sur 12,2 | | | 8,9 0/0<br>1 sur 11,1 | | | 8,4 0/0<br>1 sur 11,9 | | | 9,3 0/0<br>1 sur 10,7 | | |
| **II Répartition par groupes de villes.** | | | | | | | | | | | | |
| I. Paris................ | 18.372 | 4.593 | *19,6* | 23.315 | 4.663 | *18,9* | 20.073 | 4.015 | *15,6* | 30.423 | 6.085 | *22,6* |
| II. V. de 100.001 à 518.000 h. | 20.926 | 5.231 | *25,2* | 26.834 | 5.367 | *24,5* | 28.461 | 5.692 | *23,8* | 37.706 | 7.541 | *28,3* |
| III. V. de 30.001 à 100.000 h. | 17.258 | 4.314 | *20,8* | 26.100 | 5.220 | *21,7* | 22.268 | 4.454 | *17,9* | 28.133 | 5.627 | *20,5* |
| IV. V. de 20.001 à 30.000 h. | 10.305 | 2.576 | *21,0* | 15.115 | 3.023 | *24,4* | 13.967 | 2.793 | *19,9* | 14.232 | 2.846 | *21,6* |
| V. V. de 10.001 à 20.000 h. | 14.127 | 3.532 | *19,1* | 19.205 | 3.841 | *20,9* | 16.442 | 3.288 | *17,2* | 20.213 | 4.043 | *19,9* |
| VI. V. de 5.001 à 10.000 h. | * 6.894 | 3.447 | *15,1* | 20.614 | 4.123 | *17,9* | 18.177 | 3.635 | *15,4* | 22.252 | 4.450 | *18,3* |
| (*) 2 ans. | | | | | | | | | | | | |
| **III Répart. p. gr. d'âges dans les v. de plus de 30.000 habit. Proport. p. 10.000 de ch. groupe.** | | | | | | | | | | | | |
| de 0 à 1 an.... | 8.170 | 2.042 | *229,7* | 11.467 | 2.294 | *231,7* | 11.866 | 2.373 | *224,2* | 13.029 | 2.606 | *191,9* |
| de 1 à 19 ans.. | 11.188 | 2.797 | *15,1* | 14.591 | 2.918 | *14,4* | 14.878 | 2.976 | *13,9* | 14.858 | 2.972 | *12,8* |
| de 20 à 39 ans.. | 5.749 | 1.437 | *5,8* | 7.100 | 1.420 | *5,3* | 6.154 | 1.231 | *4,3* | 8.126 | 1.625 | *5,3* |
| de 40 à 59 ans.. | 10.728 | 2.682 | *18,2* | 13.851 | 2.770 | *17,4* | 12.128 | 2.425 | *14,4* | 17.986 | 3.597 | *19,4* |
| de 60 et au-dessus. | 20.721 | 5.180 | *88,9* | 29.240 | 5.848 | *93,0* | 25.776 | 5.155 | *78,0* | 42.263 | 8.452 | *117,2* |

| **IV Répartition par villes de plus de 30.000 habit. Moyennes annuelles et proportions pour 10.000 habit.** | 1887-90 | | 1891-95 | | 1896-1900 | | 1901-05 | |
|---|---|---|---|---|---|---|---|---|
| Moyenne générale annuelle........ | 11,7 à 51,8 | | 9,3 à 42,7 | | 6,2 à 39,6 | | 7,1 à 43,3 | |
| Villes ayant présenté une moyenne supérieure à 26,0......... | Dunkerque........ | *28,4* | | | | | | |
| | Le Havre......... | *26,2* | | | | | | |
| | Rouen........... | *27,4* | Rouen........... | *28,7* | | | Rouen........... | *36,3* |
| | | | | | | | Rennes.......... | *26,5* |
| | Brest........... | *29,4* | Brest........... | *42,7* | Lorient.......... | *27,9* | Lorient.......... | *29,3* |
| | Nantes.......... | *28,5* | Laval........... | *31,5* | | | Laval........... | *27,9* |
| | Versailles........ | *26,7* | | | | | Versailles........ | *26,2* |
| | Levallois-Perret .. | *51,1* | Levallois-Perret .. | *35,8* | | | Saint-Ouen....... | *28,0* |
| | Aubervilliers..... | *26,9* | Aubervilliers..... | *31,8* | Montreuil-sᵗ-Bois.. | *26,8* | Montreuil-sᵗ-Bois. | *29,4* |
| | Périgueux........ | *26,9* | Limoges.......... | *30,5* | Besançon......... | *26,8* | Limoges.......... | *26,4* |
| | | | | | Le Creusot....... | *26,6* | Troyes.......... | *29,1* |
| | | | | | | | Nancy........... | *27,0* |
| | Saint-Etienne..... | *29,3* | Saint-Etienne..... | *28,2* | | | Bordeaux........ | *26,4* |
| | Cannes.......... | *28,9* | Cannes.......... | *26,8* | | | | |
| | Toulon.......... | *29,9* | | | | | Lyon............ | *26,8* |
| | Nimes........... | *27,7* | | | | | Nîmes........... | *26,4* |
| | Marseille........ | *35,5* | Marseille........ | *31,8* | Marseille........ | *39,6* | Marseille........ | *43,3* |
| | Montpellier....... | *51,8* | Montpellier....... | *35,4* | Montpellier....... | *28,9* | Montpellier...... | *39,1* |
| | | | Béziers.......... | *29,2* | Béziers.......... | *26,4* | | |
| | Perpignan........ | *28,5* | Perpignan........ | *27,1* | | | | |
| | Toulouse......... | *27,4* | Carcassonne...... | *35,8* | Toulouse......... | *28,7* | | |
| | Montauban....... | *29,5* | | | | | | |
| Villes ayant présenté une moyenne inférieure à 15,0......... | | | | | Dunkerque....... | *11,6* | | |
| | Douai........... | *11,7* | | | Douai........... | *14,6* | Douai........... | *14,0* |
| | Amiens.......... | *13,3* | Roubaix......... | *14,9* | Amiens.......... | *10,0* | | |
| | | | Saint-Quentin .... | *9,3* | Saint-Quentin.... | *9,3* | Saint-Quentin ... | *13,2* |
| | Asnières......... | *13,4* | Asnières......... | *14,3* | Neuilly-sur-Seine . | *11,2* | | |
| | | | | | Clichy.......... | *14,5* | | |
| | | | | | Vincennes....... | *13,7* | | |
| | | | Reims........... | *13,6* | Reims........... | *12,8* | Tours........... | *11,9* |
| | Belfort.......... | *14,3* | Belfort.......... | *12,5* | Belfort.......... | *6,2* | Belfort.......... | *7,1* |
| | Bourges......... | *14,3* | | | Bourges......... | *10,0* | Bourges......... | *11,5* |
| | La Rochelle...... | *14,8* | | | | | Poitiers......... | *13,6* |
| | Angoulême....... | *14,4* | Clermont-Ferrand. | *13,6* | Clermont-Ferrand. | *10,3* | Angoulême...... | *13,3* |
| | Montluçon....... | *14,8* | Montluçon....... | *13,6* | Montluçon....... | *8,7* | Montluçon...... | *13,0* |
| | | | Cette........... | *10,8* | Cette........... | *12,5* | Roanne......... | *13,6* |
| | | | | | Montauban....... | *13,3* | | |

(1) Voir note de la page 69, spécialement pour la 4ᵉ période (1901-1905).

# XVI

# DÉCÈS PAR CANCER ET AUTRES TUMEURS MALIGNES

## DE 1901 A 1905

et comparaison avec les trois périodes précédentes. (1)

## NOMBRES ABSOLUS ET PROPORTIONNELS

***Villes de plus de 5.000 habitants.***

I. — RÉPARTITION GÉNÉRALE ANNUELLE PAR GROUPES DE VILLES

***Villes de plus de 30.000 habitants.***

II. — RÉPARTITION ANNUELLE PAR GROUPES DE VILLES ET PAR AGES

III. — RÉPARTITION PAR VILLES

IV. — RÉSULTATS GÉNÉRAUX ET RÉCAPITULATIFS

(1) La rubrique sous laquelle ont été classés les décès représentés dans ce chapitre a subi des modifications successives qu'il importe de noter pour permettre d'en apprécier exactement la valeur relative. De 1887 à 1892 le titre portait seulement « Tumeur »; de 1893 à 1900 il devenait « Cancer et autres tumeurs »; à partir de 1901 la nomenclature internationale y apportait une précision nouvelle par la formule « Cancer et autres tumeurs malignes ».

## DÉCÈS PAR CANCER ET AUTRES TUMEURS MALIGNES DE 1901 A 1905

| GROUPES DE VILLES | D'AGE | 1901 Nombre absolu. | 1901 Proportion. | 1902 Nombre absolu. | 1902 Proportion. | 1903 Nombre absolu. | 1903 Proportion. | 1904 Nombre absolu. | 1904 Proportion. | 1905 Nombre absolu. | 1905 Proportion. |
|---|---|---|---|---|---|---|---|---|---|---|---|
| **I. — RÉPARTITION GÉNÉRALE PAR GROUPES DE VILLES DE PLUS DE 5.000 HABITANTS** | | | | | | | | | | | |
| PROPORTIONS POUR 10.000 HABITANTS | | | | | | | | | | | |
| I. Paris | | 2.898 | *10,9* | 2.832 | *10,6* | 2.936 | *10,9* | 2.890 | *10,7* | 3.093 | *11,4* |
| II. Villes de 100.001 à 518.000 habitants | | 2.814 | *10,7* | 2.932 | *11,1* | 3.086 | *11,6* | 3.232 | *12,1* | 3.231 | *12,0* |
| III. Villes de 30.001 à 100.000 habitants | | 2.545 | *9,4* | 2.611 | *9,5* | 2.598 | *9,4* | 2.868 | *10,4* | 2.851 | *10,2* |
| IV. Villes de 20.001 à 30.000 habitants | | 1.048 | *8,1* | 1.067 | *8,2* | 1.134 | *8,6* | 1.164 | *8,8* | 1.223 | *9,1* |
| V. Villes de 10,001 à 20.000 habitants | | 1.560 | *7,8* | 1.578 | *7,8* | 1.642 | *8,1* | 1.651 | *8,0* | 1.758 | *8,5* |
| VI. Villes de 5.001 à 10.000 habitants | | 1.520 | *6,3* | 1.443 | *6,0* | 1.516 | *6,2* | 1.507 | *6,2* | 1.637 | *6,7* |
| TOTAUX GÉNÉRAUX. | Villes de plus de 10.000 h. | 10.865 | *9,6* | 11.020 | *9,7* | 11.396 | *10,0* | 11.805 | *10,2* | 12.156 | *10,5* |
| | Villes de plus de 5.000 h. | 12.385 | *9,0* | 12.463 | *9,0* | 12.912 | *9,3* | 13.312 | *9,5* | 13.793 | *9,8* |
| **II. — RÉPARTITION PAR GROUPES D'AGES DANS LES VILLES DE PLUS DE 30.000 HABITANTS** | | | | | | | | | | | |
| PROPORTIONS POUR 10.000 INDIVIDUS DE CHAQUE GROUPE | | | | | | | | | | | |
| I. Paris | de 0 à 1 an | 1 | *0,3* | - | - | 1 | *0,3* | 2 | *0,5* | - | - |
| | de 1 à 19 ans | 14 | *0,2* | 11 | *0,2* | 9 | *0,1* | 6 | *0,1* | 13 | *0,2* |
| | de 20 à 39 ans | 222 | *2,0* | 214 | *2,0* | 215 | *2,0* | 207 | *1,9* | 231 | *2,1* |
| | de 40 à 59 ans | 1.306 | *20,5* | 1.255 | *19,5* | 1.267 | *19,6* | 1.250 | *19,1* | 1.343 | *20,4* |
| | de 60 ans et au-dessus. | 1.355 | *64,1* | 1.352 | *63,3* | 1.444 | *67,0* | 1.425 | *65,5* | 1.506 | *68,6* |
| II. Villes de 100.001 à 518.000 habit. | de 0 à 1 an | 2 | *0,5* | 6 | *1,3* | 3 | *0,6* | 3 | *0,6* | 5 | *0,9* |
| | de 1 à 19 ans | 28 | *0,3* | 22 | *0,3* | 26 | *0,3* | 24 | *0,3* | 25 | *0,3* |
| | de 20 à 39 ans | 210 | *2,2* | 213 | *2,2* | 225 | *2,3* | 222 | *2,3* | 241 | *2,4* |
| | de 40 à 59 ans | 1.151 | *19,3* | 1.228 | *20,5* | 1.261 | *20,9* | 1.357 | *22,3* | 1.362 | *22,2* |
| | de 60 ans et au dessus. | 1.423 | *59,7* | 1.463 | *60,9* | 1.571 | *64,9* | 1.626 | *66,7* | 1.598 | *65,1* |
| III. Villes de 30.001 à 100.000 habit. | de 0 à 1 an | 3 | *0,7* | 7 | *1,5* | 3 | *0,6* | 7 | *1,4* | 2 | *0,4* |
| | de 1 à 19 ans | 32 | *0,4* | 20 | *0,2* | 24 | *0,3* | 17 | *0,2* | 25 | *0,3* |
| | de 20 à 39 ans | 204 | *2,0* | 208 | *2,1* | 177 | *1,8* | 188 | *1,9* | 179 | *1,8* |
| | de 40 à 59 ans | 1.029 | *17,7* | 1.071 | *18,1* | 1.062 | *17,8* | 1.107 | *18,3* | 1.078 | *17,6* |
| | de 60 ans et au-dessus. | 1.277 | *49,4* | 1.305 | *50,0* | 1.332 | *50,6* | 1.549 | *58,2* | 1.567 | *58,3* |

| | Années. | 0 à 1 an. | 1 à 19 ans. | 20 à 39 ans. | 40 à 59 ans. | 60 ans et au-dessus. |
|---|---|---|---|---|---|---|
| RÉCAPITULATION PAR PÉRIODES (Nombres absolus.) | 1901 | 6 | 74 | 636 | 3.486 | 4.055 |
| | 1902 | 13 | 53 | 635 | 3.554 | 4.120 |
| | 1903 | 7 | 59 | 617 | 3.590 | 4.347 |
| | 1904 | 12 | 47 | 617 | 3.714 | 4.600 |
| | 1905 | 7 | 63 | 651 | 3.783 | 4.671 |
| TOTAUX | (5 ans.) | 45 | 296 | 3.156 | 18.127 | 21.793 |

## III. — RÉPARTITION DANS LES VILLES DE PLUS DE 30.000 HABITANTS

PROPORTIONS POUR 10.000 HABITANTS PAR COMPARAISON AVEC LES TROIS PÉRIODES PRÉCÉDENTES

| NUMÉROS D'ORDRE | DÉPARTEMENTS par groupement géographique du nord au sud. | NOMS DES VILLES | NOMBRES ABSOLUS 1901 | 1902 | 1903 | 1904 | 1905 | TOTAL | MOYENNE annuelle | PROPORTION 1887-90 | 1891-95 | 1896-1900 | 1901-05 |
|---|---|---|---|---|---|---|---|---|---|---|---|---|---|
| 1 | Nord | *Dunkerque** | 41 | 42 | 47 | 49 | 48 | 227 | 45 | » | 10,4 | 10,6 | 11,7 |
| 2 | | *Tourcoing** | 66 | 64 | 59 | 89 | 79 | 357 | 71 | » | 1,9 | 6,9 | 8,9 |
| 3 | | Roubaix | 99 | 93 | 92 | 94 | 99 | 477 | 95 | 7,8 | 7,6 | 7,5 | 7,7 |
| 4 | | Lille | 254 | 245 | 248 | 241 | 265 | 1.253 | 251 | 11,6 | 11,7 | 11,3 | 12,1 |
| 5 | | Valenciennes | 34 | 34 | 34 | 43 | 43 | 188 | 38 | 5,3 | 16,1 | 10,6 | 12,1 |
| 6 | | Douai | 45 | 46 | 30 | 32 | 43 | 196 | 39 | 10,0 | 10,3 | 11,3 | 11,7 |
| 7 | Pas-de-Calais | Calais | 57 | 42 | 60 | 61 | 57 | 277 | 55 | 7,9 | 10,9 | 8,3 | 8,7 |
| 8 | | Boulogne-sur-Mer | 65 | 42 | 47 | 54 | 52 | 260 | 52 | 11,5 | 17,5 | 12,9 | 10,3 |
| 9 | Somme | Amiens | 85 | 123 | 137 | 118 | 139 | 602 | 120 | 8,4 | 12,4 | 12,4 | 13,2 |
| 10 | Aisne | Saint-Quentin | 61 | 81 | 85 | 91 | 85 | 403 | 81 | 11,2 | 13,9 | 15,1 | 15,7 |
| 11 | Seine-Inférieure | Le Havre | 154 | 143 | 138 | 167 | 153 | 755 | 151 | 9,7 | 10,4 | 10,8 | 11,5 |
| 12 | | Rouen | 218 | 204 | 193 | 209 | 203 | 1.027 | 205 | 13,5 | 16,3 | 16,8 | 17,5 |
| 13 | Calvados | *Caen** | 23 | 26 | 23 | 35 | 9 | 116 | 23 | 3,1 | 6,7 | 7,5 | 5,1 |
| 14 | Manche | Cherbourg | 19 | 13 | 15 | 18 | 32 | 97 | 19 | 5,3 | 5,0 | 3,8 | 4,4 |
| 15 | Ille-et-Vilaine | *Rennes** | 41 | 46 | 42 | 47 | 49 | 225 | 45 | 1,9 | 5,2 | 9,5 | 6,0 |
| 16 | Finistère | Brest | 68 | 53 | 43 | 46 | 44 | 254 | 51 | 5,6 | 7,8 | 6,6 | 6,0 |
| 17 | Morbihan | Lorient | 28 | 21 | 36 | 35 | 16 | 136 | 27 | 9,5 | 8,6 | 6,5 | 5,9 |
| 18 | Loire-Inférieure | Saint-Nazaire | 15 | 14 | 24 | 40 | 24 | 117 | 23 | 4,3 | 3,6 | 3,9 | 6,4 |
| 19 | | Nantes | 162 | 149 | 166 | 158 | 154 | 789 | 158 | 8,9 | 9,0 | 11,9 | 11,9 |
| 20 | Maine-et-Loire | *Angers** | 69 | 88 | 92 | 81 | 84 | 414 | 83 | » | » | » | 10,0 |
| 21 | Mayenne | *Laval** | 53 | 57 | 48 | 56 | 46 | 260 | 52 | » | 12,6 | 13,7 | 17,3 |
| 22 | Sarthe | *Le Mans** | 93 | 74 | 111 | 103 | 111 | 492 | 98 | 1,7 | 7,3 | 17,7 | 15,2 |
| 23 | Indre-et-Loire | Tours | 90 | 100 | 98 | 91 | 90 | 469 | 94 | 12,9 | 13,4 | 13,7 | 14,2 |
| 24 | Loiret | Orléans | 108 | 90 | 102 | 128 | 91 | 519 | 104 | 12,0 | 14,7 | 15,6 | 15,3 |
| 25 | Seine-et-Oise | *Versailles** | 69 | 87 | 84 | 100 | 105 | 445 | 89 | 4,6 | 14,2 | 17,3 | 16,3 |
| 26 | Seine | Boulogne-sur-Seine | 62 | 68 | 91 | 62 | 86 | 369 | 74 | 13,6 | 15,9 | 14,0 | 15,7 |
| 27 | | Paris | 2.898 | 2.832 | 2.936 | 2.890 | 3.093 | 14.649 | 2.930 | 11,4 | 11,2 | 11,5 | 10,9 |
| 28 | | Neuilly-sur-Seine | 45 | 55 | 45 | 72 | 62 | 279 | 56 | 14,9 | 15,4 | 15,0 | 14,5 |
| 29 | | Asnières | 41 | 29 | 27 | 34 | 52 | 183 | 37 | 11,7 | 11,5 | 12,6 | 11,1 |
| 30 | | Levallois-Perret | 53 | 44 | 45 | 55 | 54 | 251 | 50 | 14,3 | 10,0 | 8,6 | 8,4 |
| 31 | | Clichy | 26 | 36 | 24 | 36 | 44 | 166 | 33 | 11,7 | 9,7 | 11,2 | 8,2 |
| 32 | | Saint-Ouen | 44 | 52 | 49 | 32 | 37 | 214 | 43 | 10,3 | 12,1 | 11,8 | 11,8 |
| 33 | | Saint-Denis | 48 | 56 | 59 | 56 | 49 | 268 | 54 | 8,6 | 10,1 | 9,4 | 8,7 |
| 34 | | Aubervilliers | 32 | 40 | 29 | 36 | 35 | 172 | 34 | 10,3 | 10,3 | 11,6 | 10,4 |
| 35 | | Vincennes | 32 | 40 | 36 | 53 | 38 | 199 | 40 | 17,7 | 12,8 | 11,3 | 12,4 |
| 36 | | Montreuil-sous-Bois | 18 | 43 | 51 | 40 | 45 | 197 | 39 | 5,8 | 10,7 | 6,5 | 11,6 |
| 37 | Aube | Troyes | 48 | 44 | 47 | 49 | 50 | 238 | 48 | 6,8 | 7,8 | 6,8 | 9,0 |
| 38 | Marne | Reims | 126 | 147 | 154 | 142 | 159 | 728 | 146 | 8,1 | 11,5 | 14,1 | 13,4 |
| 39 | Meurthe-et-Moselle | Nancy | 116 | 118 | 132 | 119 | 141 | 626 | 125 | 14,0 | 14,5 | 15,9 | 11,7 |
| 40 | Haut-Rhin | *Belfort** | 11 | 4 | 6 | 13 | 4 | 38 | 8 | 3,4 | 5,2 | 1,9 | 2,4 |
| 41 | Doubs | Besançon | 67 | 72 | 70 | 75 | 90 | 374 | 75 | 13,3 | 11,7 | 13,4 | 13,4 |
| 42 | Côte d'Or | Dijon | 84 | 78 | 83 | 103 | 92 | 440 | 88 | 13,1 | 14,4 | 14,7 | 12,1 |
| 43 | Cher | Bourges | 44 | 55 | 34 | 50 | 59 | 242 | 48 | 8,8 | 9,2 | 9,5 | 10,6 |
| 44 | Vienne | *Poitiers** | 2 | 5 | 7 | 3 | 13 | » | » | » | » | » | » |
| 45 | Charente-Inférieure | Rochefort | 28 | 42 | 28 | 39 | 44 | 181 | 36 | 7,4 | 8,3 | 7,7 | 9,8 |
| 46 | | La Rochelle | 25 | 26 | 25 | 19 | 16 | 111 | 22 | 7,0 | 7,2 | 5,3 | 6,7 |
| 47 | Gironde | Bordeaux | 230 | 274 | 316 | 381 | 389 | 1.590 | 318 | 6,0 | 9,4 | 10,2 | 12,5 |
| 48 | Dordogne | Périgueux | 13 | 17 | 6 | 17 | 11 | 64 | 13 | 2,3 | 3,5 | 5,1 | 4,1 |
| 49 | Charente | Angoulême | 16 | 19 | 6 | 32 | 31 | 104 | 21 | 4,2 | 8,1 | 6,1 | 5,6 |
| 50 | Haute-Vienne | *Limoges** | 82 | 86 | 98 | 72 | 85 | 423 | 85 | 1,5 | 5,1 | 13,7 | 9,8 |
| 51 | Puy-de-Dôme | *Clermont-Ferrand** | 58 | 51 | 35 | 58 | 72 | 274 | 55 | 3,3 | » | » | 9,9 |
| 52 | Allier | *Montluçon** | 3 | 7 | 10 | 29 | 35 | 84 | 17 | 1,4 | 2,0 | 6,6 | 4,9 |
| 53 | Saône-et-Loire | Le Creusot | 42 | 36 | 40 | 46 | 36 | 200 | 40 | 8,7 | 8,0 | 11,5 | 12,5 |
| 54 | Loire | *Roanne** | 46 | 66 | 57 | 47 | 49 | 265 | 53 | » | 8,6 | 11,1 | 15,0 |
| 55 | | Saint-Étienne | 243 | 290 | 267 | 246 | 281 | 1.327 | 265 | 10,6 | 14,7 | 15,0 | 18,1 |
| 56 | Rhône | Lyon | 730 | 728 | 750 | 766 | 786 | 3.760 | 752 | 12,6 | 13,8 | 15,1 | 16,1 |
| 57 | Isère | Grenoble | 95 | 77 | 70 | 84 | 90 | 416 | 83 | 9,8 | 10,6 | 11,8 | 11,7 |
| 58 | Alpes maritimes | Nice | 81 | 115 | 118 | 102 | 92 | 508 | 102 | 4,9 | 5,7 | 7,3 | 8,5 |
| 59 | | *Cannes** | 8 | 20 | 15 | 16 | 25 | 84 | 17 | » | » | 7,4 | 5,7 |
| 60 | Var | *Toulon** | 28 | 28 | 51 | 48 | 75 | 230 | 46 | 2,8 | 5,6 | 6,3 | 4,5 |
| 61 | Vaucluse | Avignon | 60 | 61 | 53 | 60 | 60 | 294 | 59 | 6,9 | 8,3 | 9,4 | 12,4 |
| 62 | Gard | Nîmes | 48 | 38 | 41 | 45 | 32 | 204 | 41 | 5,9 | 7,5 | 8,9 | 5,1 |
| 63 | Bouches-du-Rhône | Marseille | 259 | 259 | 292 | 329 | 337 | 1.476 | 295 | 2,5 | 4,9 | 6,1 | 5,8 |
| 64 | Hérault | *Montpellier** | 70 | 46 | 67 | 69 | 74 | 326 | 65 | 0,9 | 8,5 | 10,3 | 8,5 |
| 65 | | *Cette** | 9 | 12 | 5 | 6 | 8 | » | » | 6,3 | 9,0 | » | » |
| 66 | | Béziers | 35 | 30 | 20 | 38 | 38 | 161 | 32 | 3,6 | 6,9 | 7,0 | 6,1 |
| 67 | Pyrénées-orientales | Perpignan | 27 | 30 | 28 | 33 | 21 | 139 | 28 | 4,7 | 7,3 | 8,2 | 7,5 |
| 68 | Aude | *Carcassonne** | 18 | 18 | 20 | 13 | 14 | 83 | 17 | » | 6,2 | 7,4 | 5,5 |
| 69 | Haute-Garonne | Toulouse | 114 | 139 | 169 | 230 | 97 | 749 | 150 | 8,7 | 5,7 | 11,6 | 10,0 |
| 70 | Tarn-et-Garonne | Montauban | 23 | 16 | 13 | 15 | 14 | 81 | 16 | 4,7 | 5,3 | 5,0 | 5,4 |
| 71 | Basses-Pyrénées | Pau | 52 | 49 | 41 | 44 | 39 | 225 | 45 | 8,0 | 10,7 | 11,9 | 13,0 |

(*) Renseignements incomplets pour tout ou partie des périodes.

## IV. — RÉSULTATS GÉNÉRAUX ET RÉCAPITULATIFS PAR PÉRIODES

| | PÉRIODE 1887-90 4 ans. | | | PÉRIODE 1891-95 5 ans. (sauf exceptions indiquées). | | | PÉRIODE 1896-1900 5 ans. | | | PÉRIODE 1901-05 5 ans. | | |
|---|---|---|---|---|---|---|---|---|---|---|---|---|
| | NOMBRES ABSOLUS | | Proportion pour 10.000 habit. | NOMBRES ABSOLUS | | Proportion pour 10.000 habit. | NOMBRES ABSOLUS | | Proportion pour 10.000 habit. | NOMBRES ABSOLUS | | Proportion pour 10.000 habit. |
| | Total. | Moyenne annuelle | | Total. | Moyenne annuelle | | Total. | Moyenne annuelle | | Total. | Moyenne annuelle | |
| **I Répartition générale par périodes.** | | | | | | | | | | | | |
| Vil. de plus de 30.000 h. | 23.261 | 5.815 | *8,9* | 35.594 | 7.119 | *10,1* | 40.787 | 8.157 | *10,9* | 43.417 | 8.683 | *10,7* |
| Vil. de 10.001 à 30.000 h. | 8.834 | 2.208 | *7,2* | 13.111 | 2.622 | *8,5* | 23.398 | 4.680 | *8,2* | 21.448 | 4.290 | *7,4* |
| Vil. de 5.001 à 10.000 h. (*) 4 ans | » | » | » | * 6.415 | 1.604 | *6,9* | | | | | | |
| TOTAUX | 32.095 | 8.023 | *8,4* | 55.120 | 11.345 | *9,1* | 64.185 | 12.837 | *9,8* | 64.865 | 12.973 | *9,3* |
| Proportions extrêmes | 9,1 en 1890<br>7,6 en 1887 | | | 9,4 en 1895<br>8,7 en 1892 | | | 10,0 en 1900<br>9,5 en 1896 | | | 9,8 en 1905<br>9,0 en 1901-02 | | |
| Proportion par rapport au nombre des décès de toutes causes. | 2,8 0/0<br>1 sur 36 | | | 3,9 0/0<br>1 sur 25,7 | | | 4,5 0/0<br>1 sur 22,1 | | | 4,6 0/0<br>1 sur 21,8 | | |
| **II Répartition par groupes de villes.** | | | | | | | | | | | | |
| I. Paris | 10.664 | 2.666 | *11,4* | 13.852 | 2.770 | *11,3* | 14.946 | 2.989 | *11,6* | 14.649 | 2.930 | *10,9* |
| II. V. de 100.001 à 518.000 h. | 7.251 | 1.813 | *8,7* | 11.125 | 2.225 | *10,2* | 13.393 | 2.679 | *11,2* | 15.295 | 3.059 | *11,5* |
| III. V. de 30.001 à 100.000 h. | 5.346 | 1.336 | *6,4* | 10.617 | 2.123 | *8,8* | 12.448 | 2.490 | *10,0* | 13.473 | 2.694 | *9,8* |
| IV. V. de 20.001 à 30.000 h. | 3.587 | 897 | *7,3* | 5.415 | 1.083 | *8,8* | 6.396 | 1.279 | *9,1* | 5.636 | 1.127 | *8,6* |
| V. V. de 10.001 à 20.000 h. | 5.247 | 1.312 | *7,1* | 7.696 | 1.539 | *8,4* | 8.462 | 1.692 | *8,8* | 8.189 | 1.638 | *8,1* |
| VI V. de 5.001 à 10.000 h. (*) 4 ans. | » | » | » | * 6.415 | 1.604 | *6,9* | 8.540 | 1.708 | *7,2* | 7.623 | 1.525 | *6,3* |
| **III Répart. p. gr. d'âges dans les v. de plus de 30.000 habit. Propor. p. 10.000 de ch. groupe.** | | | | | | | | | | | | |
| de 0 à 1 an | 60 | 15 | *1,7* | 84 | 17 | *1,7* | 45 | 9 | *0,8* | 45 | 9 | *0,6* |
| de 1 à 19 ans | 333 | 83 | *0,4* | 382 | 76 | *0,4* | 333 | 67 | *0,3* | 296 | 59 | *0,2* |
| de 20 à 39 ans | 2.310 | 577 | *2,3* | 3.353 | 671 | *2,5* | 3.560 | 712 | *2,5* | 3.156 | 631 | *2,0* |
| de 40 à 59 ans | 9.976 | 2.494 | *16,9* | 15.407 | 3.081 | *19,3* | 17.493 | 3.498 | *20,7* | 18.127 | 3.625 | *19,6* |
| de 60 et au-dessus | 10.582 | 2.645 | *45,4* | 16.368 | 3.274 | *52,1* | 19.356 | 3.871 | *58,6* | 21.793 | 4.359 | *60,5* |

**IV Répartition par villes de plus de 30.000 habit. Moyennes annuelles et proportions pour 10.000 habit.**

| | 1887-90 | | 1891-95 | | 1896-1900 | | 1901-05 | |
|---|---|---|---|---|---|---|---|---|
| Moyenne générale annuelle | de 2,3 à 17,7 | | de 3,5 à 17,5 | | de 3,8 à 17,7 | | de 4,1 à 18,1 | |
| Villes ayant présenté une moyenne supérieure à 14,0 | | | Valenciennes | *16,1* | | | | |
| | | | Boulogne-sur-mer | *17,5* | Saint-Quentin | *15,1* | Saint-Qnentin | *15,7* |
| | | | Rouen | *16,3* | Rouen | *16,8* | Rouen | *17,5* |
| | | | | | | | Laval | *17,3* |
| | | | | | Le Mans | *17,7* | Le Mans | *15,2* |
| | | | | | | | Tours | *14,2* |
| | | | Orléans | *14,7* | Orléans | *15,6* | Orléans | *15,3* |
| | | | Versailles | *14,2* | Versailles | *17,3* | Versailles | *16,3* |
| | | | Boulogne-sʳ-Seine | *15,9* | | | Boulogne-sʳ-Seine | *15,7* |
| | Neuilly-sʳ-Seine | *14,9* | Neuilly-sʳ-Seine | *15,4* | Neuilly-sʳ-Seine | *15,0* | Neuilly-sʳ-Seine | *14,5* |
| | Levallois-Perret | *14,3* | | | Reims | *14,1* | | |
| | Vincennes | *17,7* | Nancy | *14,5* | Nancy | *15,9* | | |
| | | | Dijon | *14,4* | Dijon | *14,7* | Roanne | *15,0* |
| | | | Saint-Étienne | *14,7* | Saint-Étienne | *15,0* | Saint-Étienne | *18,1* |
| | | | | | Lyon | *15,1* | Lyon | *16,1* |
| Villes ayant présenté une moyenne inférieure à 7,0 | | | | | Tourcoing | *6,9* | | |
| | | | Caen | *6,7* | Caen | *7,5* | Caen | *5,1* |
| | Valenciennes | *5,3* | | | | | | |
| | Cherbourg | *5,3* | Cherbourg | *5,0* | Cherbourg | *3,8* | Cherbourg | *4,4* |
| | | | Rennes | *5,2* | | | Rennes | *6,0* |
| | Brest | *5,6* | | | Brest | *6,6* | Brest | *6,0* |
| | | | | | Lorient | *6,5* | Lorient | *5,9* |
| | Saint-Nazaire | *4,3* | Saint-Nazaire | *3,6* | Saint-Nazaire | *3,9* | Saint-Nazaire | *6,4* |
| | Montreuil-sˢ-Bois | *5,8* | | | Montreuil-sˢ-Bois | *6,5* | | |
| | Bordeaux | *6,0* | | | Troyes | *6,8* | | |
| | | | | | La Rochelle | *5,3* | La Rochelle | *6,7* |
| | Périgueux | *2,3* | Périgueux | *3,5* | Périgueux | *5,1* | Périgueux | *4,1* |
| | Angoulême | *4,2* | | | Angoulême | *6,1* | Angoulême | *5,6* |
| | | | Limoges | *5,1* | Montluçon | *6,6* | Montluçon | *4,9* |
| | Nice | *4,9* | Nice | *5,7* | | | Cannes | *5,7* |
| | Avignon | *6,9* | Toulon | *5,6* | Toulon | *6,3* | Toulon | *4,5* |
| | Nimes | *5,9* | | | | | Nîmes | *5,1* |
| | Marseille | *2,5* | Marseille | *4,9* | Marseille | *6,1* | Marseille | *5,8* |
| | Béziers | *3,6* | Béziers | *6,9* | | | Béziers | *6,1* |
| | | | Toulouse | *5,7* | | | | |
| | Perpignan | *4,7* | Carcassonne | *6,2* | | | Carcassonne | *5,5* |
| | Montauban | *4,7* | Montauban | *5,3* | Montauban | *5,0* | Montauban | *5,4* |

(1) Voir note de la page 73.

# XVII

# DÉCÈS PAR MALADIES ORGANIQUES DU CŒUR

## DE 1901 A 1905

et comparaison avec les trois périodes précédentes.

## NOMBRES ABSOLUS ET PROPORTIONNELS

***Villes de plus de 5.000 habitants.***

I. — RÉPARTITION GÉNÉRALE ANNUELLE PAR GROUPES DE VILLES

***Villes de plus de 30.000 habitants.***

II. — RÉPARTITION ANNUELLE PAR GROUPES DE VILLES ET PAR AGES

III. — RÉPARTITION PAR VILLES

IV. — RÉSULTATS GÉNÉRAUX ET RÉCAPITULATIFS

## DÉCÈS PAR MALADIES ORGANIQUES DU CŒUR DE 1901 À 1905

| GROUPES DE VILLES | GROUPES D'AGE | 1901 Nombre absolu. | 1901 Proportion. | 1902 Nombre absolu. | 1902 Proportion. | 1903 Nombre absolu. | 1903 Proportion. | 1904 Nombre absolu. | 1904 Proportion. | 1905 Nombre absolu. | 1905 Proportion. |
|---|---|---|---|---|---|---|---|---|---|---|---|
| **I. — RÉPARTITION GÉNÉRALE PAR GROUPES DE VILLES DE PLUS DE 5.000 HABITANTS** | | | | | | | | | | | |
| PROPORTIONS POUR 10.000 HABITANTS | | | | | | | | | | | |
| I. Paris | | 3.281 | *12,3* | 3.136 | *11,7* | 3.129 | *11,6* | 3.040 | *11,3* | 3.267 | *12,0* |
| II. Villes de 100.001 à 518.000 habitants | | 4.250 | *16,1* | 4.269 | *16,1* | 4.365 | *16,4* | 4.204 | *15,7* | 4.643 | *17,2* |
| III. Villes de 30.001 à 100.000 habitants | | 4.292 | *15,8* | 4.219 | *15,4* | 4.247 | *15,4* | 4.200 | *15,2* | 4.415 | *15,9* |
| IV. Villes de 20.001 à 30.000 habitants | | 2.018 | *15,6* | 2.010 | *15,4* | 2.135 | *16,2* | 2.001 | *15,1* | 2.173 | *16,2* |
| V. Villes de 10.001 à 20.000 habitants | | 2.950 | *14,7* | 3.077 | *15,3* | 3.107 | *15,3* | 2.931 | *14,3* | 3.144 | *15,2* |
| VI. Villes de 5.000 à 10.000 habitants | | 3.269 | *13,6* | 3.168 | *13,1* | 3.059 | *12,6* | 3.129 | *12,8* | 3.334 | *13,6* |
| Totaux généraux. | Villes de plus de 10.000 h. | 16.791 | *14,8* | 16.711 | *14,7* | 16.983 | *14,8* | 16.376 | *14,2* | 17.642 | *15,2* |
| | Villes de plus de 5.000 h. | 20.060 | *14,6* | 19.879 | *14,4* | 20.042 | *14,4* | 19.505 | *14,0* | 20.976 | *14,9* |
| **II. — RÉPARTITION PAR GROUPES D'AGES DANS LES VILLES DE PLUS DE 30.000 HABITANTS** | | | | | | | | | | | |
| PROPORTIONS POUR 10.000 INDIVIDUS DE CHAQUE GROUPE | | | | | | | | | | | |
| I. Paris | de 0 à 1 an | 6 | *1,7* | 8 | *2,2* | 5 | *1,3* | 6 | *1,5* | 9 | *2,2* |
| | de 1 à 19 ans | 124 | *1,8* | 96 | *1,4* | 97 | *1,4* | 106 | *1,6* | 119 | *1,7* |
| | de 20 à 39 ans | 340 | *3,1* | 312 | *2,9* | 272 | *2,5* | 281 | *2,6* | 298 | *2,7* |
| | de 40 à 59 ans | 1.105 | *17,3* | 1.055 | *16,4* | 1.040 | *16,0* | 980 | *15,0* | 1.067 | *16,2* |
| | de 60 ans et au-dessus | 1.706 | *80,7* | 1.665 | *78,0* | 1.715 | *79,6* | 1.667 | *76,7* | 1.774 | *80,8* |
| II. Villes de 100.001 à 518.000 habit. | de 0 à 1 an | 36 | *8,1* | 29 | *6,2* | 24 | *4,9* | 18 | *3,5* | 17 | *3,1* |
| | de 1 à 19 ans | 143 | *1,8* | 156 | *2,0* | 149 | *1,9* | 116 | *1,4* | 128 | *1,6* |
| | de 20 à 39 ans | 364 | *3,8* | 386 | *4,0* | 371 | *3,8* | 341 | *3,5* | 405 | *4,1* |
| | de 40 à 59 ans | 1.213 | *20,4* | 1.092 | *18,2* | 1.172 | *19,4* | 1.103 | *18,1* | 1.267 | *20,7* |
| | de 60 ans et au-dessus | 2.494 | *104,7* | 2.606 | *108,5* | 2.649 | *109,5* | 2.626 | *107,7* | 2.826 | *115,1* |
| III. Villes de 30.001 à 100.000 habit. | de 0 à 1 an | 62 | *13,6* | 59 | *12,6* | 68 | *14,1* | 49 | *9,9* | 50 | *9,8* |
| | de 1 à 19 ans | 134 | *1,6* | 138 | *1,6* | 113 | *1,3* | 122 | *1,4* | 126 | *1,5* |
| | de 20 à 39 ans | 322 | *3,2* | 318 | *3,2* | 332 | *3,3* | 337 | *3,4* | 325 | *3,2* |
| | de 40 à 59 ans | 1.189 | *20,4* | 1.045 | *17,7* | 1.119 | *18,7* | 1.007 | *16,6* | 1.120 | *18,3* |
| | de 60 ans et au-dessus | 2.585 | *100,1* | 2.659 | *101,9* | 2.645 | *99,3* | 2.685 | *100,9* | 2.794 | *104,0* |

| | Années. | 0 à 1 an. | 1 à 19 ans. | 20 à 39 ans. | 40 à 59 ans. | 60 ans et au-dessus. |
|---|---|---|---|---|---|---|
| Récapitulation par périodes. (Nombres absolus.) | 1901 | 104 | 401 | 1.026 | 3.507 | 6.785 |
| | 1902 | 96 | 390 | 1.016 | 3.192 | 6.930 |
| | 1903 | 97 | 359 | 975 | 3.331 | 6.979 |
| | 1904 | 73 | 344 | 959 | 3.090 | 6.978 |
| | 1905 | 76 | 373 | 1.028 | 3.454 | 7.394 |
| Totaux | (5 ans.) | 446 | 1.867 | 5.004 | 16.574 | 35.066 |

## III. — RÉPARTITION DANS LES VILLES DE PLUS DE 30.000 HABITANTS

PROPORTIONS POUR 10.000 HABITANTS PAR COMPARAISON AVEC LES TROIS PÉRIODES PRÉCÉDENTES

| NUMÉROS D'ORDRE | DÉPARTEMENTS par GROUPEMENT GÉOGRAPHIQUE du nord au sud. | NOMS DES VILLES | NOMBRES ABSOLUS 1901 | 1902 | 1903 | 1904 | 1905 | TOTAL | MOYENNE annuelle | PROPORTION 1887-90 | 1891-95 | 1896-1900 | 1901-05 |
|---|---|---|---|---|---|---|---|---|---|---|---|---|---|
| 1 | Nord | Dunkerque | 40 | 48 | 52 | 43 | 52 | 235 | 47 | 15,2 | 16,1 | 12,4 | 12,2 |
| 2 | | Tourcoing | 57 | 59 | 100 | 72 | 96 | 384 | 77 | 9,3 | 7,5 | 7,6 | 9,6 |
| 3 | | Roubaix | 118 | 137 | 147 | 133 | 152 | 687 | 137 | 13,0 | 10,2 | 9,6 | 11,2 |
| 4 | | Lille | 265 | 274 | 317 | 245 | 283 | 1.384 | 277 | 12,5 | 11,6 | 12,2 | 13,3 |
| 5 | | Valenciennes | 33 | 45 | 49 | 46 | 50 | 223 | 45 | 13,9 | 15,0 | 13,9 | 14,3 |
| 6 | | Douai | 56 | 47 | 58 | 56 | 48 | 265 | 53 | 14,7 | 19,6 | 18,3 | 15,8 |
| 7 | Pas-de-Calais | Calais | 60 | 67 | 63 | 75 | 70 | 335 | 67 | 6,0 | 10,1 | 10,7 | 10,6 |
| 8 | | Boulogne-sur-Mer | 48 | 53 | 63 | 57 | 58 | 279 | 56 | 16,2 | 13,7 | 13,3 | 10,7 |
| 9 | Somme | Amiens | 164 | 184 | 172 | 162 | 155 | 837 | 167 | 19,0 | 16,4 | 18,4 | 18,4 |
| 10 | Aisne | Saint-Quentin | 72 | 86 | 102 | 100 | 81 | 441 | 88 | 19,6 | 16,2 | 18,4 | 17,1 |
| 11 | Seine-inférieure | Le Havre | 190 | 190 | 174 | 199 | 204 | 957 | 191 | 14,0 | 12,3 | 15,4 | 14,5 |
| 12 | | Rouen | 179 | 188 | 205 | 173 | 176 | 921 | 184 | 19,7 | 16,4 | 17,2 | 15,7 |
| 13 | Calvados | *Caen*(*) | 46 | 49 | 34 | 30 | 41 | 200 | 40 | » | 8,0 | 9,5 | 9,0 |
| 14 | Manche | Cherbourg | 41 | 44 | 31 | 28 | 32 | 176 | 35 | 8,2 | 10,3 | 9,3 | 8 1 |
| 15 | Ille-et-Vilaine | Rennes | 166 | 153 | 167 | 176 | 156 | 818 | 164 | 24,3 | 23,1 | 22,3 | 21,8 |
| 16 | Finistère | Brest | 84 | 67 | 87 | 73 | 78 | 389 | 78 | 10,3 | 11,7 | 8,8 | 9,2 |
| 17 | Morbihan | Lorient | 55 | 50 | 49 | 56 | 32 | 242 | 48 | 9,2 | 8,3 | 10,7 | 10,5 |
| 18 | Loire-inférieure | Saint-Nazaire | 40 | 45 | 54 | 53 | 47 | 239 | 48 | 9,1 | 7,5 | 10,6 | 13,4 |
| 19 | | Nantes | 302 | 261 | 305 | 316 | 327 | 1.511 | 302 | 19,0 | 18,9 | 18,4 | 22,7 |
| 20 | Maine-et-Loire | *Angers*(*) | 102 | 128 | 86 | 116 | 109 | 541 | 108 | » | » | » | 13,1 |
| 21 | Mayenne | Laval | 88 | 87 | 76 | 91 | 82 | 424 | 85 | 20,0 | 22,2 | 25,3 | 28,3 |
| 22 | Sarthe | Le Mans | 135 | 142 | 122 | 98 | 115 | 612 | 122 | 14,5 | 17,3 | 18,0 | 18,9 |
| 23 | Indre-et-Loire | Tours | 130 | 156 | 123 | 90 | 114 | 613 | 123 | 16,6 | 15,5 | 16,4 | 18,6 |
| 24 | Loiret | Orléans | 116 | 119 | 107 | 88 | 86 | 515 | 103 | 15,3 | 13,4 | 14,4 | 15,2 |
| 25 | Seine-et-Oise | Versailles | 83 | 81 | 65 | 86 | 65 | 380 | 76 | 13,2 | 14,9 | 14,7 | 13,9 |
| 26 | Seine | Boulogne-sur-Seine | 105 | 82 | 89 | 119 | 108 | 503 | 101 | 23,7 | 25,1 | 21,1 | 21,5 |
| 27 | | Paris | 3.281 | 3.136 | 3.129 | 3.040 | 3.267 | 15.853 | 3.171 | 12,7 | 12,6 | 12,2 | 11,8 |
| 28 | | Neuilly-sur-Seine | 45 | 53 | 50 | 53 | 50 | 251 | 50 | 18,1 | 13,4 | 12,4 | 12,9 |
| 29 | | Asnières | 59 | 44 | 47 | 56 | 67 | 273 | 55 | 15,2 | 15,7 | 16,6 | 16,5 |
| 30 | | Levallois-Perret | 74 | 98 | 110 | 102 | 97 | 481 | 96 | 9,2 | 15,1 | 13,2 | 16,1 |
| 31 | | Clichy | 34 | 37 | 36 | 33 | 45 | 185 | 37 | 10,6 | 10,6 | 11,0 | 9,2 |
| 32 | | Saint-Ouen | 87 | 75 | 67 | 54 | 72 | 355 | 71 | 17,6 | 13,5 | 19,7 | 19,5 |
| 33 | | Saint-Denis | 62 | 61 | 66 | 75 | 81 | 345 | 69 | 15,0 | 18,3 | 15,7 | 11,1 |
| 34 | | Aubervilliers | 23 | 29 | 40 | 25 | 33 | 150 | 30 | 8,5 | 9,2 | 11,6 | 9,2 |
| 35 | | *Vincennes*(*) | 46 | 62 | 53 | 51 | 49 | 261 | 52 | » | 14,3 | 14,0 | 16,1 |
| 36 | | Montreuil-sous-Bois | 57 | 62 | 66 | 63 | 65 | 313 | 63 | 17,8 | 13,1 | 20,2 | 18,7 |
| 37 | Aube | Troyes | 72 | 83 | 76 | 60 | 81 | 372 | 74 | 16,4 | 19,2 | 19,5 | 13,9 |
| 38 | Marne | Reims | 171 | 154 | 192 | 171 | 173 | 861 | 172 | 14,6 | 15,1 | 15,8 | 15,8 |
| 39 | Meurthe-et-Moselle | Nancy | 139 | 141 | 150 | 171 | 187 | 788 | 158 | 17,8 | 16,3 | 16,6 | 14,8 |
| 40 | Haut-Rhin | Belfort | 24 | 25 | 25 | 18 | 15 | 107 | 21 | 16,5 | 11,8 | 9,1 | 6,2 |
| 41 | Doubs | Besançon | 131 | 121 | 136 | 147 | 151 | 686 | 137 | 23,4 | 21,6 | 22,9 | 24,5 |
| 42 | Côte-d'Or | Dijon | 97 | 78 | 134 | 142 | 148 | 599 | 120 | 18,6 | 17,1 | 14,4 | 16,5 |
| 43 | Cher | Bourges | 71 | 79 | 75 | 85 | 82 | 392 | 78 | 14,5 | 11,7 | 12,6 | 17,2 |
| 44 | Vienne | *Poitiers*(*) | 35 | 24 | 32 | 26 | 25 | 142 | 28 | » | » | » | 7,1 |
| 45 | Charente-inférieure | Rochefort | 41 | 31 | 36 | 32 | 30 | 170 | 34 | 5,0 | 6,2 | 7,4 | 9,3 |
| 46 | | La Rochelle | 47 | 49 | 36 | 51 | 44 | 227 | 45 | 13,7 | 17,6 | 16,6 | 13,8 |
| 47 | Gironde | Bordeaux | 448 | 456 | 404 | 395 | 462 | 2.165 | 433 | 15,3 | 14,8 | 16,3 | 17,0 |
| 48 | Dordogne | Périgueux | 82 | 65 | 58 | 42 | 39 | 286 | 57 | 15,0 | 24,1 | 23,1 | 18,0 |
| 49 | Charente | Angoulême | 45 | 57 | 57 | 53 | 41 | 253 | 51 | 8,5 | 9,7 | 10,8 | 13,6 |
| 50 | Haute-Vienne | Limoges | 97 | 90 | 103 | 108 | 132 | 530 | 106 | 8,6 | 10,2 | 14,8 | 12,3 |
| 51 | Puy-de-Dôme | Clermont-Ferrand | 122 | 91 | 94 | 78 | 152 | 537 | 107 | 19,5 | 18,0 | 22,5 | 19,2 |
| 52 | Allier | *Montluçon*(*) | 30 | 22 | 38 | 65 | 59 | 214 | 43 | 7,2 | 6,3 | 4,8 | 12,4 |
| 53 | Saône-et-Loire | Le Creusot | 46 | 50 | 39 | 52 | 39 | 226 | 45 | 13,0 | 9,0 | 12,5 | 14,1 |
| 54 | Loire | *Roanne*(*) | 76 | 87 | 66 | 73 | 105 | 407 | 81 | » | 22,5 | 22,1 | 23,0 |
| 55 | | Saint-Étienne | 245 | 308 | 317 | 296 | 352 | 1.518 | 304 | 18,2 | 20,1 | 20,3 | 20,7 |
| 56 | Rhône | Lyon | 853 | 864 | 801 | 779 | 976 | 4.273 | 855 | 16,3 | 16,3 | 17,5 | 18,4 |
| 57 | Isère | Grenoble | 98 | 107 | 131 | 125 | 149 | 610 | 122 | 19,9 | 17,8 | 14,8 | 17,2 |
| 58 | Alpes-maritimes | Nice | 107 | 94 | 108 | 94 | 119 | 522 | 104 | 7,6 | 9,3 | 8,8 | 8,7 |
| 59 | | Cannes | 47 | 45 | 54 | 50 | 62 | 258 | 52 | 17,9 | 14,8 | 18,5 | 17,4 |
| 60 | Var | Toulon | 147 | 136 | 138 | 107 | 73 | 601 | 120 | 12,7 | 9,7 | 12,7 | 11,6 |
| 61 | Vaucluse | Avignon | 141 | 127 | 128 | 140 | 141 | 677 | 135 | 16,1 | 20,5 | 26,4 | 28,4 |
| 62 | Gard | Nimes | 117 | 106 | 114 | 112 | 100 | 549 | 110 | 14,3 | 14,0 | 12,5 | 13,7 |
| 63 | Bouches-du-Rhône | Marseille | 660 | 671 | 724 | 694 | 758 | 3.507 | 701 | 10,8 | 11,7 | 12,5 | 13,9 |
| 64 | Hérault | *Montpellier*(*) | 170 | 163 | 136 | 140 | 169 | 778 | 156 | » | 15,9 | 19,4 | 20,4 |
| 65 | | Cette | 58 | 52 | 38 | 33 | 44 | 225 | 45 | 22,4 | 18,6 | 12,8 | 13,4 |
| 66 | | Béziers | 129 | 94 | 92 | 91 | 90 | 496 | 99 | 8,0 | 14,5 | 15,8 | 18,9 |
| 67 | Pyrénées-orientales | Perpignan | 75 | 80 | 59 | 68 | 69 | 351 | 70 | 17,0 | 14,9 | 15,2 | 18,6 |
| 68 | Aude | *Carcassonne*(*) | 70 | 55 | 76 | 67 | 67 | 335 | 67 | » | » | 15,4 | 21,7 |
| 69 | Haute-Garonne | Toulouse | 426 | 395 | 383 | 431 | 401 | 2.036 | 407 | 17,1 | 22,2 | 23,7 | 27,2 |
| 70 | Tarn-et-Garonne | Montauban | 73 | 51 | 53 | 50 | 54 | 281 | 56 | 13,7 | 14,4 | 19,3 | 18,9 |
| 71 | Basses-Pyrénées | Pau | 90 | 74 | 77 | 65 | 94 | 400 | 80 | 23,0 | 21,6 | 22,0 | 23,1 |

(*) Renseignements incomplets pour tout ou partie des périodes.

## IV. — RÉSULTATS GÉNÉRAUX ET RÉCAPITULATIFS PAR PÉRIODES

| | PÉRIODE 1887-90 4 ans. | | | PÉRIODE 1891-95 5 ans (sauf exceptions indiquées.) | | | PÉRIODE 1896-1900 5 ans. | | | PÉRIODE 1901-05 5 ans | | |
|---|---|---|---|---|---|---|---|---|---|---|---|---|
| | NOMBRES ABSOLUS | | Proportion pour 10.000 habit. | NOMBRES ABSOLUS | | Proportion pour 10.000 habit. | NOMBRES ABSOLUS | | Proportion pour 10.000 habit. | NOMBRES ABSOLUS | | Proportion pour 10.000 habit. |
| | Total. | Moyenne annuelle. | | Total. | Moyenne annuelle. | | Total. | Moyenne annuelle. | | Total. | Moyenne annuelle | |
| **I Répartition générale par périodes.** | | | | | | | | | | | | |
| Vil. de plus de 30.000 h. | 35.531 | 8.883 | *13,7* | 49.256 | 9.851 | *14,0* | 52.798 | 10.560 | *14,2* | 58.957 | 11.791 | *14,5* |
| Vil. de 10.001 à 30.000 h. | 16.600 | 4.150 | *13,5* | 22.434 | 4.487 | *14,6* | 40.202 | 8.040 | *14,2* | 41.505 | 8.301 | *14,4* |
| Vil. de 5.001 à 10.000 h. (*) 4 ans. | » | » | » | *11.803 | 2.951 | *12,7* | | | | | | |
| TOTAUX | 52.131 | 13.033 | *13,6* | 83.493 | 17.289 | *13,9* | 93.000 | 18.600 | *14,2* | 100.462 | 20.092 | *14,5* |
| Proportions extrêmes | 13,9 en 1890<br>13,2 en 1889 | | | 14,2 en 1895<br>13,6 en 1894 | | | 14,9 en 1900<br>13,8 en 1896-97 | | | 14,9 en 1905<br>14,0 en 1904 | | |
| Proportion par rapport au nombre de décès de toutes causes. | 4,5 0/0<br>1 sur 22,2 | | | 5,9 0/0<br>1 sur 16,9 | | | 6,5 0/0<br>1 sur 15,2 | | | 7,1 0/0<br>1 sur 14,0 | | |
| **II Répartition par groupes de villes.** | | | | | | | | | | | | |
| I. Paris | 11.893 | 2.973 | *12,7* | 15.616 | 3.123 | *12,7* | 15.810 | 3.162 | *12,3* | 15.853 | 3.171 | *11,8* |
| II. V. de 100.001 à 518.000 h | 12.497 | 3.124 | *15,1* | 16.479 | 3.296 | *15,0* | 18.650 | 3.730 | *15,6* | 21.731 | 4.346 | *16,3* |
| III. V. de 30.001 à 100.000 h. | 11.141 | 2.785 | *13,4* | 17.161 | 3.432 | *14,3* | 18.338 | 3.668 | *14,7* | 21.373 | 4.274 | *15,5* |
| IV. V. de 20.001 à 30.000 h. | 6.817 | 1.704 | *13,9* | 9.335 | 1.867 | *15,1* | 11.378 | 2.276 | *16,2* | 10.337 | 2.067 | *15,7* |
| V. V. de 10.001 à 20.000 h. | 9.783 | 2.446 | *13,3* | 13.099 | 2.620 | *14,2* | 13.438 | 2.687 | *14,0* | 15.209 | 3.042 | *15,0* |
| VI. V. de 5.0001 à 10.000 h. (*) 4 ans. | » | » | » | *11.803 | 2.951 | *12,7* | 15.386 | 3.077 | *13,0* | 15.959 | 3.192 | *13,1* |
| **III Répart. p. gr. d'âges dans les v. de plus de 30.000 h. Proport. p. 10.000 de ch. groupe.** | | | | | | | | | | | | |
| de 0 à 1 an | 149 | 39 | *4,4* | 299 | 60 | *6,1* | 441 | 88 | *8,3* | 446 | 89 | *6,5* |
| de 1 à 19 ans | 1.221 | 305 | *1,6* | 1.846 | 369 | *1,8* | 1.893 | 379 | *1,8* | 1.867 | 373 | *1,6* |
| de 20 à 39 ans | 3.389 | 847 | *3,4* | 4.755 | 951 | *3,5* | 4.987 | 997 | *3,5* | 5.004 | 1.001 | *3,3* |
| de 40 à 59 ans | 11.277 | 2.819 | *19,1* | 14.815 | 2.963 | *18,6* | 15.474 | 3.095 | *18,3* | 16.574 | 3.315 | *17,9* |
| de 60 et au-dessus | 19.495 | 4.873 | *83,6* | 27.541 | 5.508 | *87,6* | 30.003 | 6.001 | *90,8* | 35.066 | 7.013 | *97,3* |

**IV Répartition par villes de plus de 30.000 habit.** — Moyennes annuelles et proportions pour 10.000 habitants.

| | PÉRIODE 1887-90 | PÉRIODE 1891-95 | PÉRIODE 1896-1900 | PÉRIODE 1901-05 |
|---|---|---|---|---|
| Moyenne générale annuelle | 5,0 à 24,3 | 6,2 à 25,1 | 4,6 à 26,4 | 6,2 à 28,4 |
| Villes ayant présenté une moyenne supérieure à 18,4 | Amiens *19,0* | Douai *19,6* | | |
| | Saint-Quentin *19,6* | | | Le Mans *18,9* |
| | Rouen *19,7* | | | Tours *18,6* |
| | Rennes *24,3* | Rennes *23,1* | Rennes *22,3* | Rennes *21,8* |
| | Nantes *19,0* | Nantes *18,9* | | Nantes *22,7* |
| | Laval *20,0* | Laval *22,2* | Laval *25,3* | Laval *28,3* |
| | Boulogne-s^r-Seine *23,7* | Boulogne-s^r-Seine *25,1* | Boulogne-s^r-Seine *21,1* | Boulogne-s^r-Seine *21,5* |
| | Neuilly-s^r-Seine *18,1* | | Saint-Ouen *19,7* | Saint-Ouen *19,5* |
| | | | Montreuil-s^s-Bois *20,2* | Montreuil-s^s-Bois *18,7* |
| | | Troyes *19,2* | Troyes *19,5* | |
| | Besançon *23,4* | Besançon *21,6* | Besançon *22,9* | Besançon *24,5* |
| | Dijon *18,6* | Périgueux *24,1* | Périgueux *23,1* | |
| | Clermont-Ferrand *19,5* | | Clermont-Ferrand *22,5* | Clermont-Ferrand *19,2* |
| | | Roanne *22,5* | Roanne *22,1* | Roanne *23,0* |
| | | Saint-Étienne *20,1* | Saint-Étienne *20,3* | Saint-Étienne *20,7* |
| | Grenoble *19,9* | Avignon *20,5* | Avignon *26,4* | Avignon *28,4* |
| | Cette *22,4* | Cette *18,6* | Montpellier *19,4* | Montpellier *20,4* |
| | | | Cannes *18,5* | Béziers *18,9* |
| | | Toulouse *22,2* | Toulouse *23,7* | Toulouse *27,2* |
| | | | | Perpignan *18,6* |
| | | | | Carcassonne *21,7* |
| | | | Montauban *19,3* | Montauban *18,9* |
| | Pau *23,0* | Pau *21,6* | Pau *22,0* | Pau *23,1* |
| Villes ayant présenté une moyenne inférieure à 10,0 | Tourcoing *9,3* | Tourcoing *7,5* | Tourcoing *7,6* | Tourcoing *9,6* |
| | Calais *6,0* | | Roubaix *9,6* | |
| | | Caen *8,0* | Caen *9,5* | Caen *9,0* |
| | Cherbourg *8,2* | | Cherbourg *9,3* | Cherbourg *8,1* |
| | Lorient *9,2* | Lorient *8,3* | Brest *8,8* | Brest *9,2* |
| | Saint-Nazaire *9,1* | Saint-Nazaire *7,5* | Belfort *9,1* | Belfort *6,2* |
| | Aubervilliers *8,5* | Aubervilliers *9,2* | | Aubervilliers *9,2* |
| | Levallois-Perret *9,2* | | | Clichy *9,2* |
| | Rochefort *5,0* | Rochefort *6,2* | Rochefort *7,4* | Rochefort *9,3* |
| | Angoulême *8,5* | Angoulême *9,7* | | Poitiers *7,1* |
| | Limoges *8,6* | Le Creusot *9,0* | | |
| | Montluçon *7,2* | Montluçon *6,3* | Montluçon *4,8* | |
| | Béziers *8,0* | Toulon *9,7* | | |
| | Nice *7,6* | Nice *9,3* | Nice *8,8* | Nice *8,7* |

STATISTIQUE SANITAIRE DES VILLES DE FRANCE

---

# XVIII

# DÉCÈS DE 0 A 1 AN

## DE 1901 A 1905

et comparaison avec les trois périodes précédentes.

---

NOMBRES ABSOLUS ET PROPORTIONNELS

---

***Villes de plus de 30.000 habitants.***

I. — RÉPARTITIONS MENSUELLES { **A. — Total des décès.** / **B. — Décès par diarrhée, gastro-entérite.** }

II. — RÉSULTATS GÉNÉRAUX ET RÉCAPITULATIFS

---

## I. — REPARTITIONS MENSUELLES POUR L'ENSEMBLE DES VILLES DE PLUS DE 30.000 HABITANTS (Groupes I, II et III réunis).

PROPORTIONS POUR 1.000 ENFANTS DE 0 A 1 AN

### A. — TOTAL DES DÉCÈS

| MOIS | 1901 | | 1902 | | 1903 | | 1904 | | 1905 | |
|---|---|---|---|---|---|---|---|---|---|---|
| | Nombre. | Proportion. | Nombre. | Proportion. | Nombre. | Proportion. | Nombre. | Proportion. | Nombre. | Proportion. |
| Janvier | 1.984 | 15,95 | 2.021 | 15,53 | 1.932 | 14,23 | 1.926 | 13,61 | 2.018 | 13,71 |
| Février | 1.978 | 15,90 | 2.081 | 16,00 | 1.740 | 12,81 | 1.694 | 11,97 | 1.742 | 11,83 |
| Mars | 1.971 | 15,85 | 2.052 | 15,77 | 1.822 | 13,42 | 1.961 | 13,86 | 1.904 | 12,93 |
| Avril | 1.966 | 15,81 | 1.969 | 15,14 | 1.720 | 12,67 | 1.648 | 11,65 | 1.646 | 11,18 |
| Mai | 1.809 | 14,54 | 1.903 | 14,63 | 1.763 | 12,98 | 1.672 | 11,81 | 1.557 | 10,57 |
| Juin | 1.833 | 14,74 | 1.700 | 13,07 | 1.775 | 13,07 | 1.672 | 11,81 | 1.585 | 10,77 |
| Juillet | 2.809 | 22,58 | 2.200 | 16,91 | 2.225 | 16,38 | 3.284 | 23,21 | 2.700 | 18,34 |
| Aout | 3.206 | 25,77 | 2.650 | 20,37 | 2.737 | 20,15 | 3.670 | 25,93 | 3.067 | 20,83 |
| Septembre | 2.195 | 17,65 | 2.557 | 19,65 | 2.232 | 16,44 | 1.915 | 13,53 | 1.706 | 11,59 |
| Octobre | 1.706 | 13,71 | 1.734 | 13,33 | 1.801 | 13,26 | 1.449 | 10,24 | 1.366 | 9,28 |
| Novembre | 1.549 | 12,45 | 1.502 | 11,54 | 1.423 | 10,48 | 1.293 | 9,14 | 1.246 | 8,46 |
| Décembre | 1.822 | 14,65 | 1.919 | 14,75 | 1.592 | 11,72 | 1.584 | 11,19 | 1.569 | 10,66 |
| Totaux | 24.828 | 199,60 | 24.288 | 186,69 | 22.762 | 167,61 | 23.768 | 167,95 | 22.106 | 150,15 |

### B. — DÉCÈS PAR DIARRHÉE, GASTRO-ENTÉRITE

| MOIS | 1901 | | 1902 | | 1903 | | 1904 | | 1905 | |
|---|---|---|---|---|---|---|---|---|---|---|
| | Nombre. | Proportion. | Nombre. | Proportion. | Nombre. | Proportion. | Nombre. | Proportion. | Nombre. | Proportion. |
| Janvier | 465 | 3,74 | 413 | 3,17 | 451 | 3,32 | 414 | 2,93 | 423 | 2,87 |
| Février | 402 | 3,23 | 447 | 3,44 | 365 | 2,69 | 359 | 2,54 | 312 | 2,12 |
| Mars | 440 | 3,54 | 477 | 3,67 | 405 | 2,98 | 426 | 3,01 | 389 | 2,64 |
| Avril | 435 | 3,50 | 456 | 3,51 | 440 | 3,24 | 389 | 2,75 | 385 | 2,61 |
| Mai | 428 | 3,44 | 511 | 3,93 | 487 | 3,59 | 494 | 3,49 | 356 | 2,42 |
| Juin | 602 | 4,84 | 541 | 4,16 | 644 | 4,74 | 646 | 4,56 | 566 | 3,84 |
| Juillet | 1.536 | 12,35 | 995 | 7,65 | 1.044 | 7,69 | 2.012 | 14,22 | 1.541 | 10,47 |
| Aout | 1.975 | 15,88 | 1.473 | 11,32 | 1.628 | 11,99 | 2.458 | 17,37 | 1.926 | 13,08 |
| Septembre | 1.161 | 9,33 | 1.473 | 11,32 | 1.227 | 9,03 | 1.059 | 7,48 | 899 | 6,11 |
| Octobre | 735 | 5,91 | 768 | 5,90 | 889 | 6,55 | 505 | 4,20 | 527 | 3,58 |
| Novembre | 467 | 3,75 | 440 | 3,38 | 501 | 3,69 | 414 | 2,93 | 343 | 2,33 |
| Décembre | 425 | 3,42 | 483 | 3,71 | 402 | 2,96 | 374 | 2,64 | 347 | 2,36 |
| Totaux | 9.071 | 72,92 | 8.477 | 65,16 | 8.483 | 62,46 | 9.640 | 68,12 | 8.014 | 54,43 |

DANS LES VILLES DE PLUS DE 30.000 HABITANTS

## II. — RÉSULTATS GÉNÉRAUX ET RÉCAPITULATIFS PAR PÉRIODES

| I. Nombre des enfants de 0 à 1 an (d'après les recens[ts]) | 1886 | 1891 | 1896 | 1901 | 1906 |
|---|---|---|---|---|---|
| I. Paris | 27.438 | 30.146 | 31.736 | 34.731 | 43.485 |
| II. V. de 100.001 à 518.000 h. | 26.927 | 31.566 | 35.157 | 44.219 | 57.223 |
| III. V. de 30.001 à 100.000 h. | 29.802 | 35.421 | 36.404 | 45.436 | 53.696 |
| Ensemble | 84.167 | 97.133 | 103.297 | 124.386 | 154.404 |

| | PÉRIODE 1887-90 (4 ans) — Nombres absolus | | | PÉRIODE 1891-95 (5 ans) — Nombres absolus | | | PÉRIODE 1896-1900 (5 ans) — Nombres absolus | | | PÉRIODE 1901-05 (5 ans) — Nombres absolus | | |
|---|---|---|---|---|---|---|---|---|---|---|---|---|
| | Total. | Moyenne annuelle. | Proportion pour 1.000 enfants. | Total. | Moyenne annuelle. | Proportion pour 1.000 enfants. | Total. | Moyenne annuelle. | Proportion pour 1.000 enfants. | Total. | Moyenne annuelle. | Proportion pour 1.000 enfants. |
| **II. Répartition des décès par groupes de villes.** | | | | | | | | | | | | |
| I. Paris | 34.437 | 8.609 | 299,02 | 39.164 | 7.833 | 254,47 | 33.129 | 6.626 | 201,19 | 29.951 | 5.990 | 156,67 |
| II. V. de 100.001 à 518.000 h. | 41.026 | 10.256 | 350,67 | 50.162 | 10.032 | 309,13 | 49.077 | 9.815 | 276,10 | 46.531 | 9.306 | 188,30 |
| III. V. de 30.001 à 100.000 h. | 37.355 | 9.339 | 302,63 | 48.359 | 9.672 | 270,46 | 45.468 | 9.094 | 243,42 | 41.270 | 8.254 | 171,42 |
| Ensemble | 112.818 | 28.204 | 317,26 | 137.085 | 27.537 | 278,16 | 127.674 | 25.535 | 241,25 | 117.752 | 23.550 | 173,41 |
| Proportions extrêmes | 331,45 en 1887 | | | 292,98 en 1892 | | | 257,51 en 1898 | | | 199,60 en 1901 | | |
| | 295,39 en 1889 | | | 254,36 en 1894 | | | 233,68 en 1896 | | | 150,15 en 1905 | | |
| **III. Répartition des décès par causes.** | | | | | | | | | | | | |
| Fièvre typhoïde | 115 | 29 | 0,33 | 68 | 13 | 0,13 | 84 | 17 | 0,16 | 30 | 6 | 0,04 |
| Diphtérie | 1.757 | 439 | 4.94 | 1.247 | 249 | 2,51 | 512 | 102 | 0,96 | 600 | 120 | 0,88 |
| Rougeole | 3.451 | 863 | 9,71 | 2.849 | 570 | 5,76 | 2.599 | 520 | 4,91 | 1.893 | 379 | 2,79 |
| Variole | 1.037 | 259 | 2,91 | 771 | 154 | 1,55 | 428 | 86 | 0,81 | 824 | 165 | 1,21 |
| Scarlatine | 164 | 41 | 0,46 | 116 | 23 | 0,23 | 86 | 17 | 0,16 | 106 | 21 | 0,15 |
| Coqueluche | 2 001 | 500 | 5,62 | 2.226 | 445 | 4,49 | 1.949 | 390 | 3,68 | 1.916 | 383 | 2,82 |
| Total | 8.525 | 2.131 | 23,97 | 7.277 | 1.455 | 14,70 | 5.658 | 1.132 | 10,69 | 5.369 | 1.074 | 7,91 |
| Tuberculose pulmonaire | 648 | 162 | 1.82 | 879 | 176 | 1,78 | 784 | 157 | 1,48 | 1.098 | 220 | 1,62 |
| Tuberculose autres | 1.284 | 321 | 3,61 | 2.374 | 475 | 4,80 | 2.446 | 489 | 4,62 | 2.255 | 451 | 3,32 |
| Bronchite chronique | 598 | 149 | 1,68 | 519 | 104 | 1,05 | 393 | 79 | 0,75 | 322 | 64 | 0,47 |
| Bronchite aiguë | 7.297 | 1.824 | 20,52 | 8.333 | 1.666 | 16,84 | 6.468 | 1.294 | 12,22 | 5.126 | 1.025 | 7,55 |
| Pneumonie | 8.170 | 2.042 | 22,97 | 11.467 | 2.294 | 23,17 | 11.866 | 2.373 | 22,42 | 13.029 | 2.606 | 19,19 |
| Cancer et autres tumeurs | 60 | 15 | 0,17 | 84 | 17 | 0,17 | 45 | 9 | 0,08 | 45 | 9 | 0,07 |
| Maladies organiques du cœur | 149 | 39 | 0,44 | 299 | 60 | 0,61 | 441 | 88 | 0,83 | 446 | 89 | 0,65 |
| Diarrhée, gastro-entérite | 39.860 | 9.965 | 112,10 | 52.244 | 10.449 | 105,55 | 51.304 | 10.261 | 96,95 | 43.685 | 8.737 | 64,33 |
| Proportion des décès par diarrhée, gastro-entérite pour 100 décès de toutes causes, de 0 à 1 an | 35,3 0/0 | | | 37,9 0/0 | | | 40,2 0/0 | | | 37,1 0/0 | | |
| | 1 sur 2,8 | | | 1 sur 2,7 | | | 1 sur 2,5 | | | 1 sur 2,7 | | |

| IV. Répartition p. saisons — Total des décès | 1887-90 Total | Moyenne annuelle | Proportion | 1891-95 Total | Moyenne annuelle | Proportion | 1896-1900 Total | Moyenne annuelle | Proportion | 1901-05 Total | Moyenne annuelle | Proportion |
|---|---|---|---|---|---|---|---|---|---|---|---|---|
| Hiver (déc., janv., fév.). (*) Moins décemb. 1886. | *24.601 | 6.658 | 74,89 | 32.366 | 6.473 | 65,39 | 28.353 | 5.671 | 53,58 | 27.607 | 5.521 | 40,65 |
| Printemps (m., avr., mai). | 27.179 | 6.795 | 76,44 | 32.316 | 6.463 | 65,29 | 27.949 | 5 590 | 52,81 | 27.363 | 5.473 | 40,30 |
| Été (juin, juillet, août) | 33.292 | 8.323 | 93,62 | 42.881 | 8.576 | 86,63 | 43.838 | 8.768 | 82,84 | 37.113 | 7.423 | 54,66 |
| Automne (sept., oct., nov.) | 25.500 | 6 375 | 71,71 | 30.749 | 6.150 | 62,12 | 27.579 | 5.516 | 52,11 | 25.674 | 5.135 | 37,81 |

| IV. Répartition p. saisons — Diarrhée, gastro-entérite | 1887-90 Total | Moyenne annuelle | Proportion | 1891-95 Total | Moyenne annuelle | Proportion | 1896-1900 Total | Moyenne annuelle | Proportion | 1901-05 Total | Moyenne annuelle | Proportion |
|---|---|---|---|---|---|---|---|---|---|---|---|---|
| Hiver (déc., janv., fév.). (*) Moins déc. 1886. | *5.280 | 1.440 | 16,20 | 7.064 | 1.413 | 14,27 | 6.224 | 1.245 | 11,76 | 6.090 | 1.218 | 8,97 |
| Printemps (m., av., mai). | 6.424 | 1.606 | 18.06 | 8.527 | 1.705 | 17,22 | 6.875 | 1.375 | 12,99 | 6.518 | 1.304 | 9,60 |
| Été (juin, juillet, août) | 16.498 | 4.124 | 46.39 | 22.633 | 4.526 | 45,72 | 25.282 | 5.056 | 47,77 | 19.587 | 3.917 | 28,84 |
| Automne (sep., oct., nov.) | 11.183 | 2.796 | 31,45 | 14.101 | 2.820 | 28,49 | 12.962 | 2.592 | 24,49 | 11.498 | 2.300 | 16,94 |

# XIX

# RÉCAPITULATIONS QUINQUENNALES

## DE 1886 A 1905

## RELEVÉS ANNEXES

MORTALITÉ GÉNÉRALE ET MORTALITÉ DUE AUX PRINCIPALES MALADIES

**TABLEAUX NUMÉRIQUES PAR GROUPES DE VILLES ET PAR GROUPES D'AGES**

TABLEAU GRAPHIQUE RÉSUMANT L'ENSEMBLE DE CES DONNÉES

# POPULATIONS REPRÉSENTÉES

## D'APRÈS LA MOYENNE ANNUELLE APPLICABLE A CHACUNE DES PÉRIODES QUINQUENNALES

| | PÉRIODES QUINQUENNALES | | | |
|---|---|---|---|---|
| | 1886-90 | 1891-95 | 1896-1900 | 1901-1905 |
| **Par groupes de villes pour l'ensemble des villes de plus de 5.000 habitants.** | | | | |
| I. — Paris | 2.326.449 | 2.459.475 | 2.571.201 | 2.685.428 |
| II. — Villes de 100.000 à 518.000 habitants | 2.059.923 | 2.189.430 | 2.391.684 | 2.664.509 |
| III. — — de 30.000 à 100.000 — | 2.060.431 | 2.401.472 | 2.485.403 | 2.750.185 |
| IV. — — de 20.000 à 30.000 — | 1.215.814 | 1.236.169 | 1.403.023 | 1.317.173 |
| V. — — de 10.000 à 20.000 — | 1.832.252 | 1.837.950 | 1.915.763 | 2.032.242 |
| VI. — — de 5.000 à 10.000 — | 2.281.772 | 2.308.073 | 2.357.631 | 2.429.740 |
| Ensemble | 11.776.642 | 12.432.570 | 13.124.705 | 13.879.277 |
| **Par groupes d'âges pour l'ensemble des villes de plus de 30.000 habitants.** | | | | |
| De 0 à 1 an | 87.951 | 98.995 | 105.842 | 135.804 |
| De 1 à 19 ans | 1.837.633 | 2.019.056 | 2.134.617 | 2.316.877 |
| De 20 à 39 ans | 2.468.648 | 2.697.916 | 2.848.669 | 3.064.762 |
| De 40 à 59 ans | 1.462.918 | 1.594.698 | 1.686.793 | 1.848.964 |
| De 60 ans et au-dessus | 580.399 | 628.887 | 660.504 | 720.805 |

| | PÉRIODES QUINQUENNALES | | | |
|---|---|---|---|---|
| | 1886-90 | 1891-95 | 1896-1900 | 1901-1905 |

**Répartition par groupes de villes.**

*Proportions pour 1.000 habitants.*

| | 1886-90 | 1891-95 | 1896-1900 | 1901-1905 |
|---|---|---|---|---|
| I. — Paris | 23,02 | 21,19 | 19,19 | 17,98 |
| II. — Villes de 100.000 à 518.000 habitants | **25,93** | **24,82** | **22,79** | **21,58** |
| III. — — de 30.000 à 100.000 — | 25,70 | 24,06 | 22,14 | 20,71 |
| IV. — — de 20.000 à 30.000 — | 24,50 | 23,63 | 21,90 | 20,53 |
| V. — — de 10.000 à 20.000 — | 24,82 | 24,55 | 22,69 | 21,55 |
| VI. — — de 5.000 à 10.000 — | (*)23,70 | 23,28 | 21,39 | 20,20 |
| Ensemble | 24,56 | 23,51 | 21,60 | 20,37 |

(*) 2 ans (1889-90).

**Répartitions pour l'ensemble des villes de plus de 30.000 habitants.**

A — *Par groupes d'âges.*

*Proportions pour 1.000 individus de chaque groupe.*

| | 1886-90 | 1891-95 | 1896-1900 | 1901-1905 |
|---|---|---|---|---|
| De 0 à 1 an | **317,26** | **278,16** | **241,25** | **173,41** |
| De 1 à 19 ans | 14,91 | 12,69 | 10,23 | 8,79 |
| De 20 à 39 — | 10,59 | 10,05 | 9,42 | 8,84 |
| De 40 à 59 — | 20,86 | 21,04 | 20,01 | 19,52 |
| De 60 ans et au-dessus | 78,03 | 80,20 | 77,07 | 77,21 |

B — *Par périodes saisonnières.*

*Proportions pour 1.000 habitants.*

| | 1886-90 | 1891-95 | 1896-1900 | 1901-1905 |
|---|---|---|---|---|
| Hiver (décembre, janvier, février) | **6,95** | **6,68** | **5,78** | **5,49** |
| Printemps (mars, avril, mai) | 6,69 | 6,26 | 5,67 | 5,44 |
| Été (juin, juillet, août) | 5,69 | 5,44 | 5,21 | 4,74 |
| Automne (septembre, octobre, novembre) | 5,43 | 5,00 | 4,65 | 4,39 |

| | PÉRIODES QUINQUENNALES | | | |
|---|---|---|---|---|
| | 1886-90 | 1891-95 | 1896-1900 | 1901-1905 |
| **Proportion générale par groupes de villes, pour 10.000 habitants.** | | | | |
| I. — Paris | 4,1 | 2,2 | 1,9 | 1,2 |
| II. — Villes de 100.000 à 518.000 habitants | 6,0 | **4,3** | 3,5 | **2,5** |
| III. — — de 30.000 à 100.000 — | **6,2** | 3,9 | **3,6** | 2,3 |
| IV. — — de 20.000 à 30.000 — | 5,2 | 3,8 | 3,0 | 2,0 |
| V. — — de 10.000 à 20.000 — | 4,9 | 3,4 | 2,5 | 1,7 |
| VI. — — de 5.000 à 10.000 — | (*)3,5 | 3,3 | 2,3 | 1,5 |
| Ensemble | 4,9 | 3,4 | 2,8 | 1,9 |
| **Proportions pour l'ensemble des villes de plus de 30.000 habitants.** | | | | |
| A — *Pour 10.000 individus de chaque groupe d'âges.* | | | | |
| De 0 à 1 an | 3,3 | 1,3 | 1,6 | 0,4 |
| De 1 à 19 ans | **7,2** | **4,4** | 3,7 | 2,4 |
| De 20 à 39 — | 6,6 | **4,4** | **4,0** | **2,8** |
| De 40 à 59 — | 2,4 | 1,7 | 1,3 | 1,0 |
| De 60 ans et au-dessus | 1,8 | 0,9 | 0,7 | 0,4 |
| B — *Pour 100 décès de toutes causes.* | | | | |
| De 0 à 1 an | 0,1 | 0,04 | 0,06 | 0,0 |
| De 1 à 19 ans | 4,8 | 3,4 | 3,7 | 2,8 |
| De 20 à 39 — | **6,3** | **4,4** | **4,2** | **3,1** |
| De 40 à 59 — | 1,2 | 0,8 | 0,6 | 0,5 |
| De 60 ans et au-dessus | 0,2 | 0,1 | 0,1 | 0,06 |
| C — *Par périodes saisonnières, pour 10.000 habitants.* | | | | |
| Hiver (décembre, janvier, février) | 1,4 | 0,7 | 0,6 | 0,5 |
| Printemps (mars, avril, mai) | 1,1 | 0,7 | 0,6 | 0,4 |
| Été (juin, juillet, août) | 1,3 | 0,9 | 0,8 | 0,5 |
| Automne (septembre, octobre, novembre) | **1,6** | **1,1** | **1,0** | **0,6** |

(*) 2 ans (1889-90)

| | PÉRIODES QUINQUENNALES | | | |
|---|---|---|---|---|
| | 1886-90 | 1891-95 | 1896-1900 | 1901-1905 |
| **Proportion générale par groupes de villes, pour 10.000 habitants.** | | | | |
| I. — Paris | **7,0** | 4,4 | 1,3 | **1,7** |
| II. — Villes de 100.000 à 518.000 habitants. | 6,8 | **5,3** | **1,5** | 1,2 |
| III. — — de 30.000 à 100.000 — . | 5,3 | 3,8 | **1,5** | 1,1 |
| IV. — — de 20.000 à 30.000 — . | 5,3 | 4,2 | 1,2 | 1,1 |
| V. — — de 10.000 à 20.000 — . | 5,3 | 3,4 | 1,3 | 1,0 |
| VI. — — de 5.000 à 10.000 — . | (*) 4,6 | 3,6 | 1,3 | 1,0 |
| Ensemble | 5,8 | 4,1 | 1,4 | 1,2 |

(*) 2 ans (1889 90)

| | 1886-90 | 1891-95 | 1896-1900 | 1901-1905 |
|---|---|---|---|---|
| **Proportions pour l'ensemble des villes de plus de 30.000 habitants.** | | | | |
| A. — *Pour 10.000 individus de chaque groupe d'âges.* | | | | |
| De 0 à 1 an | **49,4** | **25,1** | **9,6** | **8,8** |
| De 1 à 19 ans | 19,6 | 13,9 | 4,2 | 4,0 |
| De 20 à 39 — | 0,3 | 0,2 | 0,1 | 0,1 |
| De 40 à 59 — | 0,2 | 0,1 | 0,1 | 0,1 |
| De 60 ans et au-dessus | 0,5 | 0,2 | 0,1 | 0,1 |
| B. — *Pour 100 décès de toutes causes.* | | | | |
| De 0 à 1 an | 1,5 | 0,9 | 0,4 | 0,5 |
| De 1 à 19 ans | **13,2** | **10,9** | **4,1** | **4,6** |
| De 20 à 39 — | 0,3 | 0,2 | 0,1 | 0,1 |
| De 40 à 59 — | 0,1 | 0,06 | 0,04 | 0,04 |
| De 60 ans et au-dessus | 0,06 | 0,0 | 0,0 | 0,0 |
| C. — *Par périodes saisonnières, pour 10.000 habitants.* | | | | |
| Hiver (décembre, janvier, février) | **1,9** | **1,5** | **0,5** | **0,4** |
| Printemps (mars, avril, mai) | **1,9** | 1,3 | 0.4 | **0,4** |
| Été (juin, juillet, août) | 1,2 | 0,9 | 0,3 | 0,3 |
| Automne (septembre, octobre, novembre) | 1,2 | 0,8 | 0,2 | 0,2 |

| | PÉRIODES QUINQUENNALES | | | |
|---|---|---|---|---|
| | 1886-90 | 1891-95 | 1896-1900 | 1901-1905 |
| **Proportion générale par groupes de villes, pour 10.000 habitants.** | | | | |
| I. — Paris | **5,5** | **3,4** | **3,2** | **2,0** |
| II. — Villes de 100.000 à 518.000 habitants | 4,7 | 3,1 | 2,5 | 1,6 |
| III. — — de 30.000 à 100.000 — | 4,7 | 2,6 | 2,2 | 1,6 |
| IV. — — de 20.000 à 30.000 — | 4,5 | 2,2 | 1,8 | 1,1 |
| V. — — de 10.000 à 20.000 — | 3,2 | 1,8 | 1,6 | 0,9 |
| VI. — — de 5.000 à 10.000 — | (*) 4,3 | 2,2 | 1,6 | 1,3 |
| ENSEMBLE | 4,5 | 2,6 | 2,2 | 1,5 |

(*) 2 ans (1889-90)

**Proportions pour l'ensemble des villes de plus de 30.000 habitants.**

A. — *Pour 10.000 individus de chaque groupe d'âges.*

| | 1886-90 | 1891-95 | 1896-1900 | 1901-1905 |
|---|---|---|---|---|
| De 0 à 1 an | **97,1** | **57,6** | **49,1** | **27,8** |
| De 1 à 19 ans | 13,5 | 7,6 | 6,7 | 4,3 |
| De 20 à 39 — | 0,2 | 0,1 | 0,1 | 0,1 |
| De 40 à 50 — | 0,0 | 0,0 | 0,0 | 0,0 |
| De 60 ans et au-dessus | 0,0 | 0,0 | 0,0 | 0,0 |

B. — *Pour 100 décès de toutes causes.*

| | 1886-90 | 1891-95 | 1896-1900 | 1901-1905 |
|---|---|---|---|---|
| De 0 à 1 an | 3,0 | 2,1 | 2,0 | 1,6 |
| De 1 à 19 ans | **9,1** | **6,0** | **6,5** | **4,9** |
| De 20 à 39 — | 0,2 | 0,1 | 0,1 | 0,06 |
| De 40 à 59 — | 0,0 | 0,0 | 0,0 | 0,0 |
| De 60 ans et au-dessus | 0,0 | 0,0 | 0,0 | 0,0 |

| | PÉRIODES QUINQUENNALES | | | |
|---|---|---|---|---|
| | 1886-90 | 1891-95 | 1896-1900 | 1901-1905 |
| **Proportion générale par groupes de villes, pour 10.000 habitants.** | | | | |
| I. — Paris | 0,9 | 0,4 | 0,2 | 0,5 |
| II. — Villes de 100.000 à 518.000 habitants | **4,3** | **2,4** | **1,5** | **2,6** |
| III. — — de 30.000 à 100.000 — | 3,5 | 1,2 | 0,6 | 0,9 |
| IV. — — de 20.000 à 30.000 — | 2,1 | 1,1 | 0,6 | 0,6 |
| V. — — de 10.000 à 20.000 — | 2,6 | 1,2 | 0,4 | 0,5 |
| VI. — — de 5.000 à 10.000 — | (*) 2,1 | 0,7 | 0,3 | 0,4 |
| Ensemble | 2,5 | 1,1 | 0,6 | 1,0 |

(*) 2 ans (1889-90).

**Proportions pour l'ensemble des villes de plus de 30.000 habitants.**

A — *Pour 10.000 individus de chaque groupe d'âges.*

| | 1886-90 | 1891-95 | 1896-1900 | 1901-1905 |
|---|---|---|---|---|
| De 0 à 1 an | **29,1** | **15,5** | **8,1** | **12,1** |
| De 1 à 19 ans | 3,3 | 1,7 | 1,1 | 1,7 |
| De 20 à 39 — | 1,6 | 0,9 | 0,5 | 1,0 |
| De 40 à 59 — | 1,3 | 0,8 | 0,4 | 0,9 |
| De 60 ans et au-dessus | 0,8 | 0,6 | 0,3 | 0,7 |

B — *Pour 100 décès de toutes causes.*

| | 1886-90 | 1891-95 | 1896-1900 | 1901-1905 |
|---|---|---|---|---|
| De 0 à 1 an | 0,9 | 0,6 | 0,3 | 0,7 |
| De 1 à 19 ans | **2,2** | **1,4** | **1,1** | **1,9** |
| De 20 à 39 — | 1,5 | 0,9 | 0,5 | 1,2 |
| De 40 à 59 — | 0,6 | 0,4 | 0,2 | 0,5 |
| De 60 ans et au-dessus | 0,1 | 0,1 | 0,0 | 0,1 |

| | PÉRIODES QUINQUENNALES | | | |
|---|---|---|---|---|
| | 1886-90 | 1891-95 | 1896-1900 | 1901-1905 |
| **Proportion générale par groupes de villes, pour 10.000 habitants.** | | | | |
| I. — Paris | **1,0** | **0,7** | **0,6** | **0,4** |
| II. — Villes de 100.000 à 518.000 habitants | 0,6 | 0,5 | 0,4 | 0,3 |
| III. — — de 30.000 à 100.000 — | 0,7 | 0,6 | 0,5 | 0,3 |
| IV. — — de 20.000 à 30.000 — | 0,8 | 0,5 | 0,4 | 0,3 |
| V. — — de 10.000 à 20.000 — | 0,7 | 0,5 | 0,4 | 0,3 |
| VI. — — de 5.000 à 10.000 — | (*) 0,6 | 0,4 | 0,5 | 0,3 |
| Ensemble | 0,7 | 0,5 | 0,5 | 0,3 |

(*) 2 ans (1889-90).

**Proportions pour l'ensemble des villes de plus de 30.000 habitants.**

*A. — Pour 10.000 individus de chaque groupe d'âges.*

| | 1886-90 | 1891-95 | 1896-1900 | 1901-1905 |
|---|---|---|---|---|
| De 0 à 1 an | **4,6** | **2,3** | **1,6** | **1,5** |
| De 1 à 19 ans | 1,8 | 1,5 | 1,2 | 0,9 |
| De 20 à 39 ans | 0,3 | 0,3 | 0,3 | 0,1 |
| De 40 à 59 ans | 0,1 | 0,0 | 0,0 | 0,0 |
| De 60 ans et au-dessus | 0,0 | 0,0 | 0,0 | 0,0 |

*B. — Pour 100 décès de toutes causes.*

| | 1886-90 | 1891-95 | 1896-1900 | 1901-1905 |
|---|---|---|---|---|
| De 0 à 1 an | 0,1 | 0,1 | 0,06 | 0,1 |
| De 1 à 19 ans | **1,2** | **1,2** | **1,2** | **1,0** |
| De 20 à 39 ans | 0,3 | 0,3 | 0,3 | 0,2 |
| De 40 à 59 ans | 0,0 | 0,0 | 0,0 | 0,0 |
| De 60 ans et au-dessus | 0,0 | 0,0 | 0,0 | 0,0 |

| | PÉRIODES QUINQUENNALES | | | |
|---|---|---|---|---|
| | 1886-90 | 1891-95 | 1896-1900 | 1901-1905 |
| **Proportion générale par groupes de villes, pour 10.000 habitants.** | | | | |
| I. — Paris | 1,9 | 1,5 | 1,2 | **1.3** |
| II. — Villes de 100.000 à 518.000 habitants. | 1,7 | 1.4 | 1,0 | 1,0 |
| III. — — de 30.000 à 100.000 — | 1,5 | 1,2 | 1,1 | 0,9 |
| IV. — — de 20.000 à 30.000 — | 1,9 | 1,1 | 0,8 | 0,7 |
| V. — — de 10.000 à 20.000 — | 1,4 | 1,1 | 0,7 | 0,8 |
| VI. — — de 5.000 à 10.000 — | (*) **2,4** | **1,7** | **1,5** | 1,1 |
| Ensemble | 1,8 | 1,4 | 1,1 | 1,0 |

(*) 2 ans (1889-90).

**Proportions pour l'ensemble des villes de plus de 30.000 habitants.**

A — *Pour 10.000 individus de chaque groupe d'âges.*

| | 1886-90 | 1891-95 | 1896-1900 | 1901-1905 |
|---|---|---|---|---|
| De 0 à 1 an | **56,2** | **44,9** | **36,8** | **28,2** |
| De 1 à 19 ans | 3,1 | 2,6 | 2,0 | 2,0 |
| De 20 à 39 — | 0,0 | 0,0 | 0,0 | 0,0 |
| De 40 à 59 — | 0,0 | 0,0 | 0,0 | 0,0 |
| De 60 ans et au-dessus | 0,0 | 0,0 | 0,0 | 0,0 |

B — *Pour 100 décès de toutes causes.*

| | 1886-90 | 1891-95 | 1896-1900 | 1901-1905 |
|---|---|---|---|---|
| De 0 à 1 an | 1,8 | 1,6 | 1,5 | 1,6 |
| De 1 à 19 ans | **2,1** | **2,1** | **2,0** | **2,3** |
| De 20 à 39 — | 0,0 | 0,0 | 0,0 | 0,0 |
| De 40 à 59 — | 0,0 | 0,0 | 0,0 | 0,0 |
| De 60 ans et au-dessus | 0,0 | 0,0 | 0,0 | 0,0 |

(Fièvre Typhoïde, Diphtérie, Rougeole, Variole, Scarlatine, Coqueluche).

| | Périodes quinquennales | | | |
|---|---|---|---|---|
| | 1886-90 | 1891-95 | 1896-1900 | 1901-1905 |
| **Proportion générale par groupes de villes, pour 10.000 habitants.** | | | | |
| I. — Paris | 20,6 | 12,7 | 8,4 | 7,1 |
| II. — Villes de 100.000 à 518.000 habitants | **24,2** | **17,0** | **10,4** | **9,4** |
| III. — — de 30.000 à 100.000 — | 21,9 | 13,3 | 9,4 | 7,2 |
| IV. — — de 20.000 à 30.000 — | 19,9 | 13,0 | 7,7 | 5,7 |
| V. — — de 10.000 à 20.000 — | 18,1 | 11,5 | 7,0 | 5,2 |
| VI. — — de 5.000 à 10.000 — | (*) 17,1 | 11,9 | 7,3 | 5,8 |
| Ensemble | 20,3 | 13,3 | 8,5 | 6,9 |

(*) 2 ans (1889-90).

**Proportions pour l'ensemble des villes de plus de 30.000 habitants.**

A — *Pour 10.000 individus de chaque groupe d'âges.*

| | 1886-90 | 1891-95 | 1896-1900 | 1901-1905 |
|---|---|---|---|---|
| De 0 à 1 an | **239,7** | **147,0** | **106,9** | **79,1** |
| De 1 à 19 ans | 48,6 | 31,7 | 19,0 | 15,4 |
| De 20 à 39 — | 9,1 | 6,0 | 5,0 | 4,1 |
| De 40 à 59 — | 4,1 | 2,7 | 1,8 | 2,0 |
| De 60 ans et au-dessus | 3,3 | 1,9 | 1,1 | 1,3 |

B — *Pour 100 décès de toutes causes.*

| | 1886-90 | 1891-95 | 1896-1900 | 1901-1905 |
|---|---|---|---|---|
| De 0 à 1 an | 7,5 | 5,3 | 4,4 | 4,6 |
| De 1 à 19 ans | **32,6** | **25,0** | **18,6** | **17,5** |
| De 20 à 39 — | 8,6 | 6,0 | 5,3 | 4,7 |
| De 40 à 59 — | 2,0 | 1,3 | 0,9 | 1,0 |
| De 60 ans et au-dessus | 0,4 | 0,2 | 0,1 | 0,2 |

| | PÉRIODES QUINQUENNALES | | | | | | | |
|---|---|---|---|---|---|---|---|---|
| | 1887-90 | T. P. | 1891-95 | T. P. | 1896-1900 | T. P. | 1901-1905 | T. P. |

**Proportion générale par groupes de villes, pour 10.000 habitants.**

| | 1887-90 | T. P. | 1891-95 | T. P. | 1896-1900 | T. P. | 1901-1905 | T. P. |
|---|---|---|---|---|---|---|---|---|
| I. — Paris | **49,1** | 43,7 | **48,4** | 40,9 | **46,9** | 37,9 | **45,6** | 39,0 |
| II. — Villes de 100.000 à 518.000 habitants | 36,0 | 30,4 | 35,4 | 28,1 | 34,3 | 27,7 | 33,6 | 28,7 |
| III. — — de 30.000 à 100.000 — | 30,4 | 23,7 | 31,2 | 23,2 | 31,8 | 24,5 | 32,5 | 26,4 |
| IV. — — de 20.000 à 30.000 — | 27,4 | 20,2 | 28,5 | 20,7 | 27,8 | 19,9 | 30,3 | 25,3 |
| V. — — de 10.000 à 20.000 — | 25,3 | 19,2 | 27,1 | 19,2 | 25,5 | 18,2 | 26,0 | 20,9 |
| VI. — — de 5.000 à 10.000 — | (*)19,9 | 15,3 | 23,5 | 16,7 | 24,0 | 17,0 | 23,3 | 18,5 |
| Ensemble | 31,9 | 26,1 | 33,0 | 25,5 | 32,5 | 24,9 | 32,5 | 27,0 |

(*) 2 ans (1889-90).

**Proportions pour l'ensemble des villes de plus de 30.000 habitants.**

A. — *Pour 10.000 individus de chaque groupe d'âges.*

| | 1887-90 | T. P. | 1891-95 | T. P. | 1896-1900 | T. P. | 1901-1905 | T. P. |
|---|---|---|---|---|---|---|---|---|
| De 0 à 1 an | **54,3** | 18,2 | **65,8** | 17,8 | **61,0** | 14,8 | **49,4** | 16,2 |
| De 1 à 19 ans | 23,4 | 15,1 | 25,6 | 14,7 | 24,1 | 13,1 | 22,3 | 13,2 |
| De 20 à 39 — | 48,7 | 44,5 | 45,8 | 40,4 | 45,0 | 39,5 | 44,0 | 40,2 |
| De 40 à 59 — | 46,0 | 41,8 | 46,0 | 40,3 | 46,4 | 40,4 | 47,7 | 43,6 |
| De 60 ans et au-dessus | 26,4 | 21,6 | 25,7 | 20,9 | 26,3 | 21,4 | 27,8 | 24,0 |

B. — *Pour 100 décès de toutes causes.*

| | 1887-90 | T. P. | 1891-95 | T. P. | 1896-1900 | T. P. | 1901-1905 | T. P. |
|---|---|---|---|---|---|---|---|---|
| De 0 à 1 an | 1,7 | 0,6 | 2,4 | 0,6 | 2,5 | 0,6 | 2,8 | 0,9 |
| De 1 à 19 ans | 15,7 | 10,1 | 20,2 | 11,5 | 23,6 | 12,8 | 25,4 | 15,0 |
| De 20 à 39 — | **46,0** | 42,0 | **45,6** | 40,2 | **47,7** | 41,9 | **49,7** | 45,5 |
| De 40 à 59 — | 22,1 | 20,1 | 21,9 | 19,2 | 23,2 | 20,2 | 24,4 | 22,3 |
| De 60 ans et au-dessus | 3,4 | 2,8 | 3,2 | 2,6 | 3,4 | 2,8 | 3,6 | 3,1 |

C. — *Mortalité due à la tuberculose pulmonaire par périodes saisonnières.*
*(Proportion pour 10.000 habitants.)*

| | 1887-90 | 1891-95 | 1896-1900 | 1901-1905 |
|---|---|---|---|---|
| Hiver (décembre, janvier, février) | 9,0 | 8,0 | 7,6 | 7,9 |
| Printemps (mars, avril, mai) | **9,1** | **8,7** | **8,4** | **8,8** |
| Été (juin, juillet, août) | 7,4 | 7,1 | 7,0 | 7,4 |
| Automne (septembre, octobre, novembre) | 7,5 | 7,2 | 7,1 | 7,1 |

BRONCHITE AIGUE (B.A.) — BRONCHITE CHRONIQUE (B.C.)

| | | PÉRIODES QUINQUENNALES | | | |
|---|---|---|---|---|---|
| | | 1887-90 | 1891-95 | 1896-1900 | 1901-1905 |
| | | B.A. B.C. | B.A. B.C. | B.A. B.C. | B.A. B.C. |
| **Proportion générale par groupes de villes, pour 10.000 habitants.** | | | | | |
| I. — Paris | B.A. | 6,5 | 4,8 | 2,9 | 2,0 |
| | B.C. | 8,6 | 6,9 | 4,6 | 3,8 |
| II. — Villes de 100.000 à 518.000 habitants | B.A. | 8,4 | 7,2 | 5,7 | 4,3 |
| | B.C. | 9,7 | 9,1 | 6,8 | 5,5 |
| III. — — de 30.000 à 100.000 — | B.A. | 7,5 | 6,5 | 4,6 | 3,7 |
| | B.C. | 11,6 | 10,5 | 7,8 | 6,7 |
| IV. — — de 20.000 à 30 000 — | B.A. | 7,6 | 7,0 | 4,5 | 3,9 |
| | B.C. | 8,6 | 9,9 | 8,2 | 6,0 |
| V. — — de 10.000 à 20.000 — | B.A. | 6,5 | 6,1 | 4,1 | 3,9 |
| | B.C. | 9,2 | 9,7 | 8,2 | 7,0 |
| VI. — — de 5.000 à 10.000 — | B.A. | » | 5,7 | 4,3 | 4,4 |
| | B.C. | » | 8,7 | 7,4 | 6,9 |
| Ensemble | B.A. | 7,3 | 6,1 | 4,3 | 3,7 |
| | B.C. | 9,6 | 9,0 | 7,0 | 5,9 |
| **Proportions pour l'ensemble des villes de plus de 30.000 habitants.** | | | | | |
| A — *Pour 10.000 individus de chaque groupe d'âges.* | | | | | |
| De 0 à 1 an | B.A. | 205,2 | 168,4 | 122,2 | 75,5 |
| | B.C. | 16,8 | 10,5 | 7,5 | 4,8 |
| De 1 à 19 ans | B.A. | 7,6 | 6,1 | 4,2 | 2,9 |
| | B.C. | 2,2 | 1,5 | 1,0 | 0,8 |
| De 20 à 39 ans | B.A. | 1,2 | 0,9 | 0,7 | 0,6 |
| | B.C. | 3,3 | 2,6 | 2,0 | 1,7 |
| De 40 à 59 ans | B.A. | 3,0 | 2,5 | 1,7 | 1,4 |
| | B.C. | 10,0 | 8,8 | 6,7 | 5,5 |
| De 60 ans et au-dessus | B.A. | 14,7 | 12,7 | 8,3 | 8,0 |
| | B.C. | 61,6 | 59,2 | 42,2 | 35,5 |
| B — *Pour 100 décès de toutes causes.* | | | | | |
| De 0 à 1 an | B.A. | 6,5 | 6,0 | 5,1 | 4,3 |
| | B.C. | 0,5 | 0,4 | 0,3 | 0,3 |
| De 1 à 19 ans | B.A. | 5,1 | 4,8 | 4,1 | 3,3 |
| | B.C. | 1,5 | 1,2 | 0,9 | 0,9 |
| De 20 à 39 ans | B.A. | 1,1 | 0,9 | 0,7 | 0,6 |
| | B.C. | 3,1 | 2,6 | 2,1 | 1,9 |
| De 40 à 59 ans | B.A. | 1,4 | 1,2 | 0,9 | 0,7 |
| | B.C. | 4,8 | 4,2 | 3,3 | 2,8 |
| De 60 ans et au-dessus | B.A. | 1,9 | 1,6 | 1,1 | 1,0 |
| | B.C. | 7,9 | 7,4 | 5,5 | 4,6 |

ET « AUTRES AFFECTIONS DE L'APPAREIL RESPIRATOIRE » (1)

| | PÉRIODES QUINQUENNALES | | | |
|---|---|---|---|---|
| | 1887-90 | 1891-95 | 1896-1900 | 1901-1905 |
| **Proportion générale par groupes de villes, pour 10.000 habitants.** | | | | |
| I. — Paris | 19,6 | 18,9 | 15,6 | 22,6 |
| II. — Villes de 100.000 à 518.000 habitants | **25,2** | **24,5** | **23,8** | **28,3** |
| III. — — de 30.000 à 100.000 — | 20,8 | 21,7 | 17,9 | 20,5 |
| IV. — — de 20.000 à 30.000 — | 21,0 | 24,4 | 19,9 | 21,6 |
| V. — — de 10.000 à 20.000 — | 19,1 | 20,9 | 17,2 | 19,9 |
| VI. — — de 5.000 à 10.000 — | (*) 15,1 | 17,9 | 15,4 | 18,3 |
| Ensemble | 20,0 | 21,1 | 18,2 | 22,0 |

(*) 2 ans (1889-90).

**Proportions pour l'ensemble des villes de plus de 30.000 habitants.**

A. — *Pour 10.000 individus de chaque groupe d'âges.*

| | 1887-90 | 1891-95 | 1896-1900 | 1901-1905 |
|---|---|---|---|---|
| De 0 à 1 an | **229,7** | **231,7** | **224,2** | **191,9** |
| De 1 à 19 ans | 15,1 | 14,4 | 13,9 | 12,8 |
| De 20 à 39 ans | 5,8 | 5,3 | 4,3 | 5,3 |
| De 40 à 59 ans | 18,2 | 17,4 | 14,4 | 19,4 |
| Ee 60 ans et au-dessus | 88,9 | 93,0 | 78,0 | 117,2 |

B. — *Pour 100 décès de toutes causes.*

| | 1887-90 | 1891-95 | 1896-1900 | 1901-1905 |
|---|---|---|---|---|
| De 0 à 1 an | 7,2 | 8,3 | 9,3 | 11,1 |
| De 1 à 19 ans | 10,1 | 11,4 | **13 6** | 14,6 |
| De 20 à 39 ans | 5,4 | 5,2 | 4,6 | 6,0 |
| De 40 à 59 ans | 8,7 | 8,2 | 7,2 | 10,0 |
| De 60 ans et au-dessus | **11,4** | **11,6** | 10,1 | **15,2** |

(1) Pour les trois premières périodes le relevé comprend seulement la « pneumonie » et la « broncho-pneumonie ». Pour la 4e la nomenclature internationale ayant adjoint à ces rubriques les « autres affections de l'appareil respiratoire » les décès dus à ces dernières affections viennent s'ajouter aux deux précédentes et expliquent les augmentations constatées.

| | PÉRIODES QUINQUENNALES | | | |
|---|---|---|---|---|
| | 1887-90 | 1891-95 | 1896-1900 | 1901-1905 |
| **Proportion générale par groupes de villes, pour 10.000 habitants.** | | | | |
| I. — Paris | **11,4** | **11,3** | **11,6** | 10,9 |
| II. — Villes de 100.000 à 518.000 habitants | 8,7 | 10,2 | 11,2 | **11,5** |
| III. — — de 30.000 à 100.000 — | 6,4 | 8,8 | 10,0 | 9,8 |
| IV. — — de 20.000 à 30.000 — | 7,3 | 8,8 | 9,1 | 8,6 |
| V. — — de 10.000 à 20.000 — | 7,1 | 8,4 | 8,8 | 8,1 |
| VI. — — de 5.000 à 10.000 — | » | (*) 6,9 | 7,2 | 6,3 |
| Ensemble | 8,4 | 9,1 | 9,8 | 9,3 |

(*) 4 ans (1892-95).

**Proportions pour l'ensemble des villes de plus de 30.000 habitants.**

A — *Pour 10.000 individus de chaque groupe d'âges.*

| | 1887-90 | 1891-95 | 1896-1900 | 1901-1905 |
|---|---|---|---|---|
| De 0 à 1 an | 1,7 | 1,7 | 0,8 | 0,6 |
| De 1 à 19 ans | 0,4 | 0,4 | 0,3 | 0,2 |
| De 20 à 39 — | 2,3 | 2,5 | 2,5 | 2,0 |
| De 40 à 59 — | 16,9 | 19,3 | 20,7 | 19,6 |
| De 60 ans et au-dessus | **45,4** | **52,1** | **58,6** | **60,5** |

B — *Pour 100 décès de toutes causes.*

| | 1887-90 | 1891-95 | 1896-1900 | 1901-1905 |
|---|---|---|---|---|
| De 0 à 1 an | 0,0 | 0,06 | 0,03 | 0,04 |
| De 1 à 19 ans | 0,3 | 0,3 | 0,3 | 0,3 |
| De 20 à 39 — | 2,2 | 2,5 | 2,6 | 2,3 |
| De 40 à 59 — | **8,1** | **9,2** | **10,4** | **10,0** |
| De 60 ans et au-dessus | 5,8 | 6,5 | 7,6 | 7,8 |

(1) Voir note de la page 73.

| | PÉRIODES QUINQUENNALES | | | |
|---|---|---|---|---|
| | 1887-90 | 1891-95 | 1896-1900 | 1901-1905 |

**Proportion générale par groupes de villes, pour 10.000 habitants.**

| | 1887-90 | 1891-95 | 1896-1900 | 1901-1905 |
|---|---|---|---|---|
| I. — Paris | 11,9 | 12,7 | 12,3 | 11,8 |
| II. — Villes de 100.000 à 518.000 habitants | **15,1** | 15,0 | 15,6 | **16,3** |
| III. — — de 30.000 à 100.000 — | 13,4 | 14,3 | 14,7 | 15,5 |
| IV. — — de 20.000 à 30.000 — | 13,9 | **15,1** | **16,2** | 15,7 |
| V. — — de 10.000 à 20.000 — | 13,3 | 14,2 | 14,0 | 15,0 |
| VI. — — de 5.000 à 10.000 — | » | (*) 12,7 | 13,0 | 13,1 |
| ENSEMBLE | 13,6 | 13,9 | 14,2 | 14,5 |

(*) 4 ans (1892-95).

**Proportions pour l'ensemble des villes de plus de 30.000 habitants.**

A — *Pour 10.000 individus de chaque groupe d'âges.*

| | 1887-90 | 1891-95 | 1896-1900 | 1901-1905 |
|---|---|---|---|---|
| De 0 à 1 an | 4,4 | 6,1 | 8,3 | 6,5 |
| De 1 à 19 ans | 1,6 | 1,8 | 1,8 | 1,6 |
| De 20 à 39 — | 3,4 | 3,5 | 3,5 | 3,3 |
| De 40 à 59 — | 19,1 | 18,6 | 18,3 | 17,9 |
| De 60 ans et au-dessus | **83,6** | **87,6** | **90,8** | **97,3** |

B — *Pour 100 décès de toutes causes.*

| | 1887-90 | 1891-95 | 1896-1900 | 1901-1905 |
|---|---|---|---|---|
| De 0 à 1 an | 0,1 | 0,2 | 0,3 | 0,4 |
| De 1 à 19 ans | 1,1 | 1,4 | 1,7 | 1,8 |
| De 20 à 39 — | 3,2 | 3,5 | 3,7 | 3,7 |
| De 40 à 59 — | 9,2 | 8,8 | 9,2 | 9,2 |
| De 60 ans et au-dessus | **10,7** | **10,9** | **11,8** | **12,6** |

| | PÉRIODES QUINQUENNALES | | | |
|---|---|---|---|---|
| | 1887-90 | 1891-95 | 1896-1900 | 1901-1905 |
| **Mortalité générale par groupes de villes.** *Proportion pour 1.000 enfants du groupe d'âge.* | | | | |
| I. — Paris | 299,02 | 254,47 | 201,19 | 156,67 |
| II. — Villes de 100.000 à 518.000 habitants | **350,67** | **309,13** | **276,10** | **188,30** |
| III. — Villes de 30.000 à 100.000 habitants | 302,63 | 270,46 | 243,42 | 171,42 |
| Ensemble | 317,26 | 278,16 | 241,25 | 173,41 |

**Mortalité par causes principales pour l'ensemble des villes.**

*A. — Pour 1.000 enfants du groupe d'âge.*

| | 1887-90 | 1891-95 | 1896-1900 | 1901-1905 |
|---|---|---|---|---|
| Diarrhée, gastro-entérite | **112,10** | **105,55** | **96,95** | **64,33** |
| Pneumonie et broncho-pneumonie | 22,97 | 23,17 | 22,42 | 19,19 |
| Bronchite aiguë | 20,52 | 16,84 | 12,22 | 7,55 |
| Bronchite chronique | 1,68 | 1,05 | 0,75 | 0,47 |
| Tuberculose pulmonaire | 1,82 | 1,78 | 1,48 | 1,62 |
| Autres tuberculoses | 3,61 | 4,80 | 4,62 | 3,32 |
| Rougeole | 9,71 | 5,76 | 4,91 | 2,79 |
| Coqueluche | 5,62 | 4,49 | 3,68 | 2,82 |
| Diphtérie | 4,94 | 2,51 | 0,96 | 0,88 |
| Variole | 2,91 | 1,55 | 0,81 | 1,21 |

*B. — Pour 100 décès de toutes causes.*

| | 1887-90 | 1891-95 | 1896-1900 | 1901-1905 |
|---|---|---|---|---|
| Diarrhée, gastro-entérite | **35,3** | **37,9** | **40,2** | **37,1** |
| Pneumonie et broncho-pneumonie | 7,2 | 8,3 | 9,3 | 11,1 |
| Bronchite aiguë | 6,5 | 6,0 | 5,1 | 4,3 |
| Maladies épidémiques | 7,5 | 5,3 | 4,4 | 4,6 |
| Tuberculose | 1,7 | 2,4 | 2,5 | 2,8 |

**Répartition de la mortalité par saisons.**

*Proportion pour 1.000 enfants du groupe d'âge.*

| | | 1887-90 | 1891-95 | 1896-1900 | 1901-1905 |
|---|---|---|---|---|---|
| Hiver (D.J.F.) | Mortalité générale | 74,89 | 65,39 | 53,58 | 40,65 |
| | — par diarrhée | 16,20 | 14,27 | 11,76 | 8,97 |
| Printemps (M.A.M.) | Mortalité générale | 76,44 | 65,29 | 52,81 | 40,30 |
| | — par diarrhée | 18,06 | 17,22 | 12,99 | 9,60 |
| Été (J.J.A.) | Mortalité générale | **93,62** | **86,63** | **82,84** | **54,66** |
| | — par diarrhée | **46,89** | **45,72** | **47,77** | **28,84** |
| Automne (S.O.N.) | Mortalité générale | 71,[illegible] | 62,12 | 52,11 | 37,81 |
| | — par diarrhée | [illegible] | 28,49 | 24,49 | 16,94 |

Statistique sanitaire des villes de France par périodes quinquennales de 1886 à 1905.

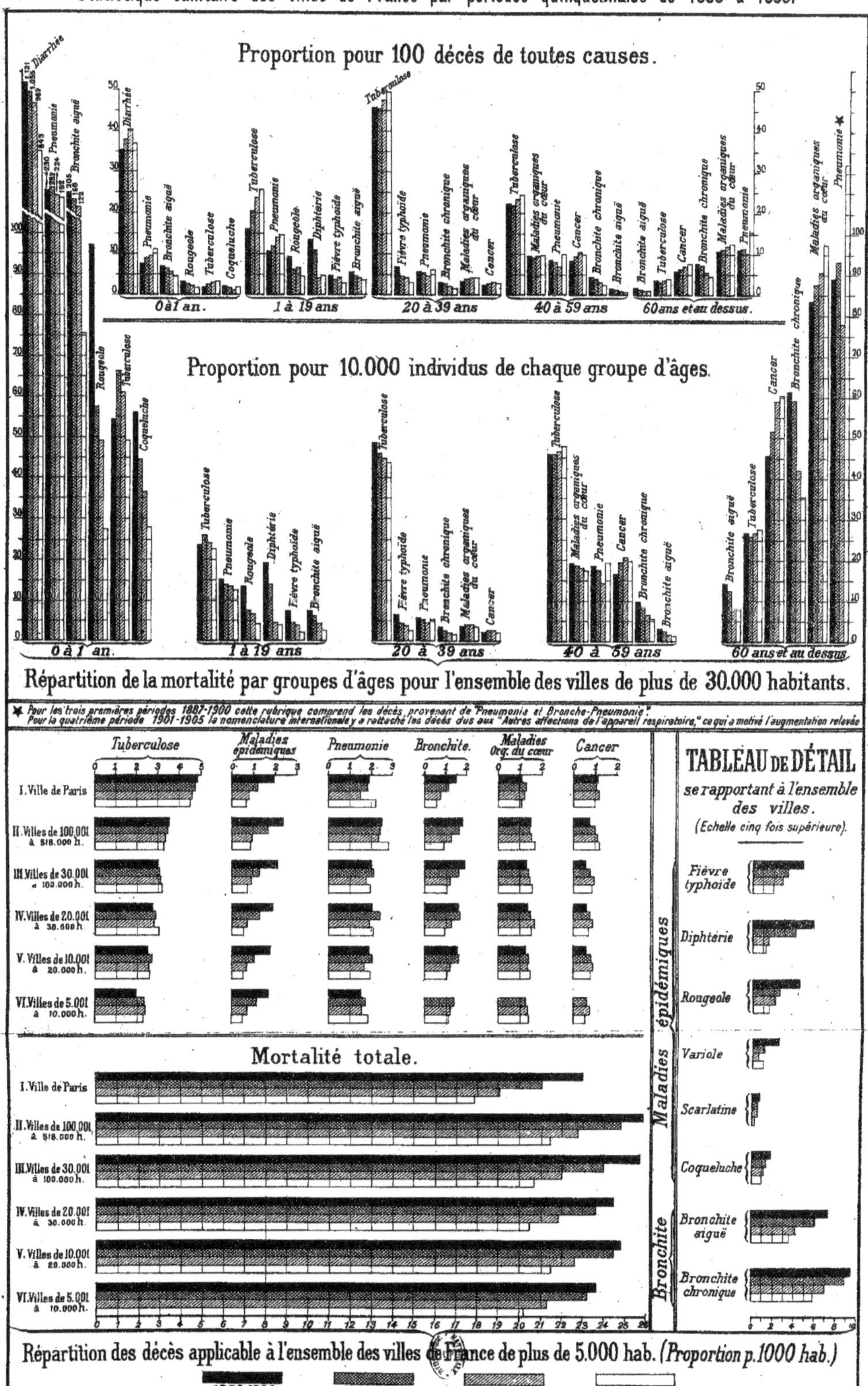

www.ingramcontent.com/pod-product-compliance
Lightning Source LLC
LaVergne TN
LVHW020412230826
846091LV00004B/1254

* 9 7 8 2 0 1 4 1 0 1 1 7 1 *